Flaws of Nature

고래는 물에서 숨 쉬지 않는다

Flaws of Nature

고래는 물에서 숨 쉬지 않는다

앤디 돕슨 지음 | 정미진 옮김

불완전한 진화 아래 숨겨진
놀라운 자연의 질서

프레스트북스

일러두기

- 원서에서 이탤릭체로 강조한 부분은 본문에서 볼드체로 표기했습니다.

- 원서에서 본문 하단 각주로 표기한 것은 그대로 따랐고, 옮긴이 주석은 본문 하단 각주로 표기하되 '— 옮긴이'라고 표기했습니다.

- 주요 생물의 이름에는 학명을 병기했으며 이탤릭체로 표기했습니다.

- 생물의 이름 중 우리나라에서 통용되는 명칭이 없는 경우 영어 일반명을 번역하거나 학명을 발음대로 옮겼습니다.

종을 조각하는 자연 선택의 힘은
매혹적일 정도로 경이롭지만 무한하지는 않다.

목차

들어가며

화가 H.R 기거$^{H.R\ Giger}$는 자신도 모르게 생명체를 모방했다. 모방의 시작은 그림 「네크로놈 4$^{Necronom\ IV}$」였다. 이 기괴한 그림은 일부는 인간, 일부는 기계, 일부는 이 세상의 것이 아닌 듯한 신체 부위로 구성된 괴물을 묘사한다.

이 괴물은 팔과 가슴이 인간처럼 생겼다. 입은 작고, 얼굴은 굳어 있다. 눈은 크고, 검고, 동공이 없으며, 그 위로 두개골이 뒤쪽으로 곡선을 그리며 흉측하고 길게 뻗어 있다. 등에서는 뼈가 뻗어 나와 있는데 일부는 관 모양이고, 일부는 톱니 모양이다. 그리고 복부는 뻗어 나오는 것 없이 남근처럼 끝이 둥근 꼬리 모양으로 좁아진다. 한마디로 기괴하다.

하지만 이 생명체는 영화 「에일리언」의 감독 리들리 스콧이 정확히 원하던 모습이었다. 기거는 스콧에게 「에일리언」에 등장할 생명체를 제작해달라는 의뢰를 받고 「네크로놈 4」를 기반으로 하여 캐릭터를 만들었다. 몇 가지 수정을 거쳐 뱀 같은 몸에 다리가 생겼고, 눈은 사라진 채 텅 비고, 반짝이고 기이한 이마만 남았으며, 턱 안에 또 다른 턱이 생겼다. 스콧은 이 안쪽의 턱을 움직이게 하고, 막대 모양의 혀끝에 또 다른 턱을 두어 입에서도 피해자의 머리를 공격할 수 있게 만들자고 제안했다. 마치 도살장에서 소를 죽이는 데 사용했던 나사못처럼 말이다.

1979년 개봉한 영화 「에일리언」은 1980년에 특수효과 디자이너 카를로 람발디$^{Carlo\ Rambaldi}$와 기거가 시각효과상을 수상하는 쾌거를 이루었다. 그로부터 37년이 지난 후에야 기거는 자신이 창조한 것보다 자연이 더 앞서 있었다는 것을 알 수 있었다. 자세히 말하자면 곰치가 그보다 앞서 있었다. 곰치는 죽은 산호초의 잔해 속에 숨어서 대부분 시간을 보내는 포식성 어류다. 이 은신처에서 곰치는 다른 물고기는 물론 두족류[1]와 갑각류도 사냥한다. 곰치는 널리 퍼져 있는 꽤 흔한 어류지만, 먹이를 먹는 습관 중 하나는 매우 독특하다. 아무런 물리적 구조 없이 목구멍으로 그냥 먹이를 빨아들이는 것처럼 보이기 때문이다. 이 미스터리는 캘리포니아 대학교 데이비스캠퍼스의 리타 메타$^{Rita\ Mehta}$ 박사가 곰치가 먹이

---

[1] 다리(팔)가 머리에 달린 연체동물의 한 종류. 문어, 오징어, 갑오징어 따위가 있다.

잡는 모습을 고속 카메라로 찍어 분석하고 나서야 풀렸다.

영상 속에서는 놀라운 일이 벌어지고 있었다. 곰치가 먹이를 턱으로 꽉 물자, 목구멍 쪽에서 튀어나온 제2의 턱이 보였다. 제2의 턱은 먹이를 움켜쥐고 목구멍 쪽으로 끌어당겼다. 메타 박사의 동료인 피터 웨인라이트$^{Peter\ Wainwright}$는 《뉴욕타임스》와의 인터뷰에서 "우리는 앉아서 도무지 믿기지 않는 표정으로 그 영상을 보았습니다"라고 말했다. 소식이 퍼지자 한동안 인터넷에는 딘 마틴의 노래 「그게 사랑이야$^{That's\ Amore}$」의 선율에 맞춰 이를 노래하는 훌륭한 과학 밈이 유행했다. 가사는 이랬다.

> 턱을 크게 벌리면$^{When\ the\ jaws\ open\ wide}$
>
> 안에 턱이 또 있다네$^{And\ there's\ more\ jaws\ inside}$
>
> 그게 곰치야!$^{That's\ a\ moray!}$

어법은 어색하지만 이 짧은 노래는 개념을 잘 포착하고 있다. 이와 별개로 눈여겨볼 것은 턱을 크게 벌리면 나타나는 제2의 턱이 곰치에게만 있는 특징은 아니라는 점이다. 수천 종의 다른 어종도 그러한 특징을 가지고 있다. 사실 대부분의 경골어류$^{bony\ fish}$ [2]

---

[2] 턱이 있는 어류는 크게 연골어류(상어류, 가오리류, 홍어류)와 경골어류(그 밖의 뼈가 단단한 어류)로 나뉜다. 턱이 없는 어류로는 칠성장어와 먹장어 등이 있다. 이름에서 알 수 있듯이 이들에게는 안에 숨은 턱은 물론이고 제1의 턱도 없다.

가 인두턱 기관[pharyngeal jaw apparatus]이라는 제2의 턱을 갖고 있다. 그러나 이러한 턱이 있는 어종 대부분은 곰치처럼 턱이 앞뒤로 움직이지 않으며 고속 카메라의 시야에 잡히지 않는다. 아가미 바로 뒤에 자리를 지키고 있기 때문이다. 곰치는 이처럼 평범한 기관을 굉장

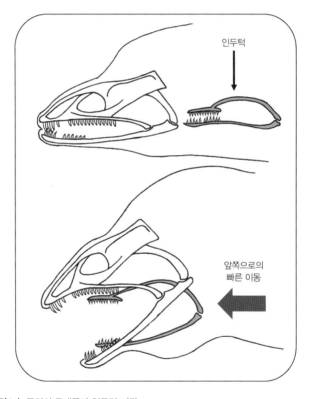

인두턱

앞쪽으로의
빠른 이동

그림1 | 곰치의 두개골과 인두턱 기관
출처: Mehta, R.S. and Wainwright, P.C, 2007 그림에서 수정

한 것으로 만들어낸 것이다. 과연 그럴까?

메타 박사와 동료들은 먹이를 입으로 빨아들이는 행위가 대체로 물고기들에게 꽤 일반적인 요령이라는 것을 잘 알고 있었다. 놀라운 사실은 다른 어류처럼 입안과 뺨에 복잡하게 얽힌 근육과 조직이 없는 곰치가 이러한 행동을 했다는 것이다. 예를 들어, 송어 같은 물고기는 아래턱을 떨어뜨리면 입 또한 옆으로 커져 피부의 깊은 주름이 펴진다. 이는 입안의 부피를 엄청나게 증가시킨다. 그리고 이 과정이 빠르게 이루어지면 갑작스러운 확장으로 입안은 압력이 낮아지고, 상대적으로 외부의 압력이 높아지므로 먹잇감이 안으로 밀려들어 가게 된다. 그러면 송어는 입을 닫고 먹이를 안에 가둔다. 실제 속도로 보면 먹잇감이 거의 저절로 사라지는 것처럼 보이기 때문에 매우 인상적인 기술이다.

간단히 말해 송어는 턱이 튀어나올 필요가 없다. 일부 종의 경우 복잡한 근육 조직은 위쪽과 아래쪽의 인두턱을 독립적으로 움직이게 하고 늘 이빨을 덮고 있다. 어식성 어류[3]의 인두치는 가늘고 날카로워 먹잇감에서 살점을 뜯어내고 시클리드*Trematocranus placodon*[4]의 인두치는 뭉툭한 못처럼 생겨서 달팽이를 부수고 으깰

---

3   물고기를 먹는 어류.

4   시클리드는 매우 다양하게 분화한 물고기 종류로 특히 동아프리카 열곡대의 개체군에서 최근 놀라우리만큼 빠른 종 분화를 보여줘 진화생물학자들의 관심을 받고 있다. 일반적으로 인두턱이 이 엄청난 다양화에 중추적 역할을 한 것으로 여겨진다.

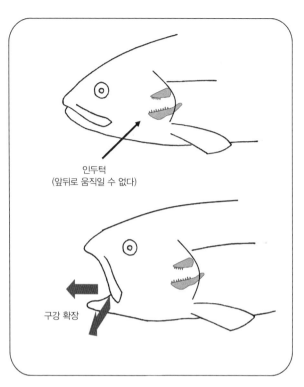

인두턱
(앞뒤로 움직일 수 없다)

구강 확장

그림2 │ 송어의 인두턱은 먹이를 잡는 데 필요하지 않기 때문에 곰치의 인두턱보다 움직임이 제한적이다.

수 있다. 조류를 먹는 블루 음부나^{blue mbuna}(또 다른 시클리드)의 인두치는 부드럽고 납작해서 먹이를 삼키기 전 단지 압축하는 역할만 한다.

송어 같은 물고기는 곰치가 할 수 있는 모든 것을 할 수 있으며, 그와 동시에 소화 전 먹이를 처리하는 기쁨을 누릴 수도 있다. 이렇게 보면 송어의 덫이 곰치의 인두턱보다 더 낫다고 할 수 있을 것이다. 그 덫은 사전 연락이 필요하지 않아 더 빨리 작동하기 때문이다. 큰 그림에서 보면 곰치의 인두턱은 복잡하지 않은 안면 근육 조직에 대한 보상이자 해결책이라는 것이 분명해진다(먹이 씹는 능력을 희생하는 대가를 치러야 했지만). 따라서 더 나은 구조를 가진 물고기는 곰치가 아닌 다른 물고기들이다. 곰치의 제2의 턱은 진화가 부린 마법 같은 것이 아니라 차선책일 뿐이다. 심지어 그 차선책은 특별히 좋지도 않다.

곰치만 이런 것이 아니다. 아주 일반적으로 말하면, 진화는 시간에 따른 생물학적 유기체의 변화로 자연 선택을 통해 진행된다. 자연 선택은 생존과 번식을 위한 경쟁에서 각 세대에게 유용한 유전적 돌연변이[5]가 선호되는 과정이다. 이 과정을 통해 새, 박쥐, 잠자리는 날게 되었고, 뱀은 사지를 포기했으며, 전기뱀장어는 강력한 전기를 만들었고, 거미는 교묘한 거미줄을 치게 되었고, 비버는 습지를 만들었고, 개미는 곰팡이와 진디를 키우는 농부가 되었다. 생명의 다양성과 독창성, 또 그것이 만들어내는 장관은 과소평가될 수 없다. 그리고 자연 선택은 이 모든 것을 뒷받침한다.

진화의 예술성은 끝이 없어 보이지만, 화려한 모습에 눈이 멀어

---

5   DNA 분자의 변화를 설명하는 데 사용되는 단어로 복제 오류나 우주 방사선과 같은 외부 요인에 의해 발생할 수 있다.

덜 인상적이고 덜 유용한 것을 간과하기 쉽다. 실제로 종을 조각하는 자연 선택의 힘은 매혹적일 정도로 경이롭지만 무한하지는 않다. 정말로 진화를 완전히 속속들이 이해하고 싶다면, 우리는 자연 선택이 할 수 **없는** 것을 알아봐야 한다. 진화에 관심이 있는 독자라면 그 과정에 어떠한 목적도 중요한 방향도 없다는 것을 이미 알 것이다. 또 자연 선택은 사전에 어떤 고려도 하지 않기 때문에 동물의 몸에는 조상에게서 물려받은 명백한 '설계상의' 결함(기린의 목에 있는 5미터 길이의 신경[6]처럼)이 일부 있다는 것도 알 것이다. 하지만 진화의 기이함은 그보다 훨씬 더 깊다.

자연 선택으로 선정되고 유지되는 유리한 형질의 점진적이고 가혹한 축적이 반드시 개체나 종에게 이익으로 이어지진 않는다는 것이 밝혀졌다. 어떤 합당한 사유가 있다 해도 개선은 이루기 어려우며 오히려 모든 것은 정확히 그대로 유지될 가능성이 훨씬 더 크다. 곰치의 튀어나오는 턱처럼 대부분의 진화적 변화는 남을 따라잡기 위한 노력에 지나지 않는다. 심지어 그 '남'이 누구냐에 따라 실제로는 따라잡는 것조차 불가능할 수 있다. 종 사이의 상호 작용은 대개 진화적 '군비 경쟁'으로 발전하지만, 비용과 이득의 상대적 불평등은 이 경쟁이 누군가에게 유리하게, 또 영구적으

---

6 비효율적으로 우회하는 되돌이 후두 신경(recurrent laryngeal nerve). 우리에게도 이처럼 다루기 힘든 신경 경로를 가진 신경이 있지만, 우회하는 경로가 그리 길진 않다.

로 조작될 수 있음을 뜻한다.

이러한 경쟁의 역학은 왜 어떤 동물들이 자연 선택으로 고칠 수 없는 문제를 가졌는지를 설명하는 데 도움이 된다. 예를 들어 이 책의 뒷부분에서 우리는 왜 유럽 뻐꾸기의 숙주들은 자신의 둥지에서 자라난 '괴물'을 정확히 알아보도록 진화하지 못하는지, 왜 가젤이 항상 치타보다 진화적으로 우위에 있는지 알아볼 것이다. 하지만 군비 경쟁은 진화가 이해하기 쉽지 않은 결과를 낳는 여러 메커니즘 중 하나일 뿐이다. 코끼리는 여섯 번째 이빨이 닳아도 일곱 번째 이빨이 나는 일이 거의 없어서 결국 서서히 굶어 죽는다. 이러한 현상 때문에 우리는 노화의 신비한 전개, 그리고 노화를 피한 것처럼 보이는 종들을 연구하고, 개개의 동물들과 그들 유전자 사이의 관계를 고려한다. 자연계에서 벌어지는 가장 감동적이면서도 가장 불편한 일 중의 일부는 서로 이해관계가 완벽하게 일치하지 않는 이 둘 사이의 무의식적인 갈등 때문이다. 자연 선택은 개체에 가장 직접적으로 작용하지만, 늘 그렇듯 같은 유전자가 다른 곳에서 사본으로 나타나면 집단의 이익은 개체의 이익을 압도할 수 있다. 그 결과 중 하나는 이타주의이며, 다른 하나는 악의다.

심지어 아무도 승자로 판명되지 않고 모두에게 손해인 상태로 끝나는 진화적 싸움도 있다. 공작새의 멋진 꼬리는 진화의 승리 중 하나로 우리를 감동시킬지 모른다(순전히 미적인 이유에서). 아름다운 꼬리는 암컷에게 접근하기 위한 수컷 간 경쟁의 산물이므로 분명히 매우 중요하다. 그러나 모든 수컷이 모여 꼬리에서 일정량을 자르기로 합의를 본다면 어떨까? 짝짓기 성공률은 유지하면서 모두가 더 편하고 위험하지 않게 살 것이다. 물론 공작새는 그러한 협력을 할 수 없고, 자연 선택도 마찬가지다. 진화는 이 문제를 결코 해결하지 못할 것이다.

이러한 각 현상은 진화의 별난 성질을 시사하며, 이 현상들을 설명하면서 진화 과정 자체의 작동 원리를 밝힐 수 있다. 이 책의 목적은 예상할 수 없는 결과를 통해 진화를 살펴보는 데 있다. 이것은 진화의 함정, 커다란 장벽, 사각지대, 절충안, 타협, 실패작에 관한 이야기다. 이를 통해 우리는 동물이 늘 약간 뒤처지는 이유, 시간이 지나면서 대체로 효율이 떨어지는 이유, 포식자가 흔히 패배하는 이유, 기생자가 흔히 승리하는 이유를 배울 것이다.

그것은 진화이지만, 위대한 성공작은 아니다.

글을 읽기 전 참고할 사항

진화생물학에 관한 글을 쓰는 사람은 누구나 어느 순간 목적론의 문제에 직면한다. 즉 목적이 없는데도 목표를 추구하거나 지향하는 행동임을 시사하는 글을 쓰게 된다. 가령 이 문장들을 보자.

"암컷 들꿩은 최고의 새끼를 낳기 위해 가장 훌륭한 수 컷을 선택한다."

"일반적인 감기 바이러스는 다른 숙주에게 건너가기 위 해 숙주를 재채기하게 만드는 능력을 진화시켰다."

두 문장에는 모두 목적이 내포되어 있다. 암컷 들꿩은 최고의 새끼를 **원하고** 그것을 얻는 방법을 알고 있으며, 바이러스는 사람 들 사이에서 옮겨 다니기를 **원한다고** 시사한다. 물론 실제로는 그 런 목적이 전혀 없다. 들꿩은 왜 자신이 신중하게 짝을 선택하는 데 시간을 할애하는지 모른다. 바이러스는 아는 것이 전혀 없다. 목적론적 표현이 생물학에서 사용되기 시작한 이유는 다윈 이전 에는 그러한 표현이 옳다고 여겨졌기 때문이다. '동물은 신의 뜻 에 따라 창조된 것'이었기 때문에 목적은 중요하게 **존재했다.** 후 대의 생물학자들은 자연 선택의 메커니즘을 보면 그러한 표현이 부적절하다는 것을 잘 알고 있지만, 단지 편리하다는 이유만으로 계속 그런 식의 표현을 사용해왔다.

이런 이유로 이 책의 9장에서는 고래에 대해 다음과 같이 설명 하고 있다.

"고래는 추진력을 위한 강력한 꼬리를 갖고 있다."

꼬리가 추진력을 **위한** 것인가? 아니다. 꼬리는 추진이나 다른 목적을 위해 의도적으로 설계된 것이 아니다. 거두절미하고 우리가 최대한 말할 수 있는 것은 강력한 꼬리가 주인이 그러한 능력을 발휘할 수 있도록 허락한다는 것이다. 우리는 필요가 혁신보다 우선한다고도 말할 수 없다. 강력한 꼬리가 없는 조상 고래도 후손의 존재가 증명하듯 훌륭하게 살아남았다. 꼬리는 필요에 따라 진화하지 **않았다**. 꼬리는 그것이 만들어지는 점진적 과정에서 각 단계가 이전 단계보다 번식의 성공을 촉진하는 데 더 효과적이었기 때문에 진화했다. 이 차이는 미묘하지만 중요하다.

그러나 글쓴이가 사건 그대로의 설명이 아니라 축약된 설명을 사용하고 있다는 것을 독자가 인지하고 있다면, 목적론을 약간만 가미해도 진화 과정에 관한 글쓰기 또는 읽기가 조금이나마 매끄러워진다. 비교를 위해 고래와 그 꼬리에 대한 비목적론적 설명을 살펴보자.

"고래는 강력한 근육과 연결된 넓고 갈라진 꼬리를 갖고 있다. 조상 고래의 무작위적인 유전적 돌연변이로 인해 이전에는 좁았던 꼬리가 약간 벌어졌는데, 덕분에 물속에서의 이동이 더 쉬워졌다. 이 돌연변이가 있는 개체는 결과적으로 경쟁자보다 이동에 더 적은 에너지를 들여도 되었으므로, 벌어진 꼬리 형질은 결국 여러 세대에 걸쳐 집단 전체에 퍼졌고, 같은 식으로 더 많이 벌어지려는 돌연변이가 축적되면서 시간이 지남에 따라 더욱 두드러지게 되었다. 꼬리가 넓어지는 과정은 등과 배를 굽힐 때 사용되는 근육이 더 강해지는 보완적 경향을 수반했는데 이러한 경향 자체도 우연한 돌연변이로 생겨나 이동 상의 이점을 제공했고, 그에 따라 돌연변이를 가진 개체의 번식을 유리하게 했다.”

확실히 “고래는 추진력을 위한 강력한 꼬리를 갖고 있다”라는 말보다는 더 정확하지만, 설명이 길어졌다.

이 책 전반에 걸쳐 목적론적인 표현을 피하는 것을 목표할 테지만, 가독성을 해치지 않는 한에서만 그렇게 하려 한다. 일부 생물학자들은 신성한(또는 달리 유도된) 목적의 의미를 없애기 위해 어떤 식으로든 목적론적 표현을 피해야 한다고 생각하지만, 내게는 이 방식이 지나치게 까다롭게 느껴진다. 나는 내 언어가 문자 그대로가 아니라 비유적일 때 늘 분명하기를 바라며, 분명히 하기 위해 틀림없이 노력할 것이다.

한편 독자들에게 정중히 요청하건대, ‘진화생물학자들이 어떻게 진화에 대한 결론을 내리지 못하는지’에 대해 이야기하는 창조론자 블로그에 내 목적론적 실수를 인용하지 말길 바란다.

Flaws of Nature

1장

죽거나
배고프거나

포식자는
끼니를 놓칠 위험만 감수할 뿐이지만
먹잇감은 목숨을 걸고 있다.

얼룩무늬물범^{Leopard seal}은
상당히 기이하게 무섭게 생겼다. 뱀처럼 미끈한 근육질의 몸은 길
이가 3미터 이상이며, 머리는 무표정하면서 위협적인 파충류를
닮았다. 노골적이고 약탈적이라는 사실을 제외하면 얼굴에 감정
이나 생각 같은 것이 전혀 없어 보인다. 실제로 이 동물에게는 불
안할 정도로 기계 같은 면이 있다. 마치 창조자가 이 동물처럼 대
놓고 파괴적인 도구는 어떤 미적 장식으로 단장해봤자 의미 없다
고 생각한 것처럼 말이다(사무라이의 검은 예술 작품이 될 수 있을지 모르
지만, 기관총은 누구도 애써 꾸미려 하지 않듯이). 대자연이 건축가라면 얼
룩무늬물범은 대자연이 브루탈리즘^{Brutalism}1 시기를 거칠 때 만든 결

---

1   1950~60년대에 유행했던 건축 양식으로 거대한 콘크리트나 철제 블록 등을 그대로
    사용하여 때로 거칠고 추하게 여겨지기도 한다. ─ 옮긴이

과물로 보일 수 있다.

하지만 얼룩무늬물범$^{Hydrurga\ leptonyx}$을 창조하는 일은 아직 끝나지 않았다. 오히려 진행 중이다.

얼룩무늬물범의 입을 한번 살펴보자. 물론 살아있는 얼룩무늬물범의 입에 너무 가까이 다가가는 것은 매우 어리석은 행동이다. 다 자란 얼룩무늬물범은 몸무게가 최대 600킬로그램까지 나가고, 사람을 죽이기도 한다고 알려져 있다. 따라서 가까이 다가가는 대신에 사진과 두개골을 이용하면 이들을 안전하게 조사할 수 있다. 한 마리를 골라 이빨을 살펴보자. 송곳니는 물고기와 펭귄, 다른 물범의 포식자에게서 볼 법한 크고 길고 유용한 모양이지만, 특이하게도 어금니에는 좁고 깊은 홈들이 파여 있어 턱을 다물면 그물망처럼 구멍이 생긴다. 이런 면에서 얼룩무늬물범은 가까운 친척이자 가엾게도 이들의 흔한 먹잇감이기도 한 게잡이물범$^{crabeater\ seal}$을 연상시킨다.

게잡이물범은 실제로 게를 먹지 않기 때문에 그 이름이 통칭으로 별로 적합하지 않지만('게잡이물범'을 뜻하는 라틴어인 종명^{2} 카르키노

---

2 국제적인 과학적 명명법인 이명법에 따라 종의 학명은 두 개의 단어로 이뤄진다. 첫째 단어는 속명으로, 그 종이 속하는 속의 이름이고 항상 대문자로 시작한다. 둘째 단어는 종명으로, 그 종 고유의 이름으로 소문자로 시작한다. 학명은 이탤릭체로 쓰거나 밑줄을 그어 표시해야 한다. 예를 들어 인간의 속명은 호모(Homo), 종명은 사피엔스(sapiens)이다.

파가^{carcinophaga}도 마찬가지다) 속명인 로보돈^{Lobodon}은 매우 적절하다. 이는 '갈라진 이빨'을 뜻하는데, 게잡이물범은 한입 가득 먹잇감을 빨아들인 후 갈라진 이빨 틈새를 이용해 물을 걸러내는 식으로 크릴(새우와 같은 작은 갑각류)을 먹는다. 얼룩무늬물범의 갈라진 이빨은 게잡이물범보다 덜 복잡하지만 같은 목적을 수행할 수 있고 실제로 그렇게 한다. 따라서 이런 늑대의 송곳니를 지닌 동물은 펭귄뿐만 아니라 0.5인치 크기의 무척추동물도 먹을 수 있다. 먹이 행동에 대한 최초의 실험적 관찰에 참여한 한 연구원은 이 사실이 사자가 영양뿐만 아니라 개미도 먹는다는 사실을 발견한 것과 같다고 말했다.

언제 어디서든 얼룩무늬물범은 매우 크거나 매우 작은 먹이, 혹은 두 가지를 잘 섞어 먹으며 생존할 것이고, 어떤 먹이가 됐든 얼룩무늬물범의 몸은 평생 그 먹이 습관에 적합한 상태를 유지할 것이다. 얼룩무늬물범의 이빨은 게잡이물범만큼은 아니지만 밀접한 관계에 있는 다른 종^{3}의 이빨보다 여과^{濾過} 섭식에 특화되어 있어, 우리는 이들이 그 기능에서 멀어지는 쪽이나 그 기능을 향하는 쪽으로 진화하는 과정에 있다고 미루어 생각할 수 있다. 그러나 광범위한 화석 증거 없이 어느 쪽인지 확실히 말하기란 어렵

---

3 웨델물범(Weddell seals)과 로스물범(Ross seals)을 말한다. 얼룩무늬물범, 게잡이물범과 함께 고유의 종족인 로보돈티니(Lobodontini)를 구성한다.

다. 어쩌면 이들은 현재 상황에 가장 잘 들어맞는 적절한 조건을 찾아 그대로 머무는 것일 수도 있다. 어쨌든 우리는 이빨에서 과거 변화의 흔적을 읽을 수밖에 없다.

그 변화는 선택과 아무런 관련이 없다. 어느 날 이빨이 크릴을 먹기에는 너무 투박하다는 것을 알아차리고 무언가를 하기로 선택한 얼룩무늬물범은 과거 어디에도 없다. 오히려 이들은 바람에 날리는 나뭇잎처럼 수동적인 여행자였으며 어디든 밀려다녔다. 이들을 움직이는 힘은 외부 환경에서 비롯된다. 예를 들어 펭귄이나 다른 몸집이 큰 동물을 찾기 어려운 환경이라면, 이빨이 더 깊게 파인 물범은 크릴을 효율적으로 먹을 수 있어 다른 물범보다 계속 배를 채우기 쉽다는 것을 깨달을 것이다. 따라서 이빨이 더 깊게 파인 물범의 번식 성공이 높아지면 다음 세대에 그런 모양의 이빨을 가진 개체의 비율이 증가할 것이라고 예상할 수 있다.

유용한 용어를 하나 들어 설명하자면, 환경은 이빨 모양에 **선택 압력**^{selection pressure}을 가한다. 언젠가 나중에 크릴이 귀해지면 얼룩무늬물범은 크릴 대신 펭귄을 찾아 나서야 하는 대가를 치러야 할 것이다. 진자가 흔들릴 것이고, 선택 압력의 방향이 바뀔 것이며, 깊게 파인 이빨은 턱이 척추동물의 뼈에 세게 부딪혀 부러질 위험이 있어 도움이 되기보다 부담이 될 것이다.

오늘날 얼룩무늬물범의 후손들이 어떤 장기적 궤적을 그릴지는 두고 봐야겠지만, 기후, 경쟁, 포식, 먹이 섭취 기회 등 수없이 다양한 상황의 축을 따라 환경이 변화하는 경향을 고려할 때, 이들이 다른 동물이 되리라는 것은 확실하다. 이것이 진화이며, 진화는 모든 계통에서 일어난다. 그들은 변화한다.

하지만 변화의 속도는 동물마다 차이가 있다. 가령 포식자는 대체로 그들의 먹잇감보다 변화에 뒤처지는 경향이 있다.

실패할 운명

우리는 흔히 포식자에게 다른 무언가가 있다고 생각한다. 2010년 BBC는 「완벽한 포식자 속으로^{Inside the Perfect Predator}」라는 제목의 다큐멘터리 시리즈를 방영했다. 그 전에는 유튜브 채널 '애니멀 플래닛^{Animal Planet}'이 「자연의 완벽한 포식자들^{Nature's Perfect Predators}」이라는 제목으로 짧은 영상들을 올렸었다. 그리고 이어 내셔널지오그래픽이 「육식 동물의 세계, 완벽한 킬러들^{Planet Carnivore: Perfect Killers}」을 방영했다.

내가 알기로 「완벽한 청소 동물^{The Perfect Scavenger}」, 「완벽한 초식 동물^{The Perfect Grazer}」, 또는 「완벽한 여과 섭식 동물^{The Perfect Filter-feeder}」과 같은 제목의 프로그램은 없었다. 왜일까? 포식자에 대한 두려움이 이들을 찬양하는 성향을 만들었다고 생각할 수도 있지만 우리는 다양한 시간과 장소에서 우리를 잡아먹으려 했던 동물들에게만 그러한 과장된 찬사를 보내진 않는다. BBC 시리즈에는 몸무게가 3파운드(약 1.4킬로그램)를 넘는 일이 거의 없는 송골매도 등장하기 때문이다. 작가이자 학자인 헬렌 맥도널드^{Helen Macdonald}는 매과의 문화사를 다룬 자신의 저서 『매^{Falcon}』에서 매는 "우리를 흥분시키고, 다른 새들보다 우월해 보이며, 위험하고 예리하고 자연스러운 숭고함이 넘친다"라고 말한다. 뒤에서 매의 군사적 용도에 대해 논할 때는 어떻게 매가 '전투기의 생물학적 대응물', 즉 공기역학적 완벽함으로 중무장한 자연 모델이 될 수 있는지 설명한다. 또 작가 W. 케네스 리치몬드^{Kenneth Richmond}의 말도 인용하는데, 그는 송골매를 "완벽한 비율과 빼어나게 아름다운 외모, 대담함과 지능, 공중에서의 뛰어난 솜씨, 비할 데 없는 추격 실력"을 지닌 새로 묘사한다. 이러한 표현들이 부적절해 보이진 않는다. 실제로 송골매와 같은 종의 우월성은 너무 확연해서 그 우월성에 의문을 제기하는 것은 불필요해 보인다.

다시 얼룩무늬물범으로 돌아와서, 이 거대한 동물이 펭귄을 입에 물고 있는 모습을 잠시 상상해보자. 그리고 그것이 얼마나 일방적인 문제인지 생각해보자. 펭귄이 가진 것은 무엇인가? 얼룩무늬물범의 0.5톤짜리 몸과 덫과 같은 턱을 무엇으로 막을 것인가? 얼룩무늬물범과 같은 동물을 생각할 때 우리는 '치명적인', '솜씨 좋은' 같은 형용사를 함께 떠올린다(취향에 따라 '아름답게', '건방지게', '오만하게'와 같은 수식어를 추가할 수도 있다). 반면에 펭귄에게 붙는 수식어는 '무력한'이나 '희생당한'이 될 것이다. 확실히 승자는 아니다. 기껏해야 생존자, 남극 바다의 지배자를 위한 총알받이일 뿐이다. 다시 말해, 우위는 포식자에게 있다. 먹이사슬을 살펴보는 것만으로도 생명의 위계를 확인할 수 있다.

그러나 실상은 다르다. 포식은 두 개체가 직접 만난 순간을 강조하는 승자 대 패자의 이야기로 바라보기 쉽다. 이는 두 개체의 일생에 걸친 결과와 종 차원에서의 더 넓은 상호 작용을 간과한다. 더 넓은 시각으로 보면 상황은 다르게 보인다. 얼룩무늬물범을 포함한 최상위 포식자들 역시 사냥감을 잡는 데 몇 번이나 계속 실패한다. 사냥에 성공하는 일은 예외적이며 일상적이지 않다. 운 좋은 소수의 개체만이 생존할 만큼의 성공을 가까스로 이어갈 수 있다. 대부분은 그냥 굶어 죽는다. 물론 우리는 사냥꾼으로서의 얼룩무늬물범에 대해 잘 알지 못한다. 얼룩무늬물범은 평범한 인간이 관찰하기 어려운 먼 곳에서 사냥하는 종이기 때문에 그들의 포식 습관에 대한 생각은 대부분 추측에 불과하다. 그러나 치타라면 어떤가?

치타는 우리가 수십 년 동안 많이 관찰하고 연구한 동물로 창밖에 있는 웬만한 동물들보다 더 친숙하게 느껴진다. 동아프리카 대초원에 초점을 맞춘 수많은 자연 다큐멘터리 덕분에 치타는 스타가 되었다. 자유롭게 뛰어다니는 이 긴 다리의 고양잇과 동물만큼 쉽게 찬사를 받는 포식자는 많지 않을 것이다(특히 치타는 아마 1955

년 기네스북이 첫 출간된 이후 나온 모든 판본에 세계에서 가장 빠른 육상 동물로 등재되었을 것이다). 모든 야생 다큐멘터리가 우리에게 말하듯 '완벽한' 점박이 코트를 입은 '완벽한' 포식자인 치타는 맘에 드는 것은 무엇이든 쫓아가 냉혹하고 거의 경멸적으로 땅에 나뒹굴게 할 수 있다. 하지만 치타는 과연 얼마나 능숙할까?

그 대답은 '생각만큼 능숙하지 않다'이다. 1993년부터 2011년까지 탄자니아 북부에서 진행된 세렝게티 치타 프로젝트를 통해 관찰자들이 작성한 295건의 치타 사냥 기록을 보면 성공률은 41%에 불과하다. 즉, 그들은 대체로 사냥에 실패한다. 하지만 이 수치는 사실 대형 포식자치고 매우 높은 편이다. 포식을 다룬 대부분의 연구는 이보다 훨씬 더 형편없는 성공률을 보여준다. 예를 들어 스발바르Svalbard의 북극곰은 물범의 출산 은신처와 숨구멍에서 사냥을 하는데 성공률은 약 10%다. 칼라하리Kalahari 사막의 표범은 약 16%, 스코틀랜드 하구에서 섭금류를 사냥하는 새매와 송골매는 각각 15%와 7%의 성공률을 기록했다.

주요 종들조차도 이처럼 낮은 성공률을 보일 때 상대적으로 경험이 부족한 어린 개체의 생존율이 낮은 것은 당연하다. 그러나 어린 치타가 처음으로 맞닥뜨리는 어려움은 굶주림이 아니라 다른 포식자를 피하는 일이다. 케임브리지대학교의 카렌 로렌슨Karen Laurenson은 1987년부터 1990년까지 세렝게티에서 무선 추적 목걸이를 채운 성체 암컷 치타의 운명을 따라가며 세계에서 가장 빠른 포유류가 부닥치는 고단한 삶의 현실을 기록했다. 치타의 생후 첫 몇 개월은 절대적으로 가장 위험한 시기이다. 로렌슨이 추적한 새끼의 72%는 결국 은신처 밖으로 나오지 못했으며, 모습을 드러낸 새끼 중에서도 51%만이 2주 후에도 살아남았다. 새끼의 사망 원인 중 73%는 대부분 사자에 의한 포식 때문이었다.

로렌슨은 새끼 치타가 17개월(대략 독립할 수 있는 개월 수) 동안 생존할 확률을 4.8%로 추정했다. 그렇다면 이제 이 수치를 현재 기대 수명이 가장 낮은 나라인 중앙아프리카 공화국의 인간과 비교해보자. 이곳에서는 아이들의 91%가 첫 번째 생일까지 살아남고, 88%가 다섯 번째 생일까지 살아남는다. 따라서 어린 치타의 삶은 지구상에서 가장 궁핍한 나라에 사는 어린이보다 훨씬 더 불안정하다. 그렇다면 치타가 완벽한 포식자일까? 정반대이다. 대부분의 치타는 어느 것 하나 죽이지 못한다.

치타는 왜 빠를까?

치타의 특성을 생각해보자. 가늘게 뜬 눈, 벌린 입, 말문이 막히는 놀라운 속도. 이는 치타와 가장 밀접한 관련 있고 치타의 진화 역사를 지배한 특성이지만, 치타가 정확히 얼마나 빠른지 확실하게 설명하기는 어렵다. 가젤을 쫓는 치타는 언제든 방향을 바꾸고 걸음을 조정해 먹잇감을 넘어뜨릴 수 있도록 준비하고 있으므로 어쩌면 전속력으로 달리지 않을지도 모른다. 공을 발 앞에 두고 필드 위를 달리는 축구 선수를 생각해보라. 공을 앞으로 몰고 가기 위해서는 세 번째나 네 번째 걸음마다 발을 적절한 위치에 내려놓아야 하므로 선수는 전력을 다할 수가 없다. 치타도 마찬가지다. 즉 우리가 어떤 속도를 기록하든 치타는 그보다 더 빨리 달릴 수 있다. 따라서 기존의 모든 측정치는 과소평가된 것이긴 하지만, 그 속도를 시속 128킬로미터라고 해보자. 여전히 매우 빠른 속도다. 비교하자면 우사인 볼트가 세계 신기록을 세운 100미터 경기에서 가장 빨랐던 20미터 구간의 속도는 시속 44킬로미터였다(분명히 그의 최고 속도였다).

좀 더 흥미로운 질문을 던져보자. 치타는 **왜** 그렇게 빠를까? 이 질문에 대한 진상을 알면 치타와 가젤의 관계에서 우위를 점한 것이 사실 가젤이라는 것을 알 수 있다(펭귄도 마찬가지. 굶주린 물범의 입 속에 이미 박힌 개체는 아마 해당이 안 되겠지만). 앞으로 설명할 테지만, 어떤 면에서 먹잇감이 되는 것은 득이 되는 일이다.

그렇다면 치타는 왜 그렇게 빠를까? 두 가지 짧은 답이 있는데 하나는 직관적이고 하나는 좀 있어 보인다.

첫째, 사냥해야 할 동물이 거의 치타만큼 빠르기 때문이다.

둘째, 수십억 년 동안 자발적으로 자신을 복제하는 분자가 존재해왔기 때문이다.

첫 번째 답은 근접 원인proximate cause이다. 이는 모든 고양잇과 속도의 직접적인 원인이다. 고양잇과는 잡아먹고 싶은 것이 빠르기 때문에 빠르다. 치타는 보통 여러 종의 가젤과 다른 작은 영양들을 잡아먹는데, 이들은 대부분 비교적 먼 거리를 시속 70~90킬로미터로 달릴 수 있다. 빠른 먹잇감은 포식자에게 속도에 대한 선택 압력을 가한다. 따라서 가젤이 빠르기 때문에 치타도 빠르다.

더 이야기하기 전에 한 가지 설명을 덧붙이는 것이 좋겠다. 가젤의 속도는 치타의 속도를 높이지만, 두 종은 서로 빨라지려고 경쟁하지 않는다. 경쟁은 **같은** 종 내에서만 이루어진다. 사실 치타의 평균 속도 대비 특정 치타의 속도는 가젤의 평균 속도 대비 특정 치타의 속도만큼 중요하다. 이해하기 어려울지 모르니 예를 들어, 치타가 가젤 집단의 모든 개체보다 빨라서 세 번 정도 시도는 해야 하지만 매번 사냥에 성공한다고 가정해보자. 소수의 치타 집단은 가젤들을 먹이 삼아 잘살고 있으며, 치타마다 속도가 조금씩 달라도 새끼를 키우는 데 실패하는 치타는 없다. 따라서 치타 간에 번식 성공률의 차이는 아주 적다.

하지만 다른 치타 무리가 이동해오면 사냥꾼들의 밀도가 높아지고 역동적인 변화가 생겨난다. 원래 있던 개체 중 먹이를 잡는 데 보통 한두 번만 시도하면 되는 개체는 여전히 자신과 새끼들의 먹이를 순조로이 마련하고 있지만, 먹이를 잡는 데 세 번의 시도가 필요한 **약간** 더 느린 치타들은 어려움을 겪기 시작한다. 치타의 수가 늘면서 가젤의 수가 희소해졌으므로 실패는 더 치명적이다. 한때는 실패해도 사냥에 좀 더 시간을 보내고 잠을 좀 덜 자면 그만이었으나, 이제는 실패하면 며칠 동안 굶주려야 한다. 그 결과는? 평균적인 가젤은 변하는 것이 아무것도 없지만, 치타가 받는 선택 압력은 증가한다. 사냥꾼들 사이에 경쟁이 더 치열해진다.

그런데도 이 경쟁 과정에서 세대를 거듭하는 동안 개선되는 것은 소화 효율이나 어깨너비나 청력 같은 것이 아니라 여전히 속도다. 가젤이 치타에게서 도망치기 위해 의존하는 것이 속도이기 때문이다. 같은 시나리오가 거꾸로 가젤에게도 적용되며, 이 두 과정은 서로를 보강한다.

설명을 마쳤으니 이제 다음으로 넘어가자. 치타는 실제로 가젤이 빠르기 때문에 빠르지만(반대의 경우도 마찬가지), 이 말의 실제 의미는 부모 세대의 가젤이 빨랐기 때문에 지금 세대의 치타가 빠르다는 것이다. **부모 세대**의 가젤이 빨랐던 것은 이전 세대의 치타가 빨랐기 때문이다. 이 이야기는 선사 시대의 인간이 치타나 가젤을 발견하기 전, 치타와 가젤의 조상이 제대로 된 모습을 갖추기 시작하기 전으로 거슬러 올라간다. 시계가 빙빙 거꾸로 돌면서 수천 년 전으로 돌아간다고 상상해보자. 경쟁이 불러온 변화가 사라진 시기에 중요한 것은 속도가 아니라 다른 것(아마도 일련의 특징들)이다. 곧 더 많은 종, 이점과 결점, 성공과 실패로 연결된 망 속에서 더 많은 선수가 등장한다. 각각의 종은 그들 부모 세대에서 가장 유용했던 특징을 갖고 있다. 우리는 계속해서 과거로 더욱 깊이 빠져든다. 최초의 포유류를 넘어, 최초의 육지 생물을 통해, 바다로 돌아간다. 등뼈와 아가미가 없어지고, 신경 가지를 잃고, 움직일 힘조차 없어 해저로 떨어지고, 물살 속에서 무력하게 움직인다.

"치타는 왜 빠를까?"라는 질문에 대한 답이 영원히 우리 손에 잡히지 않고 무한한 회귀에 빠지는 것처럼 보인다. 마치 질문에 대한 모든 설명에 "왜요?"라고 되묻는 어린아이처럼 말이다. 하지만 회귀는 무한하지 않으며, 소위 '원시 수프primordial soup[4]'에서 자신을 복제한 분자에서 끝난다. 이것이 이 질문에 대한 두 번째 답이며 궁극 원인ultimate cause[5]이므로 시간을 할애할 가치는 충분하다. 이는 또한 지구상의 생명체가 얼마나 놀라울 정도로 비효율적인지 설명하는 데 도움이 된다. 이제 그 분자부터 시작해 다른 방향에서 진화의 과정을 살펴보자.

4　지구상에 생명을 싹트게 한 유기물의 혼합 용액. — 옮긴이

5　음, 거의 그렇다. 자기 복제 화학 물질이 존재하는 이유를 묻는 것으로 더 나아갈 수도 있지만 그것은 완전히 다른 이야기다. 그에 대해 다루진 않겠다.

복제자

그 일은 40억 년에서 45억 년 전에 일어났다. 생명체는 아직 나타나지 않았고, 중립적 관찰자의 관심을 끌 만한 어떤 것도 존재하지 않았던 시기이다. 하지만 화학 물질이 녹아 있거나 떠다니는 물, 그리고 화산, 열 분출구, 큰 뇌우 형태의 에너지가 있었다. 어떻게 시작되었는지 확실하지 않다.

그러나 이 불길한 상황 속에서 매우 특이한 특성을 가진 분자가 나타났다. 분자는 아마도 그 후손이 된 데옥시리보스 핵산(DNA로 더 잘 알려져 있다)과 비슷했을 것으로 짐작되지만 정확한 화학적 구성은 중요한 것이 아니다. 특정 조건에서 이 단일 분자가 자발적으로 자신을 복제했다는 사실이 더 중요하다. 분자는 또 다른 사본을 만들고, 그 사본이 또 다른 사본을 만들면서 곧 기하급수적으로 늘어나는 분자군이 생겨났는데, 이들이 하는 일이라고는 자신을 복제해 자손을 만드는 것이 전부였다. 그들은 복제자였다.

긴 사슬(푸실리 파스타처럼 꼬여 있지만 사실 사다리에 가깝다) 형태의 DNA는 자신을 반으로 쪼개어 복제한다. 그다음 두 개의 반쪽은 각각 이전의 파트너를 구성했던 더 작은 구성요소들을 주변에서 끌어당겨 이전에 하나가 있던 자리에 이제 두 개의 같은 분자가 존재한다. 이러한 원시 분자들은 현대 화학의 RNA(리보핵산, 역시

세포의 유전자 기계에 관여한다)[6]처럼 단일 가닥이었을 테지만, 중요한 특성을 공유했을 것이다. 즉 이들은 늘 완벽하게 복제되지는 않았다. 때로 복제 오류가 발생했고, 이는 이후의 모든 일에 큰 영향을 미쳤다.

복제자가 다른 것들과 약간 다른 분자를 만들어낼 때마다 그 새로운 복제자는 오류를 내포한 자신의 사본을 만들어 새롭고 뚜렷한 계통을 생성했다. 이러한 계통 중 일부는 사본을 조립하는 속도 및 효율성이 약간 달랐다. 그리고 어느 순간 새로운 분자를 만드는 원료의 공급은 유한한데 복제자의 수가 너무 많아져 계통 간의 경쟁이 발생했다. 수동적이고 목적 없는 복제 활동이었지만 '승자'와 '패자'는 존재했다. 빠른 조립자가 느린 조립자보다 더 흔해진 것이다.

이제 복제자의 한 계통이 복제 오류로 예외적인 능력을 갖추고 태어났다고 가정해보자. 이 복제자는 주변에 떠다니는 작은 구성 요소로 자신의 사본을 재조립하는 대신에 다른 복제자 분자로부터 원료를 적극적으로 뜯어내는 '포식자'가 된다. 그러한 계통은 매우 빠르게 지배력을 가진다. 그 존재 속에서 살아남는 유일한 종류의 복제자는 어떻게든 자신이 뜯기지 않도록 막아내는 복제자일 것이다. 그렇다면 어떻게 막아낼 것인가?

6　유전자 정보를 매개하고 유전자 발현의 조절 등에 관여한다. — 옮긴이

복제 오류가 일어나면 가능할 수 있다. 예를 들어 자기 사본의 구성요소뿐만 아니라 그러한 '공격'을 물리칠 수 있는 화학 물질 층을 추가로 함께 모으는 것이다. 즉 갑옷을 입는 것이다. 이제 이 '갑옷을 입은' 복제자 계통도 마침내 다른 복제자를 뜯어내어 그 구성요소를 자신의 사본에 통합할 수 있게 변화했다고 가정해보자. 입장이 바뀌었다. 원래의 탐욕스러운 계통은 운 좋게 돌연변이를 일으켜 똑같은 갑옷을 입지 않는 한 멸종에 직면할 것이다.

우리가 수억 년을 뛰어넘는다면 경쟁 관계에 있는 복제자 계통에 의해 사용되는 메커니즘이 훨씬 더 정교해진 모습을 확인할 수 있다. 살아남은 분자들을 둘러싼 화학 물질 층은 더 두껍고, 더 다양해져 더 효과적으로 공격을 막아낼 수 있을 것이고, 동시에 그에 따라 공격 도구는 더 공격적으로 발전했을 것이다. 사실 그러한 복제자 분자들을 알아보는 것은 매우 어려울지도 모른다. 그들은 스스로 만든 케이스 안에 숨어 있을 것이기 때문이다. 리처드 도킨스의 표현에 따르면, 그들은 '생존 기계$^{\text{survival machines}}$' 안에 안전하게 자리 잡고 있다.

또 다른 혁신은 선택적 협력을 향한 경향이었다. 서로 다른 계통의 복제자가 연합했고, 이러한 연합체 중 일부는 개별 구성요소보다 더 잘 살아남았다. 집단 내의 한 복제자가 기계에 보호막을 씌우고 다른 복제자는 다른 기계를 공격할 부속물을 제공했을 것이다. 각 특성은 단독으로도 유용했겠지만, 두 특성이 합쳐질 때 그 힘은 각 부분의 합보다 컸을 것이다.

연합한 생존 기계들은 원료를 얻기 위해 다른 연합한 생존 기계들과 죽자고 싸웠을 것이며, 그 필요성은 그들의 복잡성이 증가함에 따라 증가했을 것이다. 이는 사실상 군비 경쟁이었을 것이고, 같은 결과를 가져왔겠지만(맞대응으로 공격과 방어의 혁신이 강화되었다), 그 과정은 우리가 알고 있는 군비 경쟁과는 한 가지 분명히 달랐을 것이다. 인류의 군비 경쟁은 의도적이고 계획적이지만 이 군비 경쟁은 그렇지 않았다. 이를테면 1914년 이전에 영국, 프랑스, 독일은 서로가 무엇을 하는지 볼 수 있었고, 상대적으로 약하고 무방비인 상태로 남고 싶지 않았기 **때문에** 점점 더 무장을 강화했다. 반면에 생존 기계 내 복제자들 사이에서 공격과 방어의 강화는 계획되지 않았고 목적도 없었다. 복제자 중 누구도 자신이 우위에 있는지 또는 뜯겨 나가는지 '신경 쓸' 수 없었다.

이따금 생기는 화학적 구성의 변화는 우위를 향해 일어나는 것이 아니라 무작위로 일어났을 것이다. 그러나 이 무작위적 변화 덕에 그들의 환경에서 더 성공적으로 경쟁할 수 있게 된 복제자는 계속 남아 자신의 사본을 더 많이 생산했다. 이 과정에 방향성은 없었지만, 그 결과는 꾸준한 진전처럼 보였다. 물론 이제 우리는 그 복제자를 '유전자'로, 생존 기계를 '유기체'로 부를 수 있다.

튀어나오는 턱을 가진 곰치에서부터 외계 생물체에 관한 영화에 이르기까지 모든 것의 배경에 복제 오류가 있었다. 최초의 복제자가 완벽하게 자신을 복제하고, 그 사본이 다시 완벽한 사본을 만드는 일이 무한정 반복되었다면, 복제자는 한 유형만 존재했을 것이다. 변화가 전혀 없으므로 당연히 더 정교해지는 일도 없었을 것이다. 이용할 수 있는 원료가 모두 바닥났을 때 그 과정은 시작과 동시에 돌연 멈췄을 것이고, 새로운 복제자 분자에 통합될 수 없는 것들만 유일하게 남았을 것이다. 지구 생물 역사의 이 대안적 버전은 실제 역사와 별다를 것 없어 보이지만 완전히 다르다. 실제로 발생한 일은 오류, 그에 따른 다양성, 그에 따른 경쟁, 그에 따른 복잡성, 그에 따라 오늘날 우리가 알고 있고 삶에서 소중히 여기는 모든 것이다. 진화는 불완전성의 결과이다. 불완전성, 그것이 없었다면 계속 '수프'만 남아 있을 것이다.

목숨 대 식사

수십억 년 전부터 이어진 군비 경쟁은 여전히 현존한다. 예를 들어 지금도 동아프리카 초원에서는 치타와 가젤이 군비 경쟁을 벌이고 있다. 치타와 가젤의 군비 경쟁은 절대적 이득이 크지만, 적대자들의 상대적 위치 면에서는 뚜렷한 변화가 없다는 점에서 전형적이다. 경쟁은 약간 일방적이다. 요컨대, 일반적으로 승리를 거두는 쪽은 가젤이다. 앞서 살펴본 것처럼 치타는 사냥을 시도해도 절반도 성공하지 못한다. 왜 이런 일이 생긴 걸까? 치타는 가젤을 잡기 위해 빨라야 하고, 가젤은 치타를 피하기 위해 빨라야 한다. 이렇게 쓰면 대칭적으로 꼭 그래야 할 것 같지만, 사실 그렇지 않다.

그 과정을 이해하려면 선택 압력의 크기가 어떻게 차이 나는지 생각해야 한다. 얼룩무늬물범에게 이빨로 물 펭귄보다 입안으로 빨아들일 크릴이 약간 더 많다면, 펭귄을 무는 데 필요한 빗살 모양 이빨에 대한 선택 압력도 그만큼 작을 것이다. 더 잘 적응한 개체는 번식 성공 면에서 유리할 수 있지만 엄청나게 유리하진 않을 것이다. 하지만 만약 물범 개체군 사이에 몸을 쇠약하게 만드는 전염병이 발생했다고 상상해보자. 선천적으로 면역이 있는 개체는 살아남아 평소처럼 번식하겠지만, 면역이 없는 개체는 회복하는 시간 동안 번식을 포기해야 할지도 모른다. 이러한 차이는 잔인할 정도로 강력한 선택 압력을 의미하므로, 곧 면역을 부여하는 유전자가 개체군에서 매우 흔해질 것이다. 면역이 없는 부모에게서는 새끼 물범이 거의 태어나지 않을 것이기 때문이다. 강력한 선택 압력은 빠른 진화를 주도한다.

이쯤에서 소개할 또 다른 유용한 용어가 있는데, 바로 '적응도 fitness'이다. 여기에서의 '적fit'은 '적자생존survival of the fittest'에서의 '적'이지만 일반적인 의미와 진화론적 맥락에서의 의미는 다르다. 생물학자가 개인의 적응도에 관해 이야기할 때, 그들은 생리학적 힘,

유산소 운동 능력, 운동 속도 같은 것을 말하는 것이 아니다. 적응도는 한 개체가 남길 수 있는 자손의 수에 대한 척도이다. 다른 것은 없다. 힘과 속도 등 많은 요인이 이 숫자에 영향을 미칠 수 있지만, 관련 요인은 종마다 다르고 상황마다 다르다. 예를 들어 따개비에게 속도는 별 소용이 없고 해파리에게 힘은 거의 필요하지 않다.

적응도를 일종의 부(자손으로 측정)로 이야기할 수 있듯이, 우리는 적응도 비용(어떤 행동이나 환경으로 생기는 적응도 손실의 양)에 대해서도 이야기할 수 있다. 만약 크릴이 풍부한 바다에서 얼룩무늬물범이 펭귄을 물 때 유리한 최고의 빗살 모양 이빨을 갖지 못했다면 물범의 적응도 비용은 어떨까? 적을 확률이 높다. 이들은 크릴을 아주 잘 걸러내는 턱을 가진 물범이 먹는 것의 97%를 먹을 수 있다. 아마도 평생을 기준으로 봤을 때 다른 개체보다 생존하는 새끼의 수가 평균 0.02마리 적을 수 있다.[7] 반면, 질병에 대한 면역이 없어 번식기를 완전히 놓친다면 비용은 100배로 커질 수 있다. 두 개의 환경 요인, 두 개의 다른 비용. 비용이 많이 들수록 이를 피하기 위한 선택 압력은 높아진다.

이처럼 단일 종은 다양한 요인으로부터 다양한 강도의 압력을 경험할 수 있다. 마찬가지로 두 종 사이의 적대적 경쟁도 각각의

---

7 이 수치는 만들어낸 것이므로 중요하게 생각지 마시길.

종에 다른 수준의 압력을 가할 수 있다. 치타와 가젤에게 가해진 압력이 다른 이유는 두 종의 개체 간 상호 작용에 따라 발생할 수 있는 적응도 비용이 서로 다르기 때문이다. 치타는 몇 분 동안 쫓던 가젤을 잡지 못하면 에너지와 시간을 낭비한다. 치타가 다시 사냥할 수 있을 때까지 회복하는 데는 한 시간 이상이 걸릴 수 있고, 사냥에 실패할 때마다 치타 자신과 새끼는 조금씩 굶어 죽는 단계에 가까워진다(암컷 치타인 경우가 그렇다. 수컷 치타는 많은 수컷 포유류처럼 새끼의 양육을 돕지 않는다). 그러나 결정적으로 치타에게는 다른 기회가 있다. 사냥에 실패하면 실제로 비용이 들지만 큰 비용은 아니다. 실제로 사냥을 매우 잘하고 번식력이 좋은 치타라 해도 반드시 몇 번은 실패한다. 치타는 실패를 거듭하더라도 새끼가 독립할 때까지 키울 수 있다.

이제 가젤의 관점에서 상황을 보자. 어떤 추격전이든 '이기지' 못하는 것은 치명적이다. 모든 것을 잃고, 적응도는 순식간에 0이 된다. 1997년에 리처드 도킨스와 존 크렙스John Krebs가 쓴 것처럼 어떤 토끼도 경주에서 여우에게 지면 번식하지 못한다. 치타와 가젤 사이의 이러한 비대칭성에는 의미가 있다. 자연 선택은 세대 간 필터 역할을 하여 현재 환경에서 자신에게 가장 이로운 특성을 가진 계통에 우선적 진입을 허용한다. 필터가 미세할수록 그러한 특성은 더욱 짙어진다. 가젤의 필터는 치타와의 경주에서 진 가젤은 단 한 마리도 허용하지 않지만(아직 번식하지 않았다는 가정하에), 치타의 필터는 대부분의 치타를 허용하고 연달아 실패한 치타만 처벌한다. 결론은 치타를 피하기 위한 가젤 유전자가 가젤을 잡기 위한 치타 유전자보다 훨씬 더 강한 선택 압력을 받는다는 것이다.

일반적으로 가젤이 경주에서 승리하는 이유는 바로 이 때문이다. 가젤의 몸은 승리를 위해 자연 선택에 의해 더 미세하게 조정되었다(그렇다. 가젤은 더 느리지만 더 민첩하고, 추격이 시작되기도 전에 치타를 감지하는 감각이 잘 발달해 있다). 도킨스와 크렙스는 포식자와 먹잇감 사이의 이러한 독특한 비대칭성을 두고 '목숨/식사 원리The Life-Dinner principle'라는 용어를 만들었다. 이들이 마주칠 때마다 포식자는 끼니를 놓칠 위험만 감수할 뿐이지만, 먹잇감은 목숨을 걸고 있다.[8]

피로스[9]의 군대

목숨/식사 원리는 가젤이 이 군비 경쟁에서 어느 정도 앞서나갈 수 있도록 보장하지만, 쉽게 승자를 선언하는 것은 양쪽이 아

---

8 이솝 우화 인용: '토끼는 여우보다 빨리 달린다. 토끼는 목숨을 걸고 달리지만, 여우는 그저 한 끼 식사를 구하기 위해 달리기 때문이다.'
9 고대 그리스 에피루스(Pyrrhus)의 왕. ─ 옮긴이

주 오랜 기간의 군비 강화를 통해 치러온 대가를 간과하는 것이다. 원시 수프에서 분자를 복제하던 출발점에서 보면 경쟁을 계속하기 위해 치른 대가는 놀라울 정도로 컸다. 이 점을 설명하는 데는 비즈니스적 비유가 도움이 될 것이다.

인사 카드를 만드는 사업을 시작한 회사가 있다고 가정해보자. 처음에 이들이 만드는 것은 카드의 앞표지를 꾸미는 컴퓨터 파일이다. 사용자는 이미지에 대한 권리를 구매해 집에서 카드를 인쇄한다. 인터넷으로 배송을 하므로 순식간에 전 세계로 제품을 보낼 수 있다. 착수 비용과 오버헤드 비용은 거의 전적으로 생산할 때만 발생하고 매우 저렴하다. 배송비는 사실상 들지 않는다. 결과적으로 초기에 거둬들이는 수익이 엄청나다. 하지만 이후 사업 규모가 커지면서 경영진은 이 시스템을 전국 우편 서비스로 전환하기로 한다. 회사는 여전히 같은 이미지를 제작하지만, 이제 직접 이미지를 인쇄해 고객에게 우편으로 보낸다. 판매 가격은 그대로 유지한 채 말이다. 수익이 떨어진다. 이후 그들은 인쇄된 카드 대신 휴대용 USB 드라이브에 이미지를 담아 보내기로 한다. USB 드라이브는 인쇄된 카드보다 비싸고 무거워서 배송비를 더 지출해야 하지만, 회사는 여전히 판매 가격을 그대로 유지한다. 수익이 더 떨어진다. 마지막으로 이들은 우편 서비스와 기존 유통망을 없앤다. 대신 수만 마일의 철로를 건설하고 전용 기차를 운영해 전국에 USB 드라이브를 배달한다. 경비가 엄청나게 든다. 심지어

선로가 완성된 후에도 기관사와 다른 직원의 월급은 계속 나가야 한다. 그런데도 그들은 고객을 위해 가격을 올리지 않는다. 머지않아 그들은 파산한다.

누구라도 알 수 있듯이 이 비즈니스 모델은 뭔가 거꾸로 되었다. 성장하는 기업은 규모의 경제를 창출해야 한다. 즉 시간이 지나면서 제품을 더 생산할수록 단위당 생산 비용은 감소해야 한다. 그런데 이 회사는 같은 수입을 올리기 위해 점점 더 많은 지출이 필요하므로 단위당 수익이 점점 더 떨어지고 있다. 복제자들에게도 정확히 같은 일이 일어났다. 그들은 동일한 기본 분자를 감싸는 더 정교한 생존 기계를 끊임없이 만들어야 했다. 여기에 설명을 위해 숫자를 대입해보자.

최초의 복제자가 각각 100개의 탄소·산소·질소 원자, 400개의 수소 원자, 50개의 칼륨 원자가 포함된 분자였다면, 사본이 만들어질 때마다 이에 해당하는 정확한 양의 원소만 있으면 된다. 하지만 수십억 년 동안 경쟁하면서 이제 사본을 만드는 데 필요한 대부분의 원재료는 실제 복제자가 아닌 생존 기계(유기체)를 만드는 데 투입되어야 한다. 아메바와 같은 단세포 생물은 위에서 설명한 분자보다 약 5억 배 더 많은 원료가 필요하지만(새로운 복제자의 생산 면에서) 그 모든 추가 비용과 비교하면 이득은 크지 않다. 생명체가 아메바 이상으로 더 복잡해지지 않는다고 해도, 세상은 이제 계통 간 경쟁이 없었을 때와 비교하면 복제자 수의 5억 분의 1

만 공급할 수 있다.

그 비효율성은 놀라울 정도이며 경쟁이 계속될수록 증가하는 경향이 있다. 루이스 캐럴$^{Lewis\ Carroll}$의 소설『거울 나라의 앨리스』속 붉은 여왕의 말마따나, 경쟁하는 계통은 더욱 빨리 달려야 제자리를 지킬 수 있기 때문이다.

다시 치타 이야기로 돌아오자. 치타는 빠른 먹잇감을 잡기 위해 서로 경쟁하며, 가장 빠른 치타 계통이 평균적으로 다음 세대에 가장 많은 자손을 남긴다. 시간이 지나면서 더 빠른 개체가 우위를 점하고, 그러한 과정이 계속되면 속도는 점차 더 빨라진다. 결과적으로 도킨스가 『눈먼 시계공』에서 말했듯이 백만 년 전의 치타는 오늘날의 치타보다 분명히 더 느렸을 것이다. 그러나 치타가 평균적으로 더 빨라졌다 해도, 각각의 치타 계통은 현존하는 다른 계통과 비교하면 사실상 제자리걸음을 하고 있다. 속도의 증가는 이를 전달하는 기계(강화된 근육과 골격)를 만들고 지속적인 연료 공급을 위해 늘 증가하는 에너지가 필요했지만 큰 이득은 없었다. 오늘날 시속 130킬로미터로 뛸 수 있는 치타는 시속 110킬로미터로 뛰었던 백만 년 전의 조상보다 더 나을 것이 없다.[10]

가젤도 마찬가지다. 두 종은 서로 군비 경쟁을 부추기지만, 종

---

[10]   물론 이러한 수치는 단지 설명을 위한 것이다. 백만 년 전에 치타가 얼마나 빨랐는지는 모르지만 이들이 오늘날의 치타보다 틀림없이 느렸다고 말할 수 있다.

내 개체 간의 경쟁은 이를 실행한다. 이를 감독하는 누군가가 있었다면 상황은 달라졌을지 모른다. 이혼하려는 부부에게 각자 수천 달러를 쓰고 재산 분할이라는 같은 결론에 이르느니 차라리 법정 밖에서 그냥 합의하라고 조언하는 변호사처럼, 자비로운 권위자라면 가젤과 치타가 더 긴 뼈, 더 강한 힘줄, 더 치밀한 근육, 더 큰 심장을 위해 많은 노력을 낭비하는 대신에 현상 유지에 필요한 것만 양쪽에 배치했을 것이다. 하지만 이러한 전략적 감독이나 목적이 없었기 때문에 그런 일은 일어나지 않았고, 모든 이의 생존을 위한 비용은 꾸준히 증가했다.

실낙원

모든 군비 경쟁이 엄청난 낭비이긴 해도 군비 경쟁에 참여하지 않는다면 상황은 더 나빠질 수 있다. 치타나 가젤과 같은 종들이 공진화(오랜 시간 동안 서로 영향을 주면서 진화)할 때, 어느 한쪽이 장기적으로 자리를 비웠다가 다른 한쪽과 다시 만났을 경우를 상상해 보자. 이를 확인하려면 포식 종들이 역사상 존재하지 않았던 생태계에 유입될 때 어떤 일이 일어나는지 살펴보면 된다. 이를 가장 잘 보여주는 사례가 있다. 바로 1950년대 괌에서 일어난 생태학적 비극이다.

괌은 마리아나[11] 제도의 작은 섬으로 일본과 뉴기니의 중간쯤
에 자리 잡고 있다. 특히 북쪽과 서쪽에 울창한 숲이 우거진 이 섬
은 한때 18종의 토착 조류와 현대 인간이 도입한 7종의 조류가 서
식했는데, 그중 4종은 세계 어디에서도 찾아볼 수 없는 종이었다.
하지만 1950년대 초, 모든 것이 바뀌었다.

1941년 미국 관할 하에 있던 괌을 일본이 점령했다. 이후 1944
년 미국이 일본으로부터 괌을 탈환한 지 얼마 지나지 않아 군 수
송선 몇 대가 괌에 새로운 침입자를 하역했다. 괌에서 남쪽으로
1,500킬로미터쯤 떨어진 애드미럴티 제도^{Admiralty Islands}에서 배에 올
라탄 갈색나무뱀^{Boiga irregularis} 몇 마리[12]를 무심코 하역한 것이다. 이
밀항자들은 매우 빠르게 적응했다. 정말 **빠르게** 적응했다. 갈색
나무뱀이 섬에 도착했을 땐 자체 유입된 브라미니장님뱀^{Brahminy}
^{blind snake, Ramphotyphlops braminus}이라는 한 종류의 뱀만 살고 있었다. 브라
미니장님뱀은 사실상 무해한 동물로, 세계에서 가장 작은 뱀 종이
며 주로 다 자라지 않은 단계의 개미와 흰개미만 먹는다. 결과적
으로 괌의 새들은 평생 혹은 종의 최근 역사에서 뱀에게 먹힌 경
험이 없었고, 둥지를 숨기거나 지키는 기술에 대한 선택 압력을

---

11 이 이름이 익숙하게 들린다면, 같은 이름의 해구 때문일 것이다. 세상에서 가장 깊은
마리아나 해구가 이 섬들과 인접해 있다.

12 (덜 그럴듯하지만) 임신한 암컷 뱀 한 마리일 수도 있다.

받지 않았기 때문에 그에 대한 형질이 없었다. 따라서 갈색나무뱀에게 그곳은 낙원이었다. 둥지는 쉽게 접근할 수 있었고 방어가 허술했기 때문이다. 숲이 곧 불길하게 조용해졌다. 수십 년 내에 토착 조류 10종이 야생에서 멸종했고, 2종은 사육장 내에서만 존재하게 되었으며, 거의 모든 종이 엄청나게 감소했다. 그중 하나인 괌딱새^{Guam flycatcher}는 이제 어느 곳에서도 발견되지 않는다. 그것은 도도새와 큰바다오리와 함께 역사의 묘지로 영원히 사라졌다.

여기에는 실제적인 교훈(우선 외딴 섬에 다양한 피식자를 잡아먹는 포식자를 풀어놓지 말라)과 진화론적인 교훈이 있다. 갈색나무뱀에 매우 취약했던 새들은 뱀이 나타난 시점에 급격한 진화를 촉발할 수 있는 강한 선택 압력에 직면했지만, 그 압력은 너무나도 세고 갑작스러웠다. 강한 선택 압력은 약한 선택 압력보다 종을 더 현격히 적응시키지만, 매우 강한 압력은 사실상 멸종이 임박했음을 알리는 신호다. 진화적 의미에서 이에 대응할 수 있으려면, 운 좋게 유용한 변이를 축적하고 그러한 돌연변이가 세대에 걸쳐 퍼질 수 있는 충분한 시간이 있어야 한다. 괌의 새들에게는 그럴 시간이 없었다.

갈색나무뱀이 서식하는 지역에 사는 유사 조류 종은 앞서 설명한 것처럼 군비 경쟁을 벌이며 뱀과 점차 공진화했을 것이기 때문에 이러한 문제에 직면하지 않을 것이다. 땅에 살던 조상 뱀이 처음으로 머뭇거리며 나무꼭대기에 침입했을 때, 그곳에 둥지를 틀고 있던 새들은 소규모의 포식에 직면했을 것이다. 따라서 습성을 바꾸는 무작위 돌연변이를 위한 선택 압력도 약했을 것이다. 좀 더 접근하기 어려운 곳에 둥지를 틀거나 더 공격적으로 둥지를 방어한 개체는 그렇게 하지 않은 개체보다 약간 더 많은 자손을 낳았을 것이다. 새가 뱀에 점차 더 익숙해지면서 뱀은 더 단련된 몸과 더 대담한 기동을 위한 선택 압력에 직면했을 것이고, 두 적대자는 불안한 관계를 이어가며 진화했을 것이다.

여기서 핵심은 둘 다 0단계에서 출발했다는 것이다. 새는 뱀에 대해 아는 바가 없었고 뱀도 새를 어떻게 잡는지 몰랐다. 이들은 각각 서로의 단계적 진화에 힘입어 계단을 오르고, 그렇게 결국 모두 10단계에 이르렀을 것이다. 즉 이 단계에서 새는 공격적으로 변하고, 보호를 위해 공동으로 둥지를 틀어 접근을 막았을 것이고, 뱀은 완전히 나무에 적응하고, 위장을 더 잘하고, 알을 더 잘 먹게 되었을 것이다. 그에 반해 괌에서는 새가 0단계에, 뱀이 10단계에 있었다. 점진적 변화를 위한 시간은 전혀 없었다. 뱀에게 약간의 대항만 할 수 있었던 각각의 새들은 동료 새들보다 훨씬 더 살아남지 못했다. 절망적이게도 새로운 위협에 대처할 준비가 되어 있지 않았기 때문이다.

괌의 고요한 숲은 군비 경쟁에 계속 참여하지 않은 대가를 잘 보여준다. 이 새들의 조상이 가장 근접해 있는 남태평양의 개체군을 떠나 괌에 도착했을 때, 이들은 뱀과 뱀을 피해야 하는 진화적 압력을 남겨두고 왔다. 그 결과 뱀과의 재회는 행복하지 않았다. 그러나 군비 경쟁이 장기적으로 이어진다 해도, 힘의 균형은 비등해지지 않고 한쪽으로 기울어지기도 한다.

2장

뻐꾸기 둥지에서
날아간 것

왜 뻐꾸기 숙주는
둥지의 커다란 괴물을 거부하지 않는가?

줄루족 전설 중에 탐욕에 대한 경고이자 큰꿀잡이새^{greater honeyguide}라는 놀라운 작은 새에 경의를 표하는 이야기가 있다. 이야기는 다음과 같다.

어느 날 꿀잡이새 응게데는 거대한 무화과나무에서 벌집을 발견하고 도움을 청하러 떠난다. 곧이어 새가 깅가일이라는 남자를 발견하고 그에게 소리친다. "치틱, 치틱, 치틱!" 깅가일은 꿀을 안내하는 이 소리를 알아듣고 나무에서 나무로 퍼덕거리며 날아가는 응게데를 따라간다. 수풀을 가로질러 무화과나무에 이르자 새가 멈추더니 나무의 큰 구멍 주위를 돌며 신나게 지저귀기 시작한다. 벌은 보이지 않지만 깅가일은 그곳에 둥지가 있다는 것을 알아차리고 막대기에서 연기가 나도록 열심히 불을 피운다. 그러고는 나무에 올라가 막대기를 구멍 깊숙이 밀어 넣는다. 이윽고 벌들이 연기를 피해 쏟아져 나오기 시작한다. 일부는 그를 쏘기도 하지만, 그들은 황금빛 꿀과 통통하고 하얀 유충이 가득한 벌집을 두고 떠난다. 깅가일은 이 모든 것을 가죽 주머니에 챙긴 후 다시 나무 아래로 내려간다. 그가 그대로 자리를 뜨자 응게데가 그에게 따진다. "빅-토르! 빅-토르!"

깅가일이 돌아서서 놀리는 말투로 묻는다. "이 벌집 좀 줄까? 하지만 이 모든 일을 한 건 나야. 물리기까지 했다고. 내가 왜 이걸 너와 나눠야 하지?"

응게데는 날아가 버리지만, 이를 잊지 않는다.

몇 주 후, 덤불 속을 걷던 깅가일은 응게데가 "치틱, 치틱, 치틱" 하고 꿀을 안내하는 소리를 듣는다. 맛있는 꿀을 맛볼 수 있을 거라는 기대에 입술을 핥으며 깅가일은 나무에서 나무로 이동하는 새를 한 번 더 따라가 마침내 우산가시아카시아나무umbrella thorn에 도착한다. 이번에도 벌은 보이지 않았지만 깅가일은 꿀잡이새를 믿고 벌을 쫓아내기 위해 연기 나는 막대기를 준비한다. 막대기로 무장한 그는 나뭇가지 위로 올라가 벌집을 찾아보지만 벌집은 보이지 않는다. 대신 그는 나무줄기를 돌다 별안간 표범과 마주친다. 잠에서 깬 표범이 화가 나 깅가일을 향해 발을 휘두르지만 아슬아슬하게 빗나가고 만다. 킹가일은 막대기를 떨어뜨리고 나무에서 서둘러 내려오다 바닥에 머리를 부딪친다. 그는 있는 힘껏 도망치다 나무 뿌리에 발이 걸려 발목을 삔다. 하지만 표범은 너무 졸려 그를 쫓을 수가 없다. 그는 무사히 도망친다.

킹가일은 절름거리며 걷지만, 이를 잊지 않는다.

그날 이후 부족의 모든 사람은 응게데나 그와 같은 종류의 새에게서 벌집을 안내받으면, 반드시 감사의 뜻으로 꿀잡이새에게 벌집의 가장 맛있는 부분을 남겼다.

〈꿀잡이새의 복수〉로 알려진 이 이야기는 분명히 허구지만, 기본 전제는 정확히 현실에 뿌리를 둔다. 꿀잡이새는 작고 평범한 새과에 속하는데, 하위 종 두 종은 인간과 상호 이득이 되는 매우 놀라운 관계를 맺고 있는 것으로 알려져 있다. 가장 많이 알려지고 가장 집중적으로 연구된 종은 큰꿀잡이새로, 학명인 인디케이터 인디케이터*Indicator indicator*[1]는 이 새과의 가장 유명한 습성을 반복해서 나타낸다. 꿀잡이새는 주로 알, 유충, 번데기, 심지어 밀랍 등 벌집의 내용물을 먹고 산다. 이들은 대개 직접 벌집 안으로 들어갈 수 있지만, 더 큰 동물이 먼저 벌집을 해체하면 일이 더 쉽다

---

1   지시자를 뜻한다. — 옮긴이

는 것을 알고 있다. 이 때문에 새들은 자신이 찾은 벌집 근처에서 인간을 찾을 수 있으면 소리를 내어 인간의 주의를 끌고 벌집으로 안내한다.[2] 인간은 꿀이 있는 곳을 안내받고, 새는 벌집의 나머지 부분을 쉽게 얻을 수 있으니 양쪽 모두 이득이다.

본 책이 '진화의 경이로움'에 대해 말하는 책이라면, 이야기는 아마도 이쯤에서 마무리될 것이다. 모잠비크의 꿀잡이새가 인간이 내는 '브르르음'이라는 특정한 소리에 반응한다는 최근 연구[3]를 포함해 인간과 꿀잡이새 간 협력의 역사 정도만 간단히 살펴본 다음에 말이다. 하지만 이 책에서 우리는 '진화의 혼란스러운 산물'에 대해 파고들 것이므로 꿀잡이새의 번식 행동을 살펴보고, 이러한 맥락에서 이 작은 새들이 절대 협력적이지 않다는 사실을 확인할 것이다. 암컷은 1년에 최대 20개의 알을 낳는다. 이렇게 많은 새끼를 어떻게 다 먹여 살릴까 싶겠지만, 이 새는 그런 종류의 노력을 일절 하지 않으니 걱정하지 마라. 꿀잡이새는 모든 알을 한 번에 하나씩 다른 새들의 둥지에 낳는다.

이것을 '탁란[brood parasitism]'이라 하는데, 꿀잡이새만 탁란을 하는 것은 아니다. 특히 뻐꾸기와 찌르레기처럼 우리에게 친숙한 새를 포

---

2 꿀잡이새가 꿀오소리(라텔로도 알려져 있다), 개코원숭이와도 이런 식으로 협력한다는 보고가 많지만, 신뢰할 만한 근거는 부족하다.

3 탄자니아의 하드자(Hadza) 족도 꿀잡이새를 부를 때 특정한 소리를 내는데, 좀 더 음악 같은 휘파람 소리이다.

함해 천인조^{whydah}, 남색새^{indigobird}, 뻐꾸기핀치^{cuckoo finch}, 검은머리오리^{black-headed duck}와 같은 다른 많은 새가 이러한 반칙을 한다. 이들은 모두 **무조건적** 탁란을 한다. 즉, 이들이 알을 대신 품어줄 아둔한 새를 찾지 못해도 자신의 새끼를 돌보지 않는다. 새만 속임수를 쓰는 것은 아니다. 곤충 중에는 뻐꾸기호박벌과 뻐꾸기말벌이 탁란하며, 심지어 어류 중에도 탁란하는 종이 있다. 가령 메기(뻐꾸기 메기라는 불가피한 이름으로 통한다)는 새끼를 입안에서 보호하는 물고기 시클리드를 이용한다. 시클리드는 알이 수정되면 곧바로 입에 담아 보호하는데, 알 사이에 숨어 있는 메기 알을 전혀 알아차리지 못한다. 메기는 양어미의 입에서 무사히 부화하면 주변의 다른 알들을 먹어치우는 식으로 감사를 표한다.

이런 소름 끼치는 세부 내용은 일단 제쳐두고, 탁란은 자연 선택에 대한 중요한 진리를 눈여겨볼 기회를 제공한다. 그 진리는 '자연 선택이 종의 모든 문제를 해결할 것이라 기대할 수 없다'는 것이다. 실제로 단순해 보이는 일조차도 할 수 없다. 그중 하나는 둥지에 있는 커다란 새끼가 자신의 혈육이 아니라는 것을 알아보는 일이다. 이전에 새끼를 길러봤으니 새끼들의 생김새를 잘 알고 있을 것 같은 한 쌍의 새도 속아 넘어간다. 이처럼 잘 속는다는 것이 믿기지 않지만, 우리는 그에 대한 설명이 진화생물학의 몇 가지 기본 원칙을 따른다는 것을 곧 알게 될 것이다.

눈먼 사랑

뻐꾸기는 주는 것 하나 없이 숙주에게서 무엇인가(여기에서는 새끼를 기르는 데 필요한 노력의 형태)를 얻고 있다. 숙주의 관점에서 보면 정말 나쁜 일이다. 숙주는 뻐꾸기에게 한 계절 치의 먹이와 먹이를 모으는 데 드는 노력을 내줄 뿐만 아니라, 뻐꾸기 때문에 새끼를 가질 기회까지 놓치기 때문이다. 이는 번식기가 몇 번 없는 수명이 짧은 새에게는 상당한 손실이다. 이처럼 명백한 적응도 비용이 상정된 만큼, 우리는 숙주가 뻐꾸기 새끼를 알아보고 그 즉시 먹이 주기를 중단하기 위한 강력한 선택 압력이 존재할 거라 확신할 수 있다. 하지만 대부분의 숙주는 마치 어떤 사악한 마법에 걸리기라도 한 것처럼 이를 신경 쓰지 않고 하던 일을 계속한다. 왜일까?

상습적으로 뻐꾸기의 희생양이 되는 새들은 **성체** 뻐꾸기를 반갑지 않은 침입자로 **인식할 수 있는 것**으로 보인다. 이 점을 고려하면 더욱 불가사의해진다. 새들은 뻐꾸기를 발견하면 시끄럽게 떼로 몰려들 것이고, 종종 물리적인 공격까지 할 것이다. 1940년대에 헝가리의 한 생물학자는 암컷 뻐꾸기가 특히 적대적인 작은 새들에게 쫓겨 물속에 빠진 후 익사하는 것을 목격했으며, 2020년 체코의 생물학자들이 같은 행위를 화면에 포착하기도 했다. 그런데 왜 숙주는 좀처럼 가해자의 새끼를 성체에게 하듯 경멸적으로 대하지 않을까? 이는 마치 자신의 집을 살펴던 강도에게 소리를 지르다가 10분 후, 그러니까 강도가 집으로 쳐들어와 물건을 자루에 집어넣기 시작한 후 차 한잔을 대접하는 것과 같다.

한 가지 가능성은 새들이 사실 성체 뻐꾸기를 알아보지 못하며, 그들의 반응이 착각 때문일지 모른다는 것이다. 조류학이 현대의 과학적인 단계에 이르기 전에 유럽에서는 뻐꾸기가 가을에 매로 변한다는 믿음이 널리 퍼져 있었다. 둘이 얼추 비슷해 보이기도 하고, 뻐꾸기가 여름 중간에 사라지는 것에 대해 달리 설명할 바가 없었기 때문이다.[4] 새매는 유럽 뻐꾸기가 주로 탁란의 목표로 삼는 작은 크기의 새를 잡아먹는 종인데 확실히 겉으로 보기에 유럽 뻐꾸기와 닮았다. 특히, 둘 다 가슴에 가로줄 무늬가 있고 몸위쪽이 회색빛을 띠며 꼬리가 길다.

일부 새들은 뻐꾸기와 새매를 헷갈리는 듯하다. 케임브리지대학교의 닉 데이비스[Nick Davies]와 저스틴 웰베르겐[Justin Welbergen]은 새 모이통 근처에 새매와 유럽 뻐꾸기의 박제된 모형을 두고 푸른박새[blue tit]와 유럽 박새[great tit]의 반응을 관찰해 새들이 다르게 행동하는지를 알아보았다. 새들은 다르게 행동하지 않았다. 두 모형 중 하나만 있어도 작은 새들은 놀라 모이통에 접근하지 않았다. 연구자

---

4   우리는 이제 뻐꾸기가 대부분의 철새보다 이른 시기에 아프리카로 이동한다는 것을 알고 있다. 그들에게는 새끼를 돌봐야 한다는 의무가 없기 때문이다.

들은 '대조군[5]' 역할을 하도록 염주비둘기^{collared dove} 모형도 함께 두 었는데, 박새들은 이를 경계하지 않았다. 박제 모형의 존재 자체 가 아니라 **특정한 모습의 모형**에 경계하는 것이었다.

그러나 푸른박새와 유럽 박새는 뻐꾸기 탁란의 흔한 희생양이 아니어서 생물학자들은 탁란의 피해를 더 자주 입는 종들이라면 좀 더 분별력이 있을 것이라 생각했다. 이를 조사하기 위해 연구 진은 유럽 뻐꾸기가 가장 흔히 목표로 삼는 세 가지 종[6] 중 개개비 를 택해 비슷한 실험을 했다. 결과는 매우 달랐다. 개개비는 실제 로 뻐꾸기와 매를 구분할 수 있었다. 이들은 매보다 뻐꾸기를 향해 더 길게 경고의 울음소리를 냈는데, 이는 개개비가 둘이 다르다는 것과 뻐꾸기가 매보다 실제로 덜 위험하다는 것, 그래서 더 쉽게 대적할 수 있다는 것을 알고 있을 가능성을 보여준다.

흥미로운 결과다. 개개비는 뻐꾸기가 반갑지 않은 손님[7]이라는 것을 알고 있고, 매로 착각한 것은 **아닌** 듯하다. 그러나 추가 실험 결과를 보면 상황은 다소 혼란스러워진다. 다음 실험에서 웰베르 겐과 데이비스는 사용하던 박제 모델을 인위적으로 조작해 모형

---

5   더 일반적으로 말해 대조군은 유사 실험 집단으로, 관심 요인의 영향을 비교하기 위 한 기준선 역할을 한다. 과학적 실험의 중요한 특징 중 하나이다.

6   나머지 두 종은 풀밭종다리(meadow pipit)와 바위종다리(dunnock)이다.

7   우리 인간이 의식하는 방식, 가령 우리가 악어를 반갑지 않은 손님으로 의식하는 방 식으로는 아닐지라도 말이다.

의 정확히 어떤 특징이 그러한 반응을 끌어내는지 조사했다. 이번에 그들은 박제된 뻐꾸기의 가슴에 있는 가로줄 무늬를 흰색 실크 천으로 덮은 다음, 이 모형과 아무 조작도 하지 않은 뻐꾸기 모형에 대한 개개비의 반응을 비교했다.[8] 개개비들은 가로줄 무늬가 있는 뻐꾸기보다 가로줄 무늬가 없고 덜 매처럼 보이는 뻐꾸기에게 훨씬 더 대담한 공격을 가했다.

이 두 결과를 종합하면 두 가지 일반적인 결론이 가능하다. 첫째, 숙주에게 뻐꾸기를 인식하기 위한 선택 압력이 분명히 존재한다. 만약 숙주가 뻐꾸기를 알아볼 수 있게 되어서 보이는 대로 공격하면, 뻐꾸기는 탁란할 곳을 찾기 어려워질 것이다. 둘째, 숙주의 공격을 피하기 위해 뻐꾸기에게도 이에 상응하는 반대의 선택 압력이 존재한다. 뻐꾸기의 대응 방식은 매를 흉내 내는 것이었다. **모든** 작은 새들이 매를 알아보기 위한 선택 압력을 받고 있는데, 이 점을 최대한 활용한 것이다.

이 기만과 인식의 군비 경쟁 결과, 개개비와 같은 숙주는 매와 뻐꾸기가 다르다는 것을 선천적으로 알게 된 듯하지만 두 가지 상반되는 본능 사이에 붙들려 있다. 숙주는 뻐꾸기처럼 보이는 새를 공격하고 싶지만, 가로줄 무늬가 있는 가슴은 '매'를 강력히 시사

---

8   실제로 그들은 두 모형을 모두 평범한 흰색 실크 천으로 덮고 한 모형에만 가로줄 무늬를 그렸다. 덕분에 반응의 차이가 천의 존재가 아닌 막대 때문임을 확신할 수 있었다. 실험 과학의 첫 번째 규칙: 한 번에 하나만 바꿀 것.

하기 때문에 공격을 자제할 수밖에 없다. 이들이 사실 야생에 존재하지 않는 개체인 가로줄 무늬가 없는 뻐꾸기를 향해 가장 강력한 반응을 보인 것은 이러한 내부 갈등의 징후이다.

뻐꾸기는 이 진화 경쟁에서 어느 정도 승리를 거두었다. 매를 흉내 내는 행동은 숙주에게 발견될 때마다 공격당하지 않을 만큼의 두려움을 서서히 심어주어 둥지 접근을 가능하게 했다. 하지만 여전히 그것만으로는 충분치 않아 보인다. 어쨌든 숙주는 뻐꾸기가 어떤 존재인지 분명히 알고 있으므로, 뻐꾸기가 이따금 둥지 중 하나에 가까스로 알을 낳는 데 성공한다 해도 숙주가 알을 거부하리란 것은 당연한 이치다. 그러나 이치는 소용없다. 이 기만과 인식의 싸움은 3라운드 싸움 중 1라운드일 뿐이다. 다음에는 뻐꾸기의 알을 수용하느냐 거부하느냐를 둘러싼 **완전히 별개의** 싸움이 벌어지고, 마지막으로 똑같이 뻐꾸기의 새끼를 수용하느냐 거부하느냐를 둘러싼 또 다른 별개의 싸움이 벌어진다.

이렇게 물을 수도 있다. 왜 별개인가? 왜 우리는 숙주 개체가 본능적으로 싫어하는 매를 닮은 뻐꾸기, 때로 둥지에 나타나는 이질적인 알, 나중에 모습을 드러내는 이질적인 새끼 사이의 점들을 연결할 수 있다고 가정하면 안 될까? 답은 아주 간단하다. 야생에서 숙주를 관찰해보면 알 수 있다. 같은 개체들이라 해도 숙주는 대개 이 세 가지 대상에 매우 다른 반응을 보이며, 이는 사실 숙주가 이 점들을 연결하지 않았다는 것을 입증한다. 각각의 반응을 살펴보기 전에, 숙주가 뻐꾸기의 위협을 따로따로 보는 일이 정확히 예상 가능하다는 점을 분명히 하자.

자연 선택은 '유용한' 특성과 행동을 유지하고 그렇지 않은 것은 버리는 정렬 필터 역할을 한다. 뻐꾸기가 나타났을 때 시끄럽고 호전적으로 대응하는 특성이 다음 세대의 더 많은 자손으로 이어진다면 그 특성은 유지될 것이다. 그러한 개체는 '뻐꾸기 기생 이론'을 통합적으로 이해할 필요가 없다. 뻐꾸기는 그 행동이 **왜** 유용한지 알든 모르든 단순히 그렇게 함으로써 이득을 얻는다. 마찬가지로 둥지에서 뻐꾸기 알을 알아본 후 거부하는 행동에도 명백한 번식 이득이 있으며, 뻐꾸기 새끼를 알아보고 거부하는 행동에도 또 다른 이득이 있다. 하지만 각각은 별개의 행동이고 별개의 과정에서 선택된다. 뻐꾸기에게 대항하는 새는 뻐꾸기를 두려워하는 새보다 유리하고, 알을 거부하는 새는 알을 수용하는 새보다 유리하며, 새끼를 거부하는 새는 새끼를 수용하는 새보다 유리하다. 숙주 개체는 이 세 가지 대응책을 모두 물려줄 수 있지만, 이것들의 관련성을 이해하기 위한 추가적인 선택 압력은 없다. 따라서 이 행동들은 전체적이 아닌 단편적으로 전달된다.

성체 뻐꾸기, 알, 새끼를 인식하는 과정은 별개이므로 비용과 이득은 달라질 수 있다. 가령, 성체 뻐꾸기를 알아본 후 시끄럽고 적대적인 반응을 보이는 것은 개별적인 숙주에게 유용하지만, 이러한 행동으로 뻐꾸기가 다른 곳으로 쫓겨난다면 이는 근처에 둥지를 틀고 있는 다른 숙주에게도 유용하다. 따라서 뻐꾸기 인식 기술을 제공하는 유전자 변이를 가진 숙주가 변이가 없는 이웃보다 번식 성공률이 반드시 높진 않다. '인식 유전자'를 가진 새와 그렇지 않은 새 사이에 번식 성공률의 차이가 별로 없다면, 이 형질에 대한 선택 압력은 상당히 약할 것이다. 게다가 단순히 뻐꾸기가 보일 때마다 이들을 몰아붙이는 것이 꼭 이득을 보장하진 않는다. 여기에는 두 가지 이유가 있다. 첫째, 뻐꾸기는 언제든 돌아올 수 있다. 뻐꾸기가 새의 둥지에 **절대로** 알을 낳을 수 없게 되지 않는 한, 진화적 이득은 완전히 실현되지 않는다. 둘째, 뻐꾸기는 새들이 시끄러운 소리를 내기 전까지는 그 숙주의 존재를 알지도 못했을 수 있다. 하지만 이제 둥지가 어디에 있는지를 알게 된 뻐꾸기는 조용히 그들을 지켜볼 수 있다. 이 경우 새들의 공격적인 행동은 이득이 아닌 해가 될 것이다. 그러므로 뻐꾸기를 몰아붙이는 행동은 아마도 상황에 따라 어떤 때는 유용할 수도 있고 어떤 때는 역효과를 낼 수도 있다.

성체 뻐꾸기 인식을 위해 약한(심지어 반대의) 선택 압력을 받는 상황을 외부의 알을 인식하는 상황과 대조해보자. 뻐꾸기 알을 알아보고 거부할 수 있는 숙주는 그렇지 않은 숙주보다 즉각적이고 구체적인 이득을 얻는다. 뻐꾸기를 공격하는 행동과 달리, 이득은 이웃에게 공유되지 않는다. 번식 성공률 증가라는 보상은 전적으로 식별할 수 있는 능력이 있는 개체에게 돌아간다. 성체 뻐꾸기를 인식하는(그리고 공격하는) 것과 달리, 뻐꾸기 알을 인식하는 데는 분명히 비용도 들지 않는다. 다시 말해, 단적으로 훨씬 더 유용한 형질이다.

예상할 수 있듯이 뻐꾸기의 숙주는 알을 알아보기 위한 강한 선택 압력을 받아왔다. 이 압력은 뻐꾸기가 그에 대응해 받은 압력의 영향을 보면 확인할 수 있다. 뻐꾸기가 각 숙주의 둥지에 낳는 알은 숙주의 알과 놀라울 정도로 비슷해 보인다(이러한 솜씨는 지속적인 자연 선택의 시간이 있었기에 가능했다). 분명히 숙주의 알 인식에는 큰 이득이 있다. 그러나 뻐꾸기가 받는 압력은 더 크다. 숙주가 뻐꾸기 알을 알아보지 못해 탁란을 당하는 경우, 숙주는 해당 번식기에 새끼를 키울 기회를 잃는다. 비용이 크긴 해도 치명적이진 않다. 보통은 그해에 적어도 한 번은 다시 시도할 수 있는 시간이 있기 때문이다. 그에 반해 뻐꾸기가 알을 효과적으로 숨기지 못해 숙주가 항상 알을 알아보고 거부할 수 있다면, 뻐꾸기는 결코 새끼를 갖지 못할 것이다. 그 비용은 기생 생물에게 치명적이다. 결과적으로, 뻐꾸기가 앞서는 경향이 있는 불균등한 군비 경쟁이 벌어진다.

인식의 비용

지금까지 설명한 내용은 간단하다. 뻐꾸기 알은 숙주의 알과 비슷해 보이도록 자연 선택에 의해 섬세하게 조정되었기 때문에 숙주가 뻐꾸기 알을 일상적으로 받아들이는 것은 놀랄 일이 아니다. 하지만 뻐꾸기 알이 아니라 뻐꾸기 새끼에 관한 이야기라면 상황은 놀랍도록 달라진다.

숙주가 뻐꾸기 새끼를 자신의 새끼로 착각하는 것은 불가능하다. 태어난 지 2주가 된 뻐꾸기 새끼의 몸무게는 이미 성체 개개비의 약 5배인 약 65그램에 달하며, 심지어 계속해서 자란다. 뻐꾸기 새끼는 너무 커서 성체 숙주가 입에 먹이를 넣어줄 수 있을 만큼 가까이 접근하기 위해 이질적인 새끼의 어깨에 올라서는 일이 잦다. 또한 뻐꾸기 새끼는 숙주의 새끼보다 훨씬 더 클 뿐 아니라, 첫 깃털이 날 때까지 완전히 다른 털을 갖고 있다. 하지만 이처럼 노골적으로 숙주의 새끼를 닮지 않았음에도, 뻐꾸기 새끼들은 대개 무사하다. 도대체 어떻게 이런 일이 가능할까?

이에 대하여 이스라엘의 생물학자 아르논 로템$^{Arnon\ Lotem}$은 꽤나 명쾌한 설명을 제시했는데, 그의 설명은 '각인^{imprinting}'이라는 과정에 초점을 맞춘다. 많은 종의 새끼(특히 독립하기 전까지 일정 기간 부모의 가르침이 필요한 종)가 초기 발달 시 눈앞에서 움직이는 대상과 평생에 걸쳐 강한 유대를 형성한다. 이 과정을 통하여 새끼는 먹이를 누구[9]에게 구해야 하는지, 다 자라서는 어떤 동물과 짝짓기를 해야 하는지 알 수 있다(답: 비슷하지만 너무 비슷하진 않은 동물).[10] 반대로 부모가 자식에게 각인이 이루어지기도 한다. 그러한 동물들은 첫 새끼에게 각인되어 새끼를 계속 먹이고 돌보는 데 필요한 유대를 형성한다. 이는 이들이 다음에 그와 같은 일반적 패턴에 맞지 않는 새끼를 보면 당연하게도 거부할 가능성이 크다는 필연적인 결과를 가져온다.

우리는 알에서 부화한 새끼에 대해서도 숙주가 같은 식으로 각인할 것이라고 가정하는 것이 마땅하다. 그러나 사실 각인은 좋은 전략이 아니다. 처음으로 부모가 된 개개비를 떠올려보자. 개개비는 새끼를 부화시키고 각인한다. 그리고 그다음 번식 시도 시기에 뻐꾸기가 둥지에 알을 낳으면, 개개비는 뻐꾸기의 알이 부화할 때 그것을 거부할 것이다. 생김새가 개개비의 새끼와 다르기 때문이다. 이는 이상적인 상황으로 보인다. 각인이 새가 비싼 실수를 저지르는 것을 막아줄 테니 말이다. 하지만 처음부터 탁란을 당했

---

9 보통은 부모지만 꼭 그렇진 않다. 새끼는 잠재적으로 거의 모든 것에 의지할 수 있다. 항공 개척자이자 야생 동물 애호가인 빌 리쉬맨의 이야기를 극화한 할리우드 영화 「아름다운 비행(Fly Away Home)」에서 빌은 캐나다 기러기를 훈련해 자신의 초경량 비행기를 따라오도록 했고, 그렇게 그들을 안전한 이동 경로로 이끌 수 있었다. 훈련은 기러기들이 사람에게 각인되도록 자기 손으로 키우는 것으로 시작됐다.

10 따라서 각인은 근친상간 방지의 기본이다. 함께 자란 형제자매는 서로를 성적으로 매력적이라고 느끼지 않을 것이다(하지만 떨어져서 자랐다면 그렇게 느끼기도 한다).

다면 어떨까? 뻐꾸기 새끼는 다른 알보다 먼저 부화해 다른 유럽 뻐꾸기 새끼들이 늘 그렇게 하듯 다른 알들을 차례로 둥지 밖으로 떨어뜨렸을 것이다. 그에 따라 부화하는 유일한 새끼는 뻐꾸기가 될 것이고, 부모 새는 뻐꾸기를 각인하게 된다. 이후에는 탁란을 당하든 아니든 모든 번식 시도가 실패할 것이다. 새가 행복하게 다른 뻐꾸기를 키우거나 자신의 새끼를 거부할 것이기 때문이다. 이렇게 되면 사실 숙주가 때로 우연히 뻐꾸기를 키우는 대가를 치르는 것이 새끼 각인 반응을 진화시켜 평생 번식을 못 하게 되는 것보다 낫다. 곧바로 와 닿지 않을 수 있겠지만, '왜 뻐꾸기 숙주는 둥지의 커다란 괴물을 거부하지 않는가?'라는 질문에 대한 답은 '장기적으로 보면 거부하는 것이 이득이 되지 않기 때문'이다.

돌봄의 원

그러나 로템의 이론은 숙주가 새끼를 알아보기 위해 각인을 사용하지 않는 이유에 대한 답은 되지만, 새끼를 알아보지 못하는 이유에 대한 답은 될 수 없다. 숙주에게 뭔가 효과적인 다른 방법은 없을까? 음, 어쩌면 있을 수도 있다. 예를 들어, 푸른발부비새 blue-footed booby[11]는 다른 종류의 규칙 기반 시스템을 갖고 있다. 그들은 '둥지에서 **가장 먼저** 발견한 새끼를 먹여라'라는 규칙을 따르지 않는다. 그 대신 '둥지의 **경계 안**에 있는 새끼는 **누구든** 먹여라'라는 규칙을 따른다. 휘파람새 같은 새들이 사용하는 새끼 인식 시스템과 크게 다르지 않다. 그러나 규칙의 차이는 때로 비극적인 결과를 낳는다. 부비새의 새끼가 자신도 모르게 둥지[12] 주변을 벗어나거나 둥지에서 떨어진 경우, 운이 좋으면 부모에게서 무시되고 최악의 경우 부모의 공격을 받는다. 이러한 일은 일상적으로 일어난다. 실제로 부비새가 돌봄의 원에서 벗어난 새끼를 발견한 후 그들을 죽이는 모습이 자주 목격됐다.

이 전략은 뻐꾸기에 대항하는 데도 유용하지 않을 것이다. 뻐꾸기는 새끼의 수용을 보장할 적정한 곳에 알을 낳기만 하면 될 테니 말이다. 하지만 다른 방법이 있다. 요정굴뚝새[superb fairy-wren]라는 작고 선명한 색깔의 새가 사용하는 방법이다. 이 종은 호주 동부에 서식하며, 호스필드청동뻐꾸기[Horsfield's bronze-cuckoo](요정굴뚝새만 노린다)와 광청동뻐꾸기[shining bronze-cuckoo](요정굴뚝새를 가끔 노린다)를 포함해 최소 두 가지의 서로 다른 뻐꾸기가 이 종에 기생한다. 일련의 실험을 통해 호주국립대학교의 생물학자 나오미 랭모어[Naomi Langmore]와 동료들은 암컷 요정굴뚝새가 제한적이긴 하지만 적어도

---

11   부비새류와 밀접한 관련이 있는 큰 바닷새.

12   이 종의 경우 둥지는 단순히 암컷이 평평한 땅에 일정하게 배설해 만든 원 형태의 구아노(새의 배설물이 바위 위에 쌓여 굳어진 덩어리 — 옮긴이)를 말한다.

뻐꾸기 새끼를 인식하는 능력이 있음을 증명할 수 있었다. 그들은 광청동뻐꾸기가 있는 둥지는 자주 버렸고, 호스필드청동뻐꾸기가 있는 둥지는 그보다 덜 버렸다.

어떻게 한 걸까? 확실히 자신의 새끼를 각인해서는 아니다. 조사자들은 한 번이라도 뻐꾸기 새끼를 받아들였던 암컷 요정굴뚝새는 이후의 번식 시도에서 자신의 새끼를 버리지 **않았다**는 것을 증명했다. 만약 뻐꾸기 새끼를 각인했다면 처음 본 한 종류의 새끼만 받아들였을 것이다. 하지만 요정굴뚝새의 방어선 중 하나는 수학이었다. 요정굴뚝새는 **어떤** 종이든 여러 마리의 새끼가 있는 둥지보다 한 마리의 새끼가 있는 둥지를 버릴 가능성이 훨씬 더 컸다. 요정굴뚝새는 일반적으로 한배에 여러 알을 낳기 때문에 둥지에 새끼가 한 마리만 있다면 그것은 뻐꾸기일 가능성이 크다. 뻐꾸기 새끼가 둥지의 다른 새끼들을 둥지 밖으로 떨어뜨리기 때문이다. 어쩌다 요정굴뚝새가 실수로 홀로 있는 자신의 새끼를 버려도, 이들은 새끼 한 마리와 약간의 시간만 잃을 뿐이다. 즉 선택 압력(뻐꾸기를 버려야 한다는 압력과 자신의 새끼를 버리지 않아야 한다는 압력)의 우위는 빠르게 셈을 한 다음 홀로 있는 새끼를 포기하는 쪽에 있다.

하지만 이것이 전부는 아니다. 새끼가 한 마리만 있는 둥지들이라 해도 버려질 가능성이 각기 다르다. 홀로 있는 요정굴뚝새의 새끼는 약 20%가 버려지고, 호스필드청동뻐꾸기의 새끼는 40%,

광청동뻐꾸기의 새끼는 거의 100%가 버려진다. 다시 말해, 요정 굴뚝새에게는 적어도 어느 정도 그들을 구분할 수 있는 타고난 능력이 있다. 그러나 그 능력이 시각적인 것은 아닌 듯하다. 두 뻐꾸기 종의 새끼는 요정굴뚝새의 새끼보다 훨씬 크기 때문에, 사실 제대로 보기만 한다면 실수할 확률은 없다. 게다가 요정굴뚝새의 새끼와 색이 더 잘 어우러지는 쪽은 광청동뻐꾸기의 새끼다. 그러나 더 자주 받아들여지는 쪽은 호스필드청동뻐꾸기 새끼이다. 그러므로 요정굴뚝새가 새끼를 구분하는 핵심은 소리일 것이다. 랭모어와 그 동료들의 초음파 그램 분석에 따르면, 호스필드청동뻐꾸기의 새끼가 요정굴뚝새 새끼의 울음소리를 더 잘 흉내 내는 것으로 밝혀졌다. 호스필드청동뻐꾸기의 새끼가 광청동뻐꾸기의 새끼보다 더 잘 받아들여지는 것은 바로 이 때문이었다.

설득력 있는 결과지만, 이는 진화생물학에서의 많은 연구 결과와 마찬가지로 더 많은 질문을 제기한다. 그렇다면 개개비, 바위종다리, 풀밭종다리, 그리고 다른 유럽 뻐꾸기의 흔한 숙주들은 왜 요정굴뚝새를 따라 '비각인 기반 인식 메커니즘'을 진화시키지 않은 걸까? 정답이 있는 질문은 아니지만, 사실 여러 가지 설명은 가능하다. 우선 진화가 필요에 따라 적응 형태를 만들어내지 않는다는 사실을 염두에 두자. 그 대신 자연 선택은 우연히 발생한 유용한 돌연변이만 선호할 수 있다. 어떤 형태에 대한 필요와 긴급성은 돌연변이의 채택과 개체군에 퍼지는 속도를 규정하긴 하겠지만, 애초에 적절한 돌연변이가 발생할 가능성에 영향을 미치지는 **않는다**. 돌연변이는 순전히 우연에 의해 생긴다. 따라서 이렇게 설명할 수 있다. 앞서 언급한 종들은 적절한 종류의 유전적 돌연변이를 여전히 기다리고 있다는 것이다.

이는 상당히 만족스럽지 못한 설명이다. 그러나 다행히도 우리가 여기에서 만족해야 하는 것은 아니다. 더 들어맞는 설명은 '알'을 알아보는 것이 '새끼'를 알아보는 것보다 더 가치가 있다는 사실이다. 각각의 두 행동으로 적응도 비용면에서 어떤 것을 아낄 수 있을지 생각해본다면 이는 분명해진다. 낯선 알이 나타난 날에 이를 발견하고 거부하는 휘파람새는 거의 정상적인 번식 주기를 가질 수 있을 것이다. 암컷 뻐꾸기는 알을 낳을 때 이따금 나머지 다른 알들을 제거하지만, 보통 이 일은 (믿기 힘들게도) 새로 부화한 뻐꾸기에게 맡겨진다. 그러므로 뻐꾸기 알을 알아보는 숙주는 비용을 부담하지 않고 그 알을 제거하기만 하면 된다. 따라서 주어진 새끼의 수를 성공적으로 기를 가능성은 전혀 탁란당하지 않은 새와 별다른 차이가 없다. 다시 말해, 알을 알아보는 것은 완전한 번식을 시도할 수 있을 만큼의 '가치'가 있다.

반면 뻐꾸기가 부화해 휘파람새의 알을 둥지 밖으로 떨어뜨리고 1주일 동안 먹이를 받아먹기까지 한 후에야, 속임수를 깨닫게 된 휘파람새가 있다고 생각해보라. 이 시점에 침입자를 알아보는 것은 이후 1~2주만큼의 사육 노력을 절약할 뿐이다. 번식 주기의 노력 대부분은 이미 낭비되었다(경제학자가 '매몰 비용'이라 부르는 것). 다른 번식 시도가 가능할 수 있으므로 그러한 시간을 절약하는 것은 여전히 유용하지만, 알을 알아보는 것만큼 가치가 있진 않다. 즉 뻐꾸기 새끼를 알아보기 위한 선택 압력은 뻐꾸기 알을 알아보기 위한 압력보다 약하며, 이는 낯선 알[13]을 알아볼 줄 아는 개개비 같은 새들이 왜 뻐꾸기 새끼를 더 잘 알아보도록 진화하지 않았는지를 설명할 수 있을 것이다.

그러나 선천적으로 '새끼 인식 시스템'을 진화시키지 않은 좀 더 그럴듯한 이유가 있다. 가상의 휘파람새를 상상해보라. 이 휘파람새의 새끼는 파랗고, 털이 북슬북슬하며, 입 안쪽이 밝은 분홍색이다. 이제 성체가 '입 안쪽이 분홍색인 파란 새끼만 받아들인다'와 같은 규칙을 따른다고 가정해보자. 만약 뻐꾸기 새끼가 파란색이 **아니고** 입 안쪽만 분홍색이라면, 휘파람새는 이들을 거부할 것이다. 하지만 이는 뻐꾸기가 입 안쪽이 분홍색인 파란 새끼라는 새로운 적응 형태를 만들어내기 전까지만 가능하다. 그렇게 되면 이제 휘파람새는 원점으로 돌아오고 진화적 대응을 위해서는 한 번에 두 가지를 바꿔야 한다. 즉 새끼의 색을 바꿔야 하고, 바뀐 색에 맞게 새끼 수용 규칙도 바꿔야 한다. 한 번에 하나씩 할 순 없다. 두 가지 변화가 동시에 생겨야 하는데, 그렇지 않으면 부

---

13 공진화적 군비 경쟁으로 뻐꾸기 알이 더는 이질적으로 보이지 않는다는 점에 주의할 것.

모는 규칙에 맞지 않기 때문에 자신의 새끼를 거부할 것이다. 물론 정확히 동시에 필요한 두 가지 돌연변이가 각각 발생할 가능성은 사실상 0에 가까울 정도로 낮다.

우리는 이미 각인이 새끼 인식에 나쁜 전략인 이유를 살펴보았다. 그리고 이제 선천적인 인식은 더 나쁠지도 모른다는 것을 확인했다. 선천적으로 새끼의 생김새에 대한 강력한 감각을 진화시킨 숙주는 뻐꾸기 새끼를 거부하는 데 탁월할 것이다. 하지만 뻐꾸기가 새끼 모방을 더 잘하게 되는 시점까지만 그럴 것이고, 그 시점이 되면 뻐꾸기는 둥지를 차지할 것이다. 알 인식은 숙주가 항상 자신의 알을 먼저 보기 때문에 각인이 적합하다. 선천적인 인식에 유연함이 없으면 각인은 늘 선호되는 메커니즘이 된다. 실제로 '둥지에서 처음 본 알에 애착을 갖는다'와 같은 규칙을 적용하면, 추가적인 진화적 변화가 자동으로 원활하게 수용될 수 있다. 각인하는 숙주는 알의 색을 계속 바꿈으로써 모방에 대응하는 적응 형태를 자유롭게 진화시킬 수 있고, 자신이 생각하는 알의 생김새와 다른 알을 낳는 위험을 감수하지 않을 것이기 때문이다. 군비 경쟁의 역학관계 상 숙주는 경쟁에서 중요한 우위를 차지하지 못할 수 있지만, 회복할 수 없을 정도로 뒤처지지도 않는다.

이 모든 것을 염두에 두고, 요정굴뚝새로 돌아가 새끼 인식 기술의 가치를 재평가해보자. 요정굴뚝새는 뻐꾸기를 받아들인 적이 있어도 자신의 새끼를 받아들일 것이기 때문에, 우리는 그들이 분명히 각인이 아닌 선천적으로 습득한 새끼 수용 기준 체크리스트(생김새가 아닌 주로 소리에 기반)를 사용한다는 것을 알 수 있다. 앞서 본 것처럼 이 전략은 역 적응에 취약하므로 썩 이상적이지 않다. 따라서 우리는 유럽 뻐꾸기의 숙주가 왜 굶주린 양자를 가짜로 인식하지 못하는지를 묻는 대신, 왜 요정굴뚝새는 인식하는지를 물어야 할 것이다.

다시 말하지만, 몇 개의 가능한 설명이 있다. 가장 직접적인 이유는 그들이 알 인식을 할 수 없기 때문이다. 요정굴뚝새는 돔형 둥지를 짓는데 그 안이 매우 어둡다. 이 정도의 밝기에서는 모든 알이 아마 거의 똑같이 보일 것이다.[14] 실제로 나오미 랭모어는 요정굴뚝새가 생김새를 보고 외부의 알을 거부하는 일은 매우 드물다고 말한다.[15] 요정굴뚝새가 즉시 불이익을 받게 된다는 점을 생각하면, 이는 매우 큰 적응도 비용을 절약하는 전략이므로 이상적으로는 뻐꾸기에 대한 첫 번째 방어선이 될 것이다. 요컨대, 선천적인 새끼 인식은 더 나은 선택지가 없기 때문에 요정굴뚝새가 선

14　이러한 환경에서 새끼를 알아볼 수 있는 것은 아마도 우선 새끼가 알보다 더 높이 자리 잡고 있어서 희미한 빛이라도 좀 더 구분이 가능하기 때문일 것이고, 두 번째로는 새끼가 고유의 울음소리를 내기 때문일 것이다(당연한 이야기지만 알은 소리를 내지 않는다).

15　생김새를 보고 거부한 적도 있지만, 아마도 알을 낳으려는 성체 뻐꾸기를 저지할 때만이었을 것이다. 이런 점에서 요정굴뚝새는 가까이 있는 뻐꾸기를 둥지에 있는 외부의 알과 연결할 수 있는 것 같다.

호하는 것일 수 있다. 자연 선택은 기존 해결책 중에서만 선택할 수 있는데, 요정굴뚝새의 경우에는 그 수가 많지 않다. 곰치의 튀어나오는 턱처럼 처음에 진화의 승리처럼 보였던 것은 평범한 차선책에 지나지 않을지 모른다.

뻐꾸기와 숙주의 상호 작용을 살펴봄으로써 얻은 일반적인 교훈들이 있다. 여기에는 군비 경쟁의 역학이 작용하며, 우리는 이미 포식자와 먹잇감의 맥락에서 그 영향을 살펴본 바 있다. 마찬가지로 불균등한 선택 압력의 개념도 지금쯤이면 독자에게 친숙할 것이다. 여기에서 새로운 대목은 진화의 한계이다. 자연 선택은 놀라운 업적을 많이 쌓았지만, 종의 모든 문제를 해결하진 못한다. 뻐꾸기의 숙주들에게는 뻐꾸기 새끼의 문제를 해결하기 위한 좋은 방안이 없는 것 같다. 선택지는 각인 아니면 선천적 인식인데, 각인은 숙주가 처음 보는 새끼가 뻐꾸기일 때 자신의 새끼를 거부하기 쉽게 하고, 선천적 인식은 (인상적일 정도로 확고할 경우) 숙주가 뻐꾸기의 새끼 모방에 대응할 수 없게 만들 수 있다.

뻐꾸기와 숙주의 관계는 다른 의미에서도 교훈적이다. 이는 자연계에 존재하는 수백만의 기생 관계 중 단 하나의 발로에 불과하지만, 숙주와 기생 동물 사이 힘의 균형이 거의 늘 기생 동물에 유리하게 기울어져 있다는 점에서 전형적인 것으로 확인된다. 다음 장에서 이에 관한 내용을 더 자세히 살펴보자.

3장

무임승차자

어떤 종이든 또는 개체든
기생은 삶의 현실이며
동물은 결코 기생 없이 스스로 진화하지 않을 것이다.

어린 침팬지가 무리에서 조금 떨어진 곳을 돌아다니고 있다. 100미터 정도 떨어져 있어 다른 침팬지들의 소리가 얼추 들리지만, 이곳은 서아프리카의 숲이고 100미터는 충분히 시야에서 벗어날 수 있는 거리이다. 침팬지는 나무를 오르다 중간쯤에서 흥미로워 보이는 빈 구멍을 발견하고, 곧이어 표범의 오줌 냄새를 맡는다. 그러고는 직감적으로 이 냄새를 알아차린다. 피해야 하고, 피할 수 없다면 요란하게 이 소식을 타전해야 한다. 표범은 힘을 합쳐야만 쫓아낼 수 있기 때문이다. 그러나 어린 침팬지는 계속해서 나무를 오른다. 아무 소리도 내지 않고 두려움도 보이지 않는다. 단지 호기심 때문이다. 침팬지가 머리를 구멍에 바짝 대자 안에서 쉭쉭 대고 으르렁거리는 소리가 난다. 어미 표범이 사냥하는 동안 새끼를 그곳에 둔 것이다. 침팬지는 즐거워하며 고개를 한쪽으로 기울인다. 손을 빈 구멍에 넣어본다. 새끼가 탁하고 치자 재빨리 손을 빼낸다. 침팬지는 어미 표범의 턱이 자신의 목 근처까지 오는 것을 알아차리지 못한다.

침팬지의 행동은 강한 선택 압력에 의해 형성되었는데(여기에는 매우 실질적인 이득이 있다), 진화론적 관점에서 보면 이는 새롭다. 먼 옛날의 어느 시점에서는 어떠한 침팬지도 이러한 행동을 하는 대신 냄새를 맡자마자 위험을 감지하고 도움을 요청했을 것이다. 하지만 충분한 시간이 흐른 지금, 어떤 침팬지들은 두려움을 잊은 것으로 보인다. 이 치명적인 호기심은 진화의 산물이다. 이는 분명히 누군가에게 이득이 된다.

하지만 그 누군가는 침팬지가 아니다.

실제로 이득을 보는 것은 침팬지가 아니라, 톡소플라스마 곤디 *Toxoplasma gondii*라는 원생동물이다. 원생동물은 단세포 유기체[1]이다. 그리고 톡소플라스마 곤디는 매우 흔한 원생동물이며 기생자^{寄生者}이다. 이 기생자가 일으키는 병을 톡소플라스마증이라고 하는데,

---

1   좀 더 구체적으로 '원생동물(protozoan)'이란 용어는 구식이긴 하지만, 단세포 진핵생물을 설명하는 데 사용되는 편리한 용어이다. 단세포 진핵생물은 가령 광합성을 통해 스스로 양분을 만들어내지 않으며 동식물 또는 균류가 아니라 핵이 막으로 둘러싸인 유기체이다. 원생동물이란 용어는 실제로 진화 관계를 반영하지 않기 때문에 구식이다. 원생동물은 그룹 내부의 다른 일원보다 그룹 외부와 더 밀접한 관련이 있는 종들을 포함한다. 그런 의미에서 '나무'와 약간 비슷하다. 이 그룹에는 참나무와 소나무가 포함되지만, 장미는 포함되지 않는다. 참나무는 소나무보다 장미와 훨씬 더 밀접한 관련이 있는데도 말이다. 물론 이러한 인위성에도 불구하고 '나무'는 여전히 유용한 그룹으로 남아 있다.

특히 고양이를 키우는 임신부에게 꽤 잘 알려져 있다. 이들은 임신 중 감염을 피하기 위해 고양이의 배설물 처리를 하지 말라는 조언을 들었을 것이다. 톡소플라스마 곤디는 성인에게는 거의 해롭지 않지만, 태아에게는 종종 위험하다. 성인의 경우는 증상을 알아차리기 어려울 수 있다. 감기 및 인플루엔자 바이러스와 같은 다른 흔한 바이러스에 감염되었을 때와 증상이 많이 겹치기 때문이다. 하지만 증상은 대개 몇 달이 지나면 저절로 사라진다. 인간 개체군에서의 유병률 추정치는 다양하지만, 현재 3인 이상의 가정에서 살고 있다면 그중 한 명은 감염되어 있다고 보는 것이 적정하다. 이처럼 인간과 다른 많은 동물을 감염시키려는 의지가 확실한데도, 톡소플라스마 곤디는 고양이에게 전적으로 의존한다.

톡소플라스마 곤디가 번식하려면 리놀레산이 필요한데, 리놀레산은 대부분의 동물 세포에서 찾기 어렵지만 고양이의 장에는 풍부하다. 이 기생자는 수명 주기의 마지막 단계에 고양이의 장 세포에 은둔하다 알을 낳으면 바로 파열되며, 알은 고양이의 대변으로 배출된다. 고양이는 톡소플라스마 곤디에 감염된 동물들(집고양이의 경우 일반적으로 쥐)을 먹음으로써 감염된 것이며, 또 그 동물들은 고양이 배설물에 의해 오염된 식물질을 먹음으로써 감염된 것이다. 순환은 그렇게 계속된다.

충분히 명료한 방식이지만, 쥐는 어쨌든 먹히려고 하지 않는 습성이 있으므로 기생자는 고양이가 감염된 쥐를 먹어주기를 기다리지 않고 다른 전략을 세운다. 감염된 쥐가 고양이에게 잡아먹힐 가능성을 높이는 것이다. 감염된 쥐는 다른 쥐와 달리 고양이를 두려워하지 않고, 숨지 않으며, 도망치지 않고, 고양이의 오줌 냄새를 개의치 않는다. 즉, 그들은 죽음을 자초한다.

그렇다면 침팬지에게도 비슷한 일이 일어나는 것일까? 이 현상에 관한 연구는 훨씬 적다. 이 장의 서두를 연 짤막한 글은 제멋대로 상상해본 것이다. 우리가 살펴봐야 할 것은 프랑스 몽펠리에Montpellier에 있는 진화 및 기능 생태 센터Centre for Evolutionary and Functional Ecology의 클레망스 포아레트Clemence Poirette와 그 동료들이 가봉Gabon에서 포획된 침팬지를 대상으로 수행한 연구 결과다. 톡소플라스마 곤디에 감염된 개체들은 감염되지 않은 개체보다 표범의 소변에 훨씬 더 큰 관심을 보였다. 대조군 역할을 한 인간의 소변에 대한 반응에서는 이와 같은 차이가 관찰되지 않았다. 그러나 침팬지를 대상으로 한 연구만 있는 것은 아니다. 설치류뿐 아니라 하이에나가 이에 감염되자 사자에 대한 두려움이 감소했다는 증거도 있으며, 톡소플라스마증이 인간의 위험 감수 행동과 연관되어 있음을 시사하는 일련의 상관적 연구도 있다. 심지어 고래류(고래, 돌고래 등)의 좌초 사고도 이 질병 때문일 수 있다는 주장도 있다. 톡소플라스마증이 좌초된 개체에 더 흔한지, 좌초의 증가가 일반적으로 질병과 연관된 힘 또는 조정 능력의 약화가 아니라, 큰 위험을 감수한 행동의 결과인지는 아직 입증되지 않았다.

톡소플라스마증과 인간 행동을 관련짓는 수많은 연구에 대해서도 이처럼 신중하게 접근해야 한다. 톡소플라스마증에 감염된 개인의 자살 위험 증가 같은 결과도 감염 자체보다 어쩌면 고양이 소유와의 상관관계로 더 잘 설명될 수 있다. 예를 들어, 외로운 사람들은 다른 사람들보다 고양이를 키울 가능성이 더 크다. 그리고 외로움이 자살 위험과 관련 있다면, 자살과 톡소플라스마증 사이에 인과관계가 성립하지 않더라도 둘 사이에서 통계적 연관성을 찾을 수 있을 것이다. 상당히 무심한 추측이지만 여러분이 알았으면 하는 것은 이러한 연구들이 다른 많은 방식으로 해석될 수 있으며, 상관 데이터에만 근거하여 성급하게 결론에 이르러서는 안 된다는 것이다.

그러나 하나는 확실히 말할 수 있다. 많은 기생자가 다른 숙주에게 옮겨갈 가능성을 높이는 식으로 숙주의 행동을 조작하도록 진화했다는 것이다. 이상한 소리처럼 들린다면, 감기에 걸렸을 때마다 우리를 괴롭히는 재채기를 떠올려보자. 이 또한 바이러스 때문이다. 숙주 조작 행동은 감염성 바이러스 입자가 호흡기에서 호흡기로 옮겨가는 데 도움이 되기 때문에 자연 선택에 의해 선호되었다. 광견병 바이러스 또한 숙주의 행동을 변화시켜 그들을 지나치게 활동적이고 공격적으로 만든다. 이는 새로운 숙주를 감염시키기 위해 무는 행위를 급증시킨다.

이 같은 바이러스의 무시무시한 위업을 보면, 대체 그 실체가 무엇인지 궁금해진다. 광견병은 사악한 천재의 작품처럼 보인다. 물론 현실은 훨씬 더 평범하다. 질병, 신체적 부상, 또는 유전적 소인으로 인한 뇌 손상이 성격과 행동에 영향을 미칠 수 있다는 증거는 충분하다. 광견병 바이러스는 신경 조직을 감염시키기 때문에 적어도 어느 정도의 비정상적인 행동이 나타난다. 은둔 및 반사회성에서 조증 및 공격성에 이르기까지 숙주에게 다양한 장애를 일으키는 이 바이러스의 조상 계통은 쉽게 상상할 수 있다. 가장 오래 살아남은 계통은 의도와 상관없이 전파에 유리한 변화를 꾀한 계통일 뿐이다. 숙주가 예상을 깨고 산속 암자로 들어가게 만드는 병원균은 결코 오래 지속될 수 없다.

기생자가 유발하는 많은 특성은 숙주의 삶의 질을 떨어뜨린다. 행동 조작은 그중 하나일 뿐이다. 실제로 기생은 어느 정도의 부조화와 결함을 지닌 동물의 삶에서 무엇보다 분명히 확인되는 특징 중 하나이며 모든 곳에서 발생한다.

흰동가리의 삶을 한번 살펴보자. 26종의 작고 보통은 색이 눈에 띄게 화려한 흰동가리는 인도양과 서태평양의 산호초에 서식한다. 이들은 말미잘의 촉수 사이에서 헤엄치는 모습으로 자주 목격되는데, 말미잘은 작은 물고기를 포함해 스쳐 지나가는 모든 것에 독이 든 자포를 발사하는 자세포라는 폭발성의 세포를 가지고 있다. 그러나 흰동가리는 자세포의 영향을 받지 않는 것 같다. 실제로 흰동가리는 서로에게 모두 이득이 되는 긴밀한 공생 관계를 말미잘과 발전시켜왔다. 흰동가리는 말미잘의 독에 면역이 있기 때문에 포식자를 피해 상대적으로 안전하게 그들 사이에서 살 수 있다. 대신에 흰동가리는 포식자와 기생자로부터 말미잘을 안전하게 지키는 동시에 배설물의 형태로 영양분을 공급한다. 분명히 흰동가리는 진화의 성공적 사례 중 하나이지만, 이제 지금쯤이면 여러분도 흰동가리가 진화의 희생양 중 하나로 여겨질 수 있다는 사실이 그리 놀랍지 않을 것이다.

2017년 올해의 야생 동물 사진 작가상 최종 결선에 오른 킹 린^{Qing Lin}이 촬영한 사진이 바로 그 증거물이다. 이 사진에는 흰동가리 세 마리의 모습이 담겨 있다. 흰동가리들이 인도네시아 연안의 얕은 물 속에 일렬로 떠 있고, 주황색과 흰색 배열의 몸통이 그들 주위에서 굽이치는 말미잘의 보라색 촉수와 대비되어 밝게 빛난다. 흰동가리는 입을 벌리고 있는데, 잘 보면 입안에서 한 쌍의 작고 검은 눈이 정면을 빤히 응시하고 있다. 그것은 한때 혀가 있던 곳에 만족스럽게 웅크리고 앉아 있는 1인치 길이의 기생자 시모토아 엑시구아^{Cymothoa exigua}다.

시모토아 엑시구아는 등각목의 동물로, 쥐며느리^{woodlice}, 알약 벌레^{pillbugs}와 함께 갑각류에 속하며, 지난 몇 년 동안 기생에 관한 수많은 기사 속에서 사진을 통해 사악하지만 부인할 수 없는 매력을 뽐내왔다. 어린 시모토아 엑시구아는 숙주 물고기를 찾아 넓은 바다를 헤엄치다 아가미구멍을 통해 숙주의 몸속으로 들어간다. 이 단계에서 그들은 아직 성별이 구분되어 있지 않지만, 곧 수컷으로 성장한다. 나중에 완전히 성숙하면 암컷이 될 수도 있으나, 숙주에게 아직 암컷이 없는 경우에만 가능하다. 암컷이 있다면 수컷은 완전히 성숙하지 못한다. 만약 두 마리의 수컷이 같은 숙주 안에 있으면 한 마리만 성체(따라서 암컷)가 된다. 성체는 아가미에서 입으로 이동하여 물고기의 혀 밑부분에 붙어 혀가 괴사될 때까지 피를 빨고 그곳에 자리를 잡는다. 이들은 평생 피와 점액을 먹고 살며, 어느 쪽이 죽든 죽을 때까지 같은 숙주 안에서 살게 된다.

이 장의 핵심 메시지 중 하나에 대한 일종의 식전주로 톡소플라스마 곤디, 광견병 바이러스, 시모토아 엑시구아를 소개했는데, 기생의 전형을 보여주는 이 일련의 소름 끼치는 기생자들은 그 편재성과 함께 거의 자연 선택의 편애 행위처럼 보인다. 자연계를 가까이 들여다볼수록 이들은 더욱더 많이 발견되는 것 같다. 게다가, 기생자가 숙주에게 불행을 초래하는 방법의 다양함도 끝이 없는 것 같다.

이러한 상황에서도 동물이 기적과도 같은 적응 형태를 발달시킨 사례는 매우 쉽게 찾아볼 수 있다. 하지만 가령, 흰동가리에게 말미잘의 독에 영향받지 않는 면역을 부여한 데 대해 진화에 공을 돌리려면, 혀를 살아있는 흡혈귀로 대체한 데 대해서도 책임을 물을 수 있어야 한다. 이 두 가지 '선물'은 특히 균형이 잘 맞지 않는 것 같다. 이와 비슷하게, 1장에서 나는 우리가 생각하는 최고 포식자가 자주 쫓는 것을 잡는 데 실패한다고 말했다(덧붙이자면, 이들은 벌레로 가득하고 이로 뒤덮여 있을 가능성도 크다). 자명한 사실이지만, 기생이 진행되는 방식을 결정하는 숙주와 기생자 간의 상호 작용은 다양하고 복잡하다(그리고 설득할 수 있길 바라건대, 꽤 재미있다). 그렇더라도 그러한 편애는 의식적이지도 의도적이지도 않지만, 분명히 존재한다.

숫자 게임

대체로 모든 동물은 기생자이다. 이것은 단순한 계산상의 문제이다. 기생하지 않는 동물 그리고 대부분의 기생 동물은 언제든 적어도 한 마리의 기생자를 갖고 있다. 물론 수백, 수천, 또는 수백만 마리의 기생자를 갖고 있을 가능성이 훨씬 더 크다. 정도는 덜하지만, 개체뿐만 아니라 종도 마찬가지다. 만약 전 세계에 알려진 모든 종의 목록을 적은 다음, 눈을 가리고 목록에 핀을 꽂는다면, 핀은 아마도 기생자에 꽂힐 것이다. 기생자는 인간에게도, 고양이와 개에게도, 거미와 벌에게도 있으며, 심지어 박테리아에게도 있다. 기생자는 동물 가계도의 거의 모든 가지에서 나온다. 여기에는 기생 연체동물, 기생 갑각류, 기생 어류, 기생 곤충, 기생 포유류,[2] 기생 조류가 있으며, 흡충류와 촌충류처럼 우리에게 덜 친숙한 분류군도 있다.

기생자는 계통적으로 모두 같지 않고 정확히 같은 생활 방식을 따르지도 않지만, 이들을 공격 방식에 따라 편의상 세 가지 주요 그룹으로 나눌 수 있다. 첫 번째는 늘 그런 것은 아니지만 보통 죽을 때까지 숙주를 먹어 치우는 포식 기생자이다. 이런 의미에서 포식 기생자는 기생과 직접적인 포식 사이에 자연스러운 중간 지점을 만든다. 우리에게 가장 친숙한 포식 기생자는 말벌과의 여러 종이다.[3] 이들의 생활 방식은 다른 동물(보통 곤충이나 거미류)의 안이나 위에 알을 낳고 자연이 그 과정을 알아서 하도록 두는 것이다. 아직 명확한 그림이 그려지지 않는다면, 그 과정은 알을 낳은 결과 유충이 안에서 숙주를 먹게 되는 행위로 구성된다. 몸 안에 알이 주입되는 숙주가 되는 것과 단순히 몸을 마비시키는 독침을 맞고 움직이지 못하게 되어 몸 위에 알이 손쉽게 놓이는 숙주가 되는 것 중에 무엇이 더 나쁜지는 잘 모르겠다. 후자의 희생자 범주에는 타란툴라가 포함되는데, 타란툴라는 기분 나쁠 정도로 크

---

2   엄밀히 말해, 현재 태즈메이니아데빌(Tasmanian devil, *Sarcophilus harrisii*)을 위협하고 있는 안면 종양 질환은 전염성이 있는 단세포의 포유류 기생자(이것의 학명 또한 *Sarcophilus harrisii*) 때문이다. 이 기생자는 서로를 물 때 개체 간에 전파되는데, 태즈메이니아데빌은 친밀감의 표시로 자주 서로를 문다.

3   이외에도 다양한 곤충이 이와 매우 유사한 방식으로 행동한다.

고 그 이름도 적절한 타란툴라 호크[tarantula hawk][4]라는 대모벌과 말벌의 공격을 받는다. 타란툴라 호크 유충은 알에서 깨어나면 살아있는 식품 저장고로 파고 들어가 배를 채우고, 가능한 한 오랫동안 중요 장기를 피함으로써 이 불운한 생물을 계속 살려둔다.

두 번째는 체외 기생자로 이들은 숙주의 몸 바깥에 살면서 혈액, 머리카락, 피부, 살, 또는 신체 분비물을 먹고 산다. 여기에는 우리에게 매우 친숙한 기생자들, 즉 모기, 벼룩, 진드기, 응애 등이 포함된다. 이 절지동물들[5]은 다양한 체외 기생자의 대부분을 차지하지만, 이것들이 전부는 아니다. 흡혈박쥐 또한 칠성장어(이빨이 원형으로 배열된 물고기의 일종), 검목상어[cookie-cutter shark]와 마찬가지로 체외 기생자이며, 검목상어의 영어 이름은 희생양의 살을 깔끔한 원 모양으로 파먹는 습성에서 유래했다. 각각의 체외 기생자는 일반적으로 숙주에게서 무시해도 될 정도의 피를 앗아가지만, 다수의 누적된 영향은 치명적일 수 있다. 뉴햄프셔대학교 앤서니 무산테[Anthony Musante]와 동료들은 진드기가 새끼 무스에게 미치는 영향을 조사했는데, 이들은 2주간 새끼 무스가 적당한 수준으로 진드기

---

4 두 속, 펩시스(*Pepsis*)와 헤미펩시스(*Hemipepsis*)에 속하는 여러 종이 이 이름을 사용한다.

5 절지동물(다리가 마디로 이루어진 동물)에는 곤충, 협각류의 절지동물(거미, 응애, 진드기, 전갈 및 그 친척), 다족류(노래기, 지네), 등각류(물고기의 허를 대체한 것으로 유명한 시모토아 엑시구아), 갑각류(게, 바닷가재, 쥐며느리, 물벼룩 및 그 친척) 등이 있다.

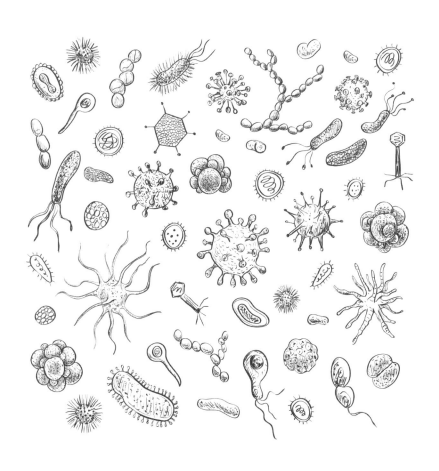

에 감염되었다 해도 총 혈액량의 27%에서 48%를 잃을 수 있다고 추정했다. 놀랄 것도 없이 진드기가 가장 활발하게 활동하는 시기에, 그리고 가장 활발하게 활동하는 장소에서 진드기로 발생하는 빈혈은 무스와 기타 대형 포유류의 흔한 폐사 원인이다.

계속되는 선물

그러나 진드기가 숙주에게 저지르는 최악의 행위가 빈혈인 경우는 드물다. 진드기는 훨씬 더 작은 기생자의 전염 매개체 역할을 한다. 이들은 세 번째 범주에 속하는 체내 기생자로, 숙주 안에서 평생 혹은 삶의 일부를 보낸다. 이 체내 기생자들이 질병을 일으킬 때 이들을 병원체라고 부른다. 이를테면, 침노린재류[triatomid bugs][6](잠자는 사람들의 얼굴을 무는 습성 때문에 '키스 벌레[kissing bug]'라는 이름으로도 통한다)는 원생동물 병원체인 트리파노소마 크루지[Trypanosoma cruzi]를 옮긴다. 이로 인해 생기는 샤가스병[Chagas' disease]은 21개국(주로 라틴아메리카)에 약 800만 명의 감염자가 있는 것으로 추정되며, 절반

6　흔히 '벌레(bug)'는 '곤충(insect)'의 동의어로 쓰이는 단어지만, 여기에서는 훨씬 더 좁은 의미로 사용된다. 벌레는 곤충강(Insecta)에 속하는 반시목(Hemiptera)의 일원이다. 곤충강의 다른 목에는 딱정벌레목(딱정벌레), 잠자리목(잠자리, 실잠자리), 막시목(꿀벌, 개미, 말벌), 인시목(나비, 나방)이 있다.

이 조금 안 되는 환자가 만성적 형태의 심장 질환을 앓게 된다.

체외 기생자가 이 전염 매개체 역할을 할 때, 우리는 이를 '벡터^vector'라고 한다. 벡터의 목록은 길고 다양하다. 모기(말라리아, 뎅기열, 황열병, 웨스트나일열, 지카열), 진드기(라임병, 진드기매개뇌염, 로키산열), 벼룩(선페스트)이 매개하는 몇 가지 주요 질병에 익숙할 것이다. 하지만 모래파리(리슈만편모충증), 체체파리(수면병), 흑파리(강변실명증), 작은 날벌레(만소넬라증)가 퍼뜨리는 질병도 있다.

벡터는 단순한 전달자가 아니다. 벡터의 생활사는 감염 여부에 따라 크게 달라질 수 있다. 때로 감염은 벡터에 도움이 된다. 예를 들어, 사람에게 라임병을 일으키는 박테리아인 보렐리아 부르그도르페리^Borrelia burgdorferi에 감염된 진드기는 감염되지 않은 진드기보다 건조함에 더 큰 저항성을 보인다. 지면과 가까운 곳의 습한 미기후에 대한 필요는 진드기의 숙주 탐색 행동을 제한하는 주요 요인이기 때문에 이는 상당한 이점이 된다. 하지만 일반적으로 이 관계는 그다지 상호 호혜적이지 않다. 앞서 살펴본 것처럼 체내 기생자는 일상적으로 숙주의 행동을 조작하기 때문에, 당연히 전염 가능성을 극대화하기 위해 벡터에게도 똑같은 속임수를 쓴다.

이 조작은 비교적 친절하게 이루어질 때도 있다. 진딧물과인 기장테두리진딧물^Rhopalosiphum padi을 예로 들어보자. 보리황화위축 바이러스에 감염되면 기장테두리진딧물은 이미 바이러스에 감염된 맥류보다 감염되지 않은 맥류를 택해 먹는다. 이러한 행동은 바이러스에 좋고, 아마 진딧물에게도 별 영향이 없을 것이다. 그러나 병원균과 벡터의 이득은 잘 일치하지 않으므로 상황이 이처럼 편리하게 전개되는 경우는 드물다. 가령, 병원균은 최대한 감염되지 않은 많은 숙주에게 자신을 퍼뜨리기를 '원한다'. 이를 위해 병원균은 벡터가 소수의 숙주로부터 많은 식사를 하는 것이 아니라, 다수의 숙주로부터 적은 식사를 자주 하도록 강제한다. 즉, 이동하는 데 더 많은 에너지를 쓰고, 먹는 데 더 적은 시간을 써야 한다는 것이다.

모기는 이에 대한 적절한 예다. 덴마크 오르후스대학교의 제이콥 코엘라$^{Jacob\ Koella}$가 이끄는 연구팀은 탄자니아 킬롬베로^{Kilombero} 지역에 있는 집에서 감비아학질 모기$^{Anopheles\ gambiae}$를 채집한 후 내장의 내용물을 분석해 말라리아의 원인 인자인 열대열말라리아원충$^{Plasmodium\ falciparum}$의 존재 여부와 인간의 DNA를 검사했다. 모기의 혈액 DNA와 집에 사는 사람(동의한 지원자)의 혈액 DNA를 맞춰본 결과, 감염된 모기 중 22%가 한 명 이상의 인간을 문 반면 감염되지 않은 모기는 10%만이 한 명 이상의 인간을 물었다는 것이 밝혀졌다. 병원균은 벡터가 조금씩 자주 먹게 했다. 다른 연구에 따르면, 인간에게 특화된 병원체인 열대열말라리아원충[7]은 감비아학질 모기가 다른 포유류보다 인간의 피를 더 선호하게 만들어 부적합한 숙주를 무는 '낭비'가 덜 생기게 한다. 말라리아원충 종은 또한 숙주의 냄새 특성을 조작해 숙주가 모든 모기에게 더 매력적으로 느껴지게 함으로써 실패의 위험을 줄인다.

건강 대 서식지

생활 방식으로서 기생이 지닌 매력은 의문의 여지가 없다. 특히 체내 기생자의 경우 숙주가 먹이뿐만 아니라 전체적인 환경까지 제공하기 때문이다. 이들에게 중요한 문제는 오직 전염뿐이다(곧 숙주가 불가피한 죽음을 맞이하면 서식지도 함께 사라지므로). 따라서 체내 기생자는 한 숙주에서 다른 숙주로 옮겨갈 방법을 찾아야 하는데, 이를 위해 이들은 앞서 살펴본 것처럼 많은 방법을 진화시켜왔고, 그 방법은 숙주가 자살하게 만들거나 전달자 역할을 할 매개 생물 (벡터)을 구하는 등 극도로 정교해졌다. 하지만 더욱 이상한 것은 왜 숙주가 그러한 방법을 용납하느냐는 것이다.

간단히 답하자면, 물론 숙주는 실제로는 그러한 것을 원하지 않는다. 더 길게 답하자면 그 답은 우리가 1장에서 포식자와 먹잇감의 상호 작용을 논할 때 살펴본 것과 같은 메커니즘의 일부, 그리

7　다른 말라리아원충 종은 다른 척추동물들에게 말라리아를 일으킨다. 이를테면 100개 이상의 말라리아원충 종이 조류를 감염시키는데, 그중 (우리가 아는 한) 인간에게 질병을 일으키는 종은 없다. 약 5종이 인간에게 질병을 일으키며, 적어도 한 종은 인간과 다른 영장류 모두에게 질병을 일으킨다.

고 무임승차자에 유리하게끔 국면을 바꾸는 중요한 사항과 관련이 있다. 우선, 기생자와 숙주가 서로 다른 정도의 선택 압력을 받고 있다는 기본 가정에서 시작할 수 있다. 이를 치타와 가젤의 경우처럼 생각해보자. 예를 들면 우선 버팔로가 모기 한 마리 또는 수천 마리의 모기로부터 자신을 보호하지 않을 때 실제로 얼마나 많은 적응도(번식 능력)를 잃게 될지 생각할 수 있다. 손실은 좀 있겠지만, 많진 않을 것이다. 만약 기생자가 진드기(특히 1,000마리의 진드기)라면, 상황은 좀 더 심각해질 수 있다. 각각의 진드기는 모기보다 더 많은 피를 빼앗아가기 때문에, 결과적으로 많은 숙주 종이 털 손질에서부터 잘 먹지 못하게 하는 면역 반응(단순하게는 진드기가 들끓는 지역을 피하는 등)에 이르기까지 진드기에 대한 여러 저항 형태를 발전시켜왔다. 모기라 해도 엄청난 수가 동시에 물면 출혈로 인해 숙주는 죽음에 이를 수 있다. 그러나 전반적으로 체외 기생자는 숙주의 생명을 위협하진 않는다.

이는 포식자와 먹잇감 사이의 역학과 반대되는 상황으로, 체외 기생자는 실패했을 때 먹잇감보다 불이익이 덜하다. 두 경우 모두 소비자(포식자, 체외 기생자)의 비용(약간의 낭비된 노력과 재시도 필요)은 비슷하다. 하지만 소비된 **먹잇감**이 모든 것을 잃는 반면, 부분적으로 소비된 **숙주**는 그런 일이 드물다(어떤 때는 뭔가가 무는 것을 전혀 알아차리지도 못한다). 따라서 체외 기생자는 실패하면 숙주보다 더 많은 위험을 감수하게 되므로 더 큰 선택 압력에 직면하고, 그에 따라 진화상의 이점을 얻는다.

그러나 체외 기생자가 **체내** 기생자(병원체)의 전달자 역할을 하는 빈도를 고려하면, 이야기는 끝나지 않는다. 체내 기생자의 영향은 한 번 물리고 약간의 피를 잃는 것보다 훨씬 더 심각할 수 있다. 따라서 숙주는 체외 기생자에 대항하는 반응을 적어도 얼마간은 진화시킬 것이다. 이론적으로 이 추가적인 비용은 숙주에게 유리하도록 다시 국면을 전환할 수 있지만, 이는 병원체에 대한 숙주의 방어 체계가 벡터를 차단하는 형태를 취하는 경우에만 가능하다. 일반적으로 그러한 전투는 숙주 세포의 분자 수준에서 일어난다. 그렇다면 체외 기생자가 자신의 작은 전투에서 승리한다고 가정하고, 대신 병원체의 관점에서 생각해보자.

숙주는 체외 기생자보다 병원체에게 훨씬 중요하다. 이를 깨닫는 데는 많은 생각이 필요하지 않다. 진드기는 물려고 하는 사슴에게서 배를 채울 수 없으면 언제든지 떨어져 나가 다른 곳에서 운을 시험해볼 수 있다. 물론 이러한 실패가 쌓이면 진드기는 가령 모기보다 상대적으로 이동성이 좋지 못하므로 우연히 지나가는 사슴만 먹이로 삼을 수 있다. 따라서 놓치는 기회 하나하나가 굉장히 중요하다. 처음 찾아낸 숙주에게서 배를 채울 수 없으면 돌아다니면서 다른 숙주를 찾을 수 있는 모기조차도, 짧은 수명을 생각하면 숙주를 찾아 날아다녀야 할 때마다 상당히 많은 시간과 에너지를 낭비하게 된다. 체외 기생자는 숙주를 잘못 선택했을 때

낭비하는 비용이 크다. 그러나 병원체의 상황과 비교하면 그 위험도는 여전히 상대적으로 낮다. 일단 병원체는 숙주 안으로 들어가면 그것으로 끝이다. 모든 달걀이 한 바구니에 담기고, 당면한 경쟁에서 이기지 못하는 것은 즉각적인 죽음을 초래한다. 숙주는 단순한 이동식 식당이 아니라 병원체의 전체 환경이므로, 병원체의 모든 진화적 적응은 이 고귀한 공간에서 생존과 번식에 적합하도록 맞춰진다.

　바이러스는 특히 다른 유기체에 의존적이며, 자신을 복제할 수단조차 없다. 이들이 가진 것은 유전 명령$^{genetic\ instruction}$이 전부다. 실제로 비리온(바이러스의 개별 입자)은 단백질 외피 안에 들어 있고 지질로 된 피막으로 둘러싸인 DNA 또는 RNA의 통에 불과하다. 이러한 표면 분자들은 숙주 세포의 막과 상호작용하여 숙주 세포가 비리온의 침투를 허용하게 한 다음 세포의 복제 기계를 장악한다. 정확한 과정은 바이러스의 종류에 따라 다르지만, 결과적으로 숙주 세포는 언제나 더 많은 비리온을 만들어내는 일에 순순히 응한다. 각각의 비리온은 다른 숙주 세포에 들러붙고, 이들을 장악하고, 면역 체계에 의해 파괴되거나 감염시킬 세포가 동날 때까지 이 과정을 계속 반복한다. 결과가 어떻든 바이러스는 환경뿐만 아니라 화학적 번식 수단으로서의 숙주 세포가 없으면 완전히 무력하다. 감염시키지 못하는 것은 분명히 치명적이다. 한편, 숙주는 어느 정도의 건강만 해칠 뿐이다(가끔 극단적일 때 그 정도가 매우 심해 생명이 위험해지지만). 숙주와 병원체에 대한 이 이분법적 압력을 다시 부르기 쉽게 줄여 '건강/서식지' 원리라고 해보자.

건강/서식지 원리는 게임이 병원체에 유리하게 조작되는 첫 번째 메커니즘이다. 그러나 '건강'은 건강하거나 건강하지 않은 이분법적 상태가 아니라, 정도로 나타낼 수 있다는 것에 유념하라. 즉 숙주가 받는 선택 압력의 크기는 질병의 중증도에 따라 달라질 것이다. 증상이 심해질수록 압력도 커진다. 이 내용은 중요하므로 곧 다시 다루겠다. 그동안 두 번째 메커니즘을 우선 살펴보자. 이 메커니즘 역시 차등적인데, 즉 숙주와 병원체 간 세대 시간의 차이에 따라 달라진다. 진화는 개체의 일생 안에서 일어나지 않는다. 진화는 세대 간 평균적 개체의 차이를 만들어내는 과정이다. 변화는 동물이 번식하여 (돌연변이와 복제 오류를 통해) 잠재적으로 자신과 다른 자손을 낳을 때만 일어날 수 있기 때문에, 한 종이 한 세대를 더 빨리 완료할수록 진화적 변화의 기회는 더 많아진다.

다른 모든 조건이 같은 경우에 잠재적 진화의 속도는 세대 간 간격(첫 번식 시기)에 반비례한다. 물론 더 빨리 진화할수록 계통은 적대하는 계통의 진화적 변화에도 더 잘 대응할 수 있다. 두 나라가 서로에게 뒤지지 않기 위해 최대한 빨리 방어 무기와 공격 무기를 개발하는 군비 경쟁을 떠올려보라. 이 과정의 일부에는 다양한 구상과 기술을 시험하는 것이 포함되지만, 이러한 시험에는 시간과 비용이 든다. 예를 들어, A 나라는 1주일에 열 번 시험할 수 있고 B 나라는 1년에 한 번만 시험할 수 있다면, A 나라가 곧 군비 경쟁에서 우위를 차지할 것이다. A 나라는 B 국가가 내놓는 것은 무엇이든 재빨리 따라잡을 수 있고, 대응하기 힘든 고유의 기술적 발전을 이룰 수 있기 때문이다.

이러한 군비 경쟁이 숙주와 병원체에서는 어떻게 전개되는지 살펴보자. 인간의 세대 간 간격은 약 25년이다(역사에 따라 다르고 지역에 따라서도 다르지만, 대략적인 수치로도 충분하다). 이 시간 동안 결핵을 일으키는 박테리아인 결핵균은 대략 9,000세대를 거치게 된다. 즉 이들은 훨씬 더 많은 시험을 할 수 있다.[8] 각 세대에서 인간 세포를 가장 잘 감염시킬 수 있는 박테리아는 그렇지 않은 박테리아와 고르지 않게 생존하여 번식할 것이고, 그에 따라 다음 세대의 평균적인 박테리아는 좀 더 잘 적응할 것이다. 숙주 공격 기술의 시험으로 볼 수 있는 이 부적응 계통에 대한 선택적 여과는 인간에게 한 번 발생할 때 결핵균에게 9,000번 발생한다.

완전히 절망하기 전에, 박테리아가 얻는 전반적인 이득이 **그리 크진 않을** 것으로 예상할 수 있는 한 가지 괜찮은 근거가 있다. 그것은 바로 인간은 매 세대에서 성관계를 갖지만, 박테리아는 그렇지 않다는 사실이다. 성은 자손의 (돌연변이가 아닌) 유전적 다양성

8　결핵균은 사실 감염성 박테리아 중 유명한 게으름뱅이다. 선페스트를 일으키는 페스트균은 같은 기간에 대략 17만 5,000세대를 거친다.

을 만들어내기 때문에 중요하다. 실제로 무성, 즉 복제와 달리 다소 이해하기 힘든 성의 진화를 설명하기 위해 제안된 주요 이론 중 하나는 성이 만드는 즉각적인 유전적 다양성과 그에 따른 병원체로부터의 보호이다.

풀 수 없는 자물쇠

이 주제는 오랫동안 진화생물학에서 가장 까다로운 문제 중 하나로 여겨졌기 때문에 아주 잠깐은 살펴볼 가치가 있다. 여기서 말하는 성관계는 구체적으로 두 개체가 유전 물질을 결합하여 어느 쪽의 복제 생물도 아닌 자손을 만드는 과정이다. 이런 의미에서 '성관계'는 '번식'의 동의어가 아니다. 번식은 성관계 없이도 쉽게 이루어질 수 있기 때문이다. 성이 어느 정도 여전히 논쟁이 되는 이유는 그것이 매우 분명한 몇 가지 단점을 수반하기 때문이다.[9]

---

[9]　오늘날 논쟁의 여지가 있는 이유는 성이 어떻게 또는 왜 진화할 수 있었는지를 이해할 수 없어서가 아니라, 이를 설명하기에 충분한 많은 경쟁 이론이 있는데 어떤 것이 가장 적합한 것인지 몰라서이다. 아마도 이 이론들은 모두 제각기 다양한 정도로 타당할 것이다. 병원체에 대한 방어 수단으로서의 유전적 다양성 외에도, 성이 게놈에서 유해한 돌연변이를 없앤다는 의견도 있다. 이 주제는 이 책의 범위와 내 전문 분야를 훨씬 넘어선다.

첫째, 아마 가장 사소한 것일 텐데 성은 짝을 찾는 행동을 꾀하고 여기에는 식사나 번식에 쓰일 수도 있을 시간과 에너지가 든다. 둘째, 수컷과 암컷의 구분은 사실상 번식력을 한 번에 반으로 줄인다. 실제로 번식할 수 있는 개체 수가 50%로 줄기 때문이다.[10] 그러나 이러한 효율성의 손실보다 더 심각한 문제는 성관계의 첫 사례가 있기 이전에 자연 선택이 함께 잘 동작하도록 수많은 세대에 걸쳐 반복적으로 조각한 유전자(게놈)의 연합체가 해체됨으로써 생길 수 있는 잠재적 피해이다.

두 개의 게놈을 가져다 갑자기 섞는 것은 자동차와 오토바이를 가져다 부품을 섞는 것과 같다. 이때 자동차는 효율적으로 움직이기에는 너무 작은 엔진과 폭이 너무 좁고 크기가 큰 앞바퀴를 갖게 되고, 오토바이는 위험할 정도로 강력한 엔진과 포크 사이에 맞지 않는 바퀴를 갖게 된다. 여기에서 자동차는 게놈과 같은 것이고 부품(엔진, 바퀴)은 유전자를 나타낸다. 이러한 각각의 유전자들은 다른 버전, 정확히는 대립유전자라고 하는 것을 갖고 있다. 가령, 자동차 게놈에는 바퀴 유전자의 '자동차 바퀴' 대립유전자가 있고, 오토바이 게놈에는 바퀴 유전자의 '오토바이 바퀴' 대립유전자가 있다(다른 모든 부품도 마찬가지다). 모든 오토바이 대립유전자가

---

10   생물학자들은 이를 보통 '수컷의 비용' 문제로 부른다. 하지만 다른 관점에서 보면 모든 개체가 번식할 수 있지만 매번 50%의 유전자만 전달한다고 말할 수도 있다. 물론 이것은 암수가 한몸인 종에게는 문제가 되지 않는다.

오토바이 게놈에 있고 모든 자동차 대립유전자가 자동차 게놈에 있는 한, 둘은 모두 최적의 상태로 동작한다. 하지만 대립유전자를 바꾸면 모든 유전자가 함께 잘 작동할 가능성은 필연적으로 낮아진다.

이유가 뭘까? 성이 진화한 이유에 대한 병원체 저항성 이론은 특정 숙주가 특정 병원체에 대한 저항성이 있지만 다른 병원체에 대한 저항성은 없다는 관찰에서 시작된다. 간단한 비유를 들자면, 우리는 숙주의 대립유전자를 '자물쇠'로, 병원체의 대립유전자를 '열쇠'로 생각할 수 있다. 한 무성 생식 숙주 계통이 병원체에 감염되었다고 생각해보라. 이들은 무성이고 복제를 통해 번식하기 때문에 약간의 무작위적 돌연변이는 있을지 몰라도 모든 숙주가 유전적으로 동일하다. 숙주를 얼마나 잘 감염시킬 수 있는지의 면에서 병원체 사이에 차이가 있다면, 감염시킬 수 있는 병원체가 되는 편이 상당한 이점이 될 것이다. 자연 선택은 매우 빠르게 모든 병원체가 숙주의 '자물쇠'에 맞는 '열쇠'를 갖도록 할 것이다. 그러면 숙주는 곤경에 처하고 모든 병원체에 감염되기 쉬운 취약한 상태가 된다.

성은 이럴 때 유용할 수 있다. 처음에 성적으로 번식된 세대는 즉각적인 이득을 얻을 것이다. 이들은 부모 **어느 쪽**과도 정확히 같지 않을 것이므로 적어도 일부 병원체에 대한 저항성을 가질 수 있기 때문이다. 심지어 각 자물쇠에 얼마나 많은 대립유전자가 관

런되어 있는지에 따라, **어떤** 병원체도 적합한 열쇠를 갖지 못할 수 있다. 수많은 세대를 거치는 동안 숙주와 병원체 모두 변하기 때문에, 완전히 안전하다고 말할 수 있는 숙주는 거의 없다. 하지만 성은 자물쇠가 항상 바뀌므로 **모든** 병원체가 정확히 맞는 열쇠를 갖게 되는 것을 거의 불가능하게 만든다. 시간이 지남에 따라 방어 체계는 더욱 정교해지고 점점 더 많은 유전자를 통합한다. 그 결과 숙주 집단에서 고유의 가능한 대립유전자의 조합이 증가하고, 그에 따라 자물쇠의 다양성도 증가한다.

　이것은 단순한 탁상공론이 아니다. 영국 스털링^{Stirling}대학교의 스튜어트 올드^{Stuart Auld}가 이끄는 연구팀은 간단한 실험 구성을 통해 병원체에 직면했을 때 성이 즉각적인 이득을 안겨준다는 것을 보여주었다. 물벼룩^{Daphnia magna}은 선택적 유성이다. 다시 말해, 이들은 유용할 때는 유성 생식을 하고, 그렇지 않을 때는 무성 생식을 한다. 물벼룩은 숙주를 불임으로 만드는 파스테우리아 라모사^{Pasteuria ramosa}라는 전염성 박테리아에 취약한데, 불임은 계통에 사실상 죽음을 의미하므로 감염을 피하기 위한 엄청난 선택 압력이 존재한다. 올드를 비롯한 연구진은 1년 동안 무성 물벼룩 개체군 사이에 감염을 확산시킨 다음, 이들과 바쁘게 공진화하던 박테리아를 가져다 다음해의 자손과 만나게 했다. 물벼룩은 유성 생식과 무성 생식 둘 모두를 통해 자손을 얻을 수 있었으므로, 자손들의 감염 회피 능력을 비교할 수 있었다. 그 결과 평균적으로 유성 생식된 자손이 그들의 복제된 형제자매보다 더 잘 살았다. 성이 승리한 것이다.

요컨대, 병원체에 대해 성이 가진 이점이 있으므로, 우리는 이제 다시 빠르게 번식하는 병원체와 느리게 번식하는 숙주 사이의 진화론적 군비 경쟁 문제로 돌아갈 수 있다. 성은 병원체보다 숙주에서 더 흔하며, 이는 숙주의 점수카드에 점수를 부여한다. 그런데도 저울은 여전히 병원체에 유리한 쪽으로 기울어져 있다. 예를 들어 박테리아는 무성일진 몰라도 동일 세대 간의 수평적 유전자 전달[11]을 위한 다양한 메커니즘을 갖고 있다. 가령, '접합'은 박테리아(보통 같은 종이지만, 항상 그런 것은 아니다)가 DNA의 일부를 서로 효과적으로 교환하는 방법이다. 따라서 성적 재조합 없이도 유전적 변화는 빠르게 일어날 수 있다. 박테리아가 이를 엄청난 번식 속도와 결합하면, 숙주는 따라잡으려 애쓰는 것 외에는 다른 도리가 없다.

꼭 숙주가 망해야 할 것처럼 들린다. 사실 병원체가 갖는 이점들의 목록을 보면 오히려 이런 궁금증이 생긴다. 병원체는 왜 완전한 승리를 거두지 못했는가? 좀 더 구체적으로 말해, 대부분의 진화적 능력이 미생물에게 있다면, 그들은 왜 늘 방어벽을 넘어

11　세대를 거치며 유전자가 수직 전달되는 번식을 통하지 않고, 동일한 '세대'에 있는 개체 사이에서 유전자가 전달되는 것.

숙주를 죽이지 않는 건가?

적당함의 가치

지금 이야기하는 것은 독성^{virulence}에 관한 것이다. 이 단어는 문맥에 따라 미묘하게 다른 의미를 지닐 수 있지만, 전염병학[12]에서는 일반적으로 병원체가 숙주에게 일으키는 피해의 정도로 정의한다(독성이 꼭 바이러스와 연관되는 것은 아니며, 같은 라틴어 어원을 갖고 있을 뿐이다). 대체로 숙주가 받는 피해와 병원체가 얻는 즉각적인 이득 사이에는 강한 상관관계가 있다. 간단한 관찰로 미루어보면, 병원체는 번식에 도움이 되는 최적의 자원을 숙주로부터 취하는 것이 분명하다.

그러나 번식만이 병원체의 중요 임무는 아니다. 앞서 살펴본 것처럼 병원체는 숙주 사이를 옮겨 다녀야 한다. 번식(숙주 자원을 소비함으로써 독성 증가)이 너무 잘 되어서 병원체가 이동할 기회를 얻기 전에 숙주가 죽어버린다면, 독성은 치명적인 문제가 된다. 이것이 바로 병원체의 딜레마이다. 이 대목에 건강/서식지 원리가 목숨/식사 원리와 질적으로 다른 면이 있다. 두 시나리오를 보면,

---

12   특히 숙주 집단을 통해 확산하는 질병에 대한 학문.

더 중요한 자원(각각 서식지와 목숨)이 위험에 처한 적대자에게 더 큰 진화적 압력을 촉진한다. 토끼 계통은 단지 식사가 아닌 목숨을 보전해야 하기 때문에 여우 계통을 **이기고**, 병원체 계통은 단지 건강을 좀 지키는 것이 아닌 서식지를 확보해야 하기 때문에 숙주 계통을 **이긴다**. 그러나 병원체의 경우 숙주의 방어 체계를 무너뜨려야 한다는 압력이 과하게 커지면, 진화적 대응 또한 과하게 진행되어 자신이 무사히 이용하고 있던 바로 그 존재를 파괴할 위험이 있다. 당연하게도 이러한 일은 토끼에게 일어나지 않는다. 여우에 대한 어떠한 방어도 토끼에게 나쁠 것은 없기 때문이다. 병원체의 과도한 성취는 분명히 꽤 자멸적이다. 그러나 어느 정도 규칙적으로 발생하는 일을 막을 수는 없다.

숙주가 재채기할 때 입에서 뿜겨져 나와 퍼지는 병원체의 간단한 형태인 바이러스(인플루엔자 같은 것)를 예로 들어 그 메커니즘을 좀 더 자세히 살펴보자. 모든 바이러스와 마찬가지로 이 바이러스는 처음에 각각의 숙주 내에서 수많은 세대를 거치는데,[13] 이는 숙주의 세포에 쳐들어가 강제로 새로운 비리온을 만들게 함으로써 달성된다. 이 개별 입자들은 대부분 똑같은 입자들이지만, 바이러스 세대가 거듭되면서 유전적 변이가 나타나 원래 바이러스와 경

---

13 촌충과 같은 좀 더 복잡한 일부 체내 기생자는 세대당 하나 이상의 숙주(보통 다른 종)가 있어야 한다.

쟁하는 계통(보통 변종이라고 하는)이 생기는 등 이따금 복제 오류가 발생할 것이다. 아직 같은 숙주 개체 내에서 일어나는 과정을 이야기하고 있음에 유의하라. 감염 이후 다른 개체와의 접촉은 없었다. 따라서 바이러스는 아직 전염되지 않았다. 새로운 변종 중 하나는 다른 변종들보다 훨씬 더 탐욕스러우며, 매우 빠르게 숙주 세포로 돌진해 각 세포에 훨씬 더 많은 손상을 입힌다. 숙주는 너무 아파서 움직일 수 없고, 쉴 수 있는 안전한 장소를 찾게 되므로, 다른 사람과 접촉할 기회가 차단된다. 해를 입히는 변종(그리고 숙주 내에 있는 다른 모든 변종)은 자멸의 길을 가고 있지만, 번식 면에서 매우 성공적이기 때문에 더 오래 남겨질 수도 있었을 순한 변종보다 경쟁에서 우월하다. 자연 선택은 앞날을 내다보지 않는다(각 세대에서 선택된 변종은 가장 성공적으로 번식하는 변종으로 **정의**된다). 이 일시적인 단일 환경에서 적자생존은 아무도 살아남지 않는 것으로 바뀐다. 자연 선택은 구조의 손길을 내밀지 않을 것이다. 다행히도 이 치명적인 변종은 종말에 이르겠지만, 이 소식은 바이러스 진화의 실패한 실험에서 (일시적으로) 살아있는 실험실 역할을 한 숙주에게는 별 위안이 되지 않는다.

이쯤에서 기민한 독자라면 왜 내가 위의 내용은 있을 법한 일로 말하고, 포식자-먹잇감 역학을 논할 때는 이런 식으로 말하지 **않았는지** 궁금해할 것이다. 그러니까 초고속 치타 계통이 등장해 굶주림으로 쓰러지기에 앞서 세렝게티의 모든 가젤을 죽일 수도 있지 않은가? 그러한 상황이 타당하지 않다고 가정하는 몇 가지 이유가 있다.

첫째, 치타와 가젤의 세대 간격은 사실상 같다. 즉 치타 계통에서 오직 한 세대의 유용한 유전적 변이만 가젤이 대응하지 못하게 될 가능성이 있다. 포식자가 작은 변화를 줄 때마다 먹잇감도 그에 대한 변화를 만들어내므로 치타는 쉽게 큰 이점을 가질 수 없다. 그에 반해 바이러스는 숙주의 진화적 대응 없이 수천 세대에 걸쳐 점점 더 유용한 변이를 축적할 기회가 있다.

둘째, 바이러스는 척추동물보다 훨씬 더 단순한 독립체이다. 이미 언급했지만, 바이러스를 살아있는 유기체로 봐야 하는지도 분명치 않다. 그렇듯 바이러스 DNA(또는 RNA)는 매우 작기 때문에, 하나의 돌연변이가 각 비리온의 구조에 훨씬 더 큰 변화를 일으킬 수 있으므로, 생존에 필요한 복잡한 생물학적 시스템을 어지럽히지 않으면서 조상 계통과 다르게 행동할 수 있는 잠재력이 있다.

어찌 됐든 과도한 독성이 병원체에 문제가 된다는 사실에는 변함이 없다. 새로운 숙주를 찾기 전에 자신의 서식지를 파괴하는 바이러스는 숙주 개체군을 휩쓸 만큼 오래 지속되지 않을 것이다. 다른 극단에는 숙주에게 거의 해를 입히지 않는 병원체가 있을 수 있지만, 이는 자신들의 번식을 최소화해야만 가능한 일이다. 정확히 번식을 목적으로 숙주를 이용하는 것이 타격의 원인이기 때문이다. 무해한 병원체는 숙주 내에 희박하게 존재할 수밖에 없으므로, 다른 사람에게 옮겨갈 기회도 적다. 어떤 숙주-병원체 시스템이든 (병원체에게) 만족스러운 중간 수준은 분명히 있다. 이 수준에서 병원체의 적응도는 현재 숙주로부터 자원을 취해야 할 필요성과 자손을 다음 숙주로 안전하게 옮겨야 할 필요성 사이의 균형을 맞춰 최적의 상태를 찾는다.

어느 특정 병원체가 그 최적의 독성을 찾을 수 있는지는 다른 문제이며 상황에 따라 매우 달라질 수 있다. 재채기를 통해 퍼지는 바이러스를 생각해보자. 최적의 독성은 숙주 종의 행동, 특히 각 개체가 다른 개체들과 접촉할 가능성에 따라 달라진다. 예를 들어, 바이러스는 저밀도 지역보다 고밀도 지역에서 더 유독해질 수 있다. 고밀도 지역에서는 숙주 간의 접촉이 더 빈번할 가능성이 큰데, 이는 감염된 숙주가 감염을 확실히 시킬 만큼 오래 살지 않아도 된다는 것을 의미하기 때문이다. 따라서 모든 조건이 같다면 숙주의 밀도는 숙주 간 접촉률을 결정하고, 숙주 간 접촉률은 병원체 전파율을 결정하며, 병원체 전파율은 최적의 독성을 결정한다.

그러나 모든 조건이 같지 않다면, 숙주 접촉률이 결정하는 독성에 대한 범위는 가령 벡터, 특히 날개가 있는 벡터에 의해 달라질 수 있다. 벡터는 감염을 위해 숙주가 신체적 접촉을 할 필요가 없게 하므로 숙주 밀도가 어떻든 전파율을 높인다. 건강/서식지 원리의 말을 빌리면, 벡터는 서식지를 좀 더 쉽게 옮길 수 있게 한다. 이는 저밀도 숙주 개체군에서 병원체가 가진 문제를 줄일 뿐만 아니라, 숙주의 건강을 지켜야 한다는 부담도 줄인다. 일반적으로 숙주 동물은 아플수록 행동이 더 비정상적으로 변하는데, 이는 사회적 종의 경우[14] 다른 개체와의 접촉이 줄면서 전염 가능성이 낮아질 수 있음을 의미한다. 그러나 벡터는 아픈 숙주와 건강한 숙주를 비슷하게 물기 때문에 숙주가 전염 능력을 유지하기 위해 얼마나 건강해야 하는지에 대한 제한을 완화한다. 그 결과 최적의 독성은 더욱 높아진다.

방향성은 없지만 병원균의 진화는 숙주가 따라잡기 힘든 속도와 민첩성을 가지고 진행된다. 그렇다고 어떤 시도가 없었다거나 무의미하다는 말은 아니며 군비 경쟁의 개념은 분명히 존재한다. 실제로 척추동물의 면역 체계보다 더 정교한 진화의 산물은 거의 찾아보기 힘들다. 하지만 그 역학은 포식자와 먹잇감의 역학보다 더 불균형적이고 더 변덕스러운 경우가 많다. 이를 두 군대 사이의 소모전으로 생각해보라(하나는 현대적이고 조직화되어 있고, 다른 하나는 원시적이고 혼란스러우며 때로 치명적인 국지적 자살 공격을 받기도 한다).

숙주와 기생자 간의 상호 작용은 포식자와 먹잇감 사이의 상호 작용보다 그 역학을 예측하기가 더 어렵다. 가장 중요한 차이점은 기생자(특히 빠르게 증가하는 체외 기생자)가 군비 경쟁에서 자신의 종

14　직접 전염되는 병원체는 분명한 이유로 비사회적 숙주에서 발견되지 않는 경향이 있다.

에 최선의 이득은 아닌 엄청난 진척을 이룰 수 있다는 것이다. 이는 숙주 사망률을 최고조에 이르게 할 뿐만 아니라 숙주 개체군을 통한 병원체의 행보를 예측하기 어렵게 한다. 장기적으로 봤을 때 새로운 병원체는 대체로 더 낮은 독성을 갖는 쪽으로 진화한다. 더 약한 변종이 더욱 성공적으로 감염시킴으로써 결국 더 공격적인 변종보다 수적으로 우세해지기 때문이다(더 독한 변종이 없는 숙주를 감염시킬 수 있다면 말이다. 그래도 독성은 0으로 수렴하기보다는 중간값에서 안정화되는 경향이 있다. 단기적으로는 거의 어떤 일이라도 일어날 수 있다). 그러나 세부적인 내용과 관계없이 기생자가 이곳에 머물고 있다는 사실을 피할 수는 없다. 어떤 종이든 또는 개체든, 기생은 삶의 현실이며 동물은 결코 기생 없이 스스로 진화하지 않을 것이다. 다음 장에서는 삶의 또 다른 현실인 성(그리고 성의 추구)의 더 낯선 영향을 살펴본다.

4장

아름답고도
저주받은 자

가장 매력적인 수컷이 가장 일찍 죽는다.
게다가 성숙할 때까지 살아남을 수 있는
수컷 자손을 낳을 확률이 가장 낮다.

그러나 이 명백한 핸디캡은 조금도 문제가 되지 않는다.

펜실베이니아주 체스터 카운티, 거미줄에 파리 한 마리가 걸려 있다. 다리에서 자라는 길고 가느다란 털이 없었다면, 그러니까 체표면적을 넓혀 몸부림칠수록 거미줄에 더 얽히게 만드는 털이 없었다면 파리는 탈출하기 더 쉬웠을 것이다. 이러한 털은 엄밀히 말하자면 장식용이다. 암컷 파리가 자신의 몸을 실제보다 더 커 보이게 해 건강한 자손을 많이 낳을 가능성이 크다고 판단하도록 수컷을 속이는 것 외에는 다른 목적이 없다. 오늘날 이러한 털은 암컷을 죽음으로 몰아넣을 가능성도 크다.

이 긴꼬리춤파리long-tailed dance fly, *Rhamphomyia longicauda*의 암컷들은 비슷한 몇몇 종과 마찬가지로 구애할 때가 되면 주로 강이나 개울 근처, 나뭇가지들이 지붕처럼 우거진 곳의 작은 공터에 모여 수컷에게 자신을 과시하기 위해 무리 지어 '춤'춘다. 암컷 춤파리의 매력은 큰 몸집에 있으며, 다리의 털은 자신의 자산을 강조하는 수단 중 하나이다. 이들은 복부에 부풀릴 수 있는 주머니도 갖고 있는데, 무리에 합류하기 전 근처의 초목에서 쉴 때 공기를 빨아들여 몸집을 부풀린다.

수컷 춤파리는 기민하다. 비교적 위험한 사냥 활동을 하고 난 뒤 암컷 무리가 있는 곳에 도착해 잡은 먹이를 '결혼 선물'로 주는 것을 보면 알 수 있다. 이들은 암컷이 먹이를 먹는 동안 짝짓기를 하는데, 먹이가 클수록 정자 전달에 더 많은 시간을 쓸 수 있다(더 자세한 사항은 7장에서 설명). 수컷이 주는 먹이는 암컷이 성체로서 소비하는 유일한 단백질 먹이가 된다. 암컷은 가끔 꽃에서 꿀을 빨며 사냥을 완전히 포기하고, 대신 자산의 크기를 속이는 데 온 에너지를 쏟는다. 바로 그 자산이 암컷의 운명을 결정짓기 때문이다. 그리고 그 자산은 잘 속는 아버지의 특성을 닮았을 가능성이 큰 아들의 운명까지 결정지을지 모른다.

따라서 외부 관찰자인 우리는 그 속임수가 정말 그럴 가치가 있는지 충분히 궁금해할 만하다. 본 장에서는 긴꼬리춤파리의 자기파괴적인 행동이 어떻게 자연 선택에 의해 선호되었는지 살펴볼 것이다. 이는 포식자와 먹잇감, 또는 기생자와 숙주 사이에서 벌어진 군비 경쟁의 결과가 아니다(긴꼬리춤파리가 자기 방식대로 하도록 남겨졌을 때 진화가 그린 경로 그 이상도 이하도 아니다). 게다가 그 경로의 전반적인 패턴은 매우 흔하며 진화 이론을 통해 쉽게 예측할 수 있다. 그러나 거미를 제외하고 누구에게 이득이 되는지는 알기가 어렵다.

자기 선택

일생의 번식 가능성에 영향을 미치는 요인은 다양하다. 예를 들어 개체는 온도, 습도, 강우량, 염도, pH와 같은 비생물적 환경의 모든 조건이 맞아야 하며, 먹잇감, 포식자, 경쟁 상대 등 다른 유기체의 도전에 맞설 수도 있어야 한다. 이러한 요인들은 각각 진화를 주도하는 선택 압력을 가한다. 이것이 바로 유기체의 환경적 특징이 다음 세대에 대한 상대적 기여도를 결정하는 과정인 '자연 선택'의 본질이다. 그러나 이러한 특징들의 영향력은 각각 정도가 다르며, 유성 생식을 하는 종은 한 특징이 다른 특징들보다 두드러진다.

스코틀랜드의 케언곰 산맥^{Cairngorm range}에 파란 암컷 토끼가 살고 있다. 이 토끼는 산맥에 사는 모든 파란 토끼 중 가장 크고 힘이 세다. 토끼는 겨울나기에 적합한 아주 두꺼운 털가죽을 갖고 있어 어둡고 긴 몇 달을 따뜻하고 안전하게 보낼 수 있다. 그러다 여름이 되면 늘 정확한 시기에 털갈이를 해 털가죽을 얇게 만들 수도 있다. 이 토끼는 이빨도 같은 또래의 토끼들보다 훨씬 느리게 닳아 날카롭고 단단하다. 그리고 파란 토끼가 가질 수 있는 가장 효율적인 소화 기관도 있다. 또한, 시력이 유별나게 좋아서 포식성의 검독수리를 대개 먼저 발견하지만, 설령 독수리의 눈에 띈다고 하더라도 독수리가 공격을 개시하고 발톱을 내밀며 날아올 때까지 침착하게 기다렸다가, 약 3피트(약 0.9미터) 위로 뛰어올라 독수리가 무사히 아래로 지나가게 할 수 있다. 포식자가 야생화 위를 구를 때, 토끼는 아무렇지도 않은 듯 언덕을 어슬렁거린다. 토끼는 자신이 따라잡히지 않을 것을 안다. 요컨대, 이 토끼는 종의 본보기다. 최고의 유전자를 가졌다. 그러나 짝을 찾지 못한다면 아무 소용이 없다. 짝이 없으면 이 토끼의 유전적 유산은 절멸되기 때문이다.

이 냉혹한 결과는 짝의 유무를 자연 선택에서 가장 가혹한 잠재적 필터로 만든다. 짝짓기 가능성이 파란 암컷 토끼의 번식 성공을 제한하는 요인이 될 확률은 매우 낮다. 그러나 다른 많은 종에서 개체들(특히 수컷)이 짝을 찾지 못하는 것은 실제로 매우 흔한 일이다. 예를 들어, 수컷 코끼리물범의 짝짓기 가능성은 50%가 안된다. 심지어 평생 한 번을 기준으로 해도 그렇다. 짝짓기 기회를 독점하는 우세한 수컷이 많은 수의 암컷을 공격적으로 지키기 때문이다. 크고 건강하지만 주변에서 가장 강한 수컷에 약간 못 미치는 수컷 코끼리물범은 우두머리 없이 태어났다면 더 좋았을 것이다. 그랬다면 자신의 번식 가능성이 완전히 달라졌을 것이기 때문이다.

필터가 덜 이분법적으로 작동할 때도 있다. '짝 있음' 또는 '짝 없음'[1]의 범위 대신, 이들은 가능하다면 최고의 짝을 찾아야 한다는 압박에 직면하지만, 자주 낮은 수준의 짝에 만족해야 한다. 결과적으로 필터는 더 약해지지만 그래도 필터는 필터의 역할을 한다. 질이 낮은 개체와의 짝짓기는 자손이 불행한 운명을 맞게 할 수 있기 때문이다. 따라서 개체의 적응도를 결정하는 것 중 일부는 최고의 짝(또는 짝들)을 찾고 확보하는 능력이다.

다시 말해, 동물은 서로를 선택함으로써 자연 선택의 일부 '선택'을 스스로 수행한다. 생물학자들은 개체의 번식 성공이 짝 선택(또는 획득)을 통해 걸러지는 이 특별한 과정을 다른 형태의 자연 선택과 구분해 성선택$^{sexual\ selection}$으로 부른다. 성선택은 다른 모든 선택 압력의 작용을 능가할 수 있는 잠재력이 있지만, 이것이 성선택의 가장 흥미로운 특징은 아니다. 이보다 훨씬 더 주목할 만한 것은 성선택의 많은 산물이 분명히 비생산적인 특성을 가졌다는 것이다.

---

1 코끼리물범의 경우와 같은 이분법적 상황에서는 '수십 마리의 짝'과 '짝 없음' 중 하나가 될 가능성이 크다.

유행의 희생자

북아메리카와 중앙아메리카에 서식하는 시포포루스^{Xiphophorus} 속의 작은 물고기인 소드테일^{swordtail} 이야기를 시작해보자. 암컷은 보기에 특별할 것이 없지만, 수컷은 꼬리지느러미^{caudal fin}의 아랫부분이 길게 늘어지면서 검 모양으로 뾰족해지는 특징을 갖고 있다. 다소 꼴사납긴 하지만 많은 연구에 따르면 암컷 소드테일은 더 긴 검을 가진 수컷을 선호한다는 사실이 입증되었다.

수컷의 꼬리에 있는 검을 꼴사납다고 하는 것은 객관적인 의미에서 꽤 정확한 것으로 드러났다. 이 검은 암컷을 유인하는 일을 **제외**하면 수컷에게 딱히 도움이 되지 않기 때문이다. 몬테수마^{Montezuma} 소드테일의 경우 수컷의 검은 나머지 몸 부분보다 길 수 있으며 전체 표면적의 3분의 1 이상을 차지한다. 물에 잠긴 대상의 표면적과 길이가 모두 항력(움직임에 대한 저항력)에 영향을 미친다는 점을 고려하면 이 꼴사납게 긴 검은 헤엄을 칠 때 상당히 큰 걸림돌이 될 것이다.

실제로 이는 증명되었다. 멕시코국립자치대학교^{National Autonomous University of Mexico}의 길레르미나 알카라즈^{Guillermina Alcaraz}는 동료 알렉산드라 바솔로^{Alexandra Basolo}와 칼라 크루에시^{Karla Kruesi}와 함께 실험실에서 그와 관련된 장애의 정도를 측정했다. 그 결과 평소 헤엄칠 때 검이 있는 수컷은 검이 없는 수컷보다 19% 더 높은 신진대사율을 유지해야 했다.[2] 또한, 연구진은 수조에 물고기를 넣고 이들이 꾸준히 증가하는 유속에 어떻게 대응하는지를 관찰함으로써 증가한 대사율이 그처럼 긴 꼬리의 핸디캡을 보완하기에는 충분치 않다는 것을 증명했다. 물고기들은 그야말로 더 느리게 헤엄쳤다. 검이 없는 수컷은 평범한 수컷보다 거의 30% 더 빠른 최대 속도를 유지할 수 있었다.

이러한 비효율성에는 아마도 다른 연쇄적인 효과가 있을 것이다. 개체의 에너지 자원은 유한하므로, 한 부분에서의 비용은 다른 부분에서 메워져야 한다. 따라서 수컷 소드테일은 암컷을 유인하는 장식을 '감당'하기 위해 면역 기능, 소화 효율, 또는 다른 신체 체계에서 무언가를 희생한다고 보는 것이 타당하다. 이뿐만이 아니다. 멕시코 할라파[Xalapa]에 있는 생태학 연구소의 아르만도 에르난데스 히메네스[Armando Hernandez-Jimenez]가 이끄는 다른 연구진은 검의 존재가 이 물고기를 포식성의 시클리드에게 더욱 매력적으로 만든다는 사실을 발견했다.

요약하자면, 암컷 소드테일은 더 느리고, 더 비효율적으로 헤엄치고, 더 먹힐 확률이 많은 특징을 가진 수컷을 선호하는 것으로 보인다. 이 말들은 전부 이상하게 들릴 것이다. 우리는 짝 선택에

2　궁금해할까 봐 밝히자면, 연구진은 비교를 위해 수컷 일부의 검을 잘라냈다. 마취제를 사용했고 상처를 치료했다. 이 주장이 조금 의심스러울 수 있지만, 분명히 예비 실험에 시술로 인한 생리적 영향은 없었다.

품질에 대한 평가(짝 선택이 가능한 상황에서)가 수반된다는 개념에 익숙해져 있다. 실제로 자연 선택의 논리는 그러한 평가를 요구하는 것 같다. 질이 낮은 짝과 유전자를 우선으로 공유하는 개체는 더 분별력 있는 개체보다 더 적은 자손을 남기게 되어 그러한 습성은 결국 사라지게 될 것이다. 그러나 꼭 그런 것은 아니다. 짝짓기에서 아주 말도 안 되게 화려한 개체(항상 그렇진 않지만 보통 수컷)가 선호되는 종은 곤충, 거미, 물고기, 새, 포유류, 양서류, 파충류 등 다양한 군에서 나온다.

그렇다면 가령 암컷 소드테일은 왜 수컷의 장식을 선호하도록 진화했을까? 그 장식은 중요한 면에서 수컷을 더 안 좋게 만드는데도 말이다. 어느 정도 근거 있는 추측에 기반을 두지 않고서는 이에 답할 수 없을 것 같지만, 그 선호도는 암컷들에게 이미 존재하는 특정 유형의 감각적 단서에 대한 편견을 반영하는 것으로 보인다. 일반적인 자연 선택은 종에 가장 유용한 감각 정보의 종류에 따라 종의 감각 수용성을 기를 것이라는 경험적 지식에서 시작해보자. 이는 상당히 자명하다.

예를 들어, 황조롱이와 같은 일부 맹금류는 자외선을 볼 수 있는데, 알고 보니 풀숲을 이동하는 작은 포유류의 소변 흔적이 이 스펙트럼의 빛을 발산했다. 이와 비슷하게 박쥐는 인간은 들을 수 없는 주파수의 소리를 들을 수 있다. 해당 주파수가 박쥐에게는 유용하지만 인간에게는 쓸모가 없기 때문이다. 결과적으로 소드테일도 먹이를 찾고 포식자를 피하는 데 도움이 되는 특정한 시각적, 청각적, 또는 후각적 단서에 민감할 것이고, 그에 따라 수컷 소드테일은 암컷이 특히 잘 알아차릴 수 있는 형태 및 패턴을 보이는 것으로 추측된다. 아마 과장된 꼬리는 측면 패턴에 대한 암컷의 민감성을 자극할 것이다(우리는 알지 못한다). 하지만 어느 쪽이든, 암컷이 더 잘 알아차릴 수 있다는 것은 분명히 수컷에게 좋은 일이다. 다른 모든 조건이 같다면, 암컷이 가장 잘 인지할 수 있는 신호를 무심코 만들어내는 수컷은 단지 암컷의 눈에 더 자주 띄기 때문에 평균적으로 그러한 신호를 만들어내지 않는 수컷보다 더 많은 자손을 남기는 경향이 있다. 이러한 짝짓기로 태어난 암컷 자손 역시 어미의 선호도를 물려받아 그 특성을 영속시킬 것이란 점을 생각해보라. 그럴듯한 이론이지만 확실하진 않다. 그러나 이 '감각 편향' 가설이 소드테일에 적용된다는 몇 가지 징후가 있다.

가장 인상적인 징후는 암컷의 선호도가 검이 있기 전에 생긴 것으로 보인다는 점이다. 다시 말해, 암컷은 수컷에게 검이 생기기 전부터 검을 좋아했다. 우리는 몇 가지 관찰 기록을 통해 이를 추론할 수 있다. 첫째, 시포포루스 속 모든 종의 수컷에게 검이 있는 것은 아니다. 그렇지만 수컷의 꼬리가 정상적인 일부 종에서 암컷은 여전히 외양적으로 검이 있는 수컷을 선호한다. 물론 이 발견을 해석하는 데는 두 가지 방법이 있다. 그것은 선호도가 먼저였고 일부 종에서만 수컷이 검을 진화시켰다는 증거일 수 있다. 하지만 검과 선호도가 모두 옛날부터 있었는데 꼬리가 짧은 현대 종에서 가까운 과거 언젠가 검이 사라졌다는 증거일 수도 있다.

두 번째 관찰 기록은 후자의 해석을 좀 더 그럴듯하게 만드는 것으로, 검을 가진 수컷이 **없는** 시포포루스 자매속인 프리아펠라 ^Priapella^도 암컷이 검을 선호한다는 것이다. 이 나중의 실험은 소드테일의 선호도를 처음 확인한 알렉산드라 바솔로^Alexandra Basolo^가 수행한 것인데, 그는 프리아펠라 암컷이 자신이 속한 종에서 검이 없는 수컷보다 검이 있는 수컷을 선호한다(검은 인위적으로 추가되었다)는 것뿐만 아니라, 선호도가 검의 길이와도 양의 상관관계가 있다는 사실을 발견했다. 이는 상당히 흥미롭지만, 답답할 만큼 입증할 수 없는 상태로 남아있다. 우리는 실제로 프리아펠라와 시포포루스의 공통 조상이 검을 갖고 있었고, 이후 모든 프리아펠라 종과 일부 시포포루스 종에서 사라진 것인지 확실히 알 수 없다.

바솔로가 옳다고 가정하면, 선호도에 따른 검의 진화는 선호도가 이전부터 존재했음을 뜻하므로, 감각 편향 가설은 확실한 설명이 된다. 그러나 수컷에게 있는 값비싼 장식의 진화를 설명하기 위해 제시된 의견은 이뿐만이 아니다.

황제의 옷 고수하기

감각 편향은 암컷의 선호가 시작되게 하는 기능적 메커니즘을 제공한다. 그러나 많은 경우 그 배후에 순수한 우연 외에 다른 것이 있을 것이라고 가정할 필요는 없다. 수컷의 깃털 색이 다양한 (생존이나 새끼를 성공적으로 기르는 능력과는 아무런 상관이 없다) 새 개체군을 상상해보자. 이 개체군에서 암컷은 수컷의 깃털에 전혀 관심이 없다.

그렇다면 이제 가장 우수한 암컷이 무작위적인 돌연변이를 일으켜 옅은 색의 깃털을 선호하게 되었다고 상상해보자. 이 선호는 임의적이므로 암컷이 최고의 짝을 선택하는 데 아무런 득이 되지 않을 것이다. 그러나 그 결과는 엄청날 수 있다. 이 암컷은 자신의 능력 자체가 좋으므로 다른 암컷보다 더 많은 자손을 낳을 것이며, 그중 수컷 자손은 아버지의 형질을 물려받았기 때문에 같은 세대의 수컷들보다 깃털 색이 더 옅을 것이다. 암컷 자손이 어미의 선호도를 물려받았다고 가정하면, 이 암컷들도 나가서 옅은 깃털의 수컷을 선택하고 평균 이상의 번식 성공을 거둘 것이다. 수컷에 대한 어미의 취향과 함께 자질도 물려받았기 때문이다.

한편 가장 성공적인 수컷은 최고의 암컷이 선택한 깃털 색이 가장 옅은 수컷이 될 것이다. 세대를 거듭할수록 평균적인 수컷의 깃털 색은 점점 더 옅어질 것이고, 암컷들 사이에 색이 옅은 수컷에 대한 선호가 보편화될 것이다. 이 선호도는 처음에는 의미가 없겠지만, 곧 생길 것이다. 색이 옅은 수컷은 계속해서 우수한 어미를 두게 되므로, 색이 옅은 수컷의 평균 능력은 색이 짙은 수컷의 능력보다 더 좋아지기 시작할 것이다. 이런 일이 일어나면 색이 옅은 수컷에 대한 선호가 이득이 되기 시작할 것이고, 수백 세대를 거친 후 이 개체군을 연구하는 생물학자는 암컷의 선호도를 파악하고 그것이 생물학적으로 타당하다고 결론지을 것이다(암컷이 선택할 수 있는 수컷들 사이에서 색의 변화가 관찰되는 경우).

그러나 이것이 이야기의 끝은 아니다. 시간이 지나면서 수컷의 색이 더 옅어지고, 그러다 가장 색이 옅은 수컷이 실제로 색이 짙은 수컷보다 포식자의 눈에 더 잘 띄게 되었다고 상상해보라. 이제 옅은 색은 확실한 자질의 증거가 아닐 수 있다. 가장 짙은 색의 수컷이 더 오래 살면 그에 따라 번식 가능성도 커지기 때문이다. 하지만 이것은 가능성일 뿐이며, 그 가능성은 실현되지 않을 것이다. 이들은 짝을 끌어들이지 못할 것이기 때문이다. 선호도는 고정되었고, 좋은 부담스러운 형질을 떠맡게 되었다.

위의 예는 지어낸 이야기지만, 자연에서 이러한 현상은 실험적 연구를 통해 입증된 바 있다. 작은 물고기 구피$^{Poecilia\ reticulata}$의 수컷은 암컷을 유혹하는 밝은색과 커다란 지느러미로 화려하게 장식되어 있다. 하지만 수컷의 매력은 생존과 음의 상관관계가 있다. 즉 가장 매력적인 수컷이 가장 일찍 죽고 성숙할 때까지 살아남을

수 있는 수컷 자손을 낳을 확률이 가장 낮다. 그러나 이 명백한 핸디캡은 조금도 문제가 되지 않는다. 가장 화려하게 장식된 수컷이 가장 많은 자손을 남기기 때문이다. 수컷 자손이 칙칙한 수컷 친구에 비해 성숙할 때까지 살아남는 비율은 낮지만, 생존한 수컷은 훨씬 더 높은 짝짓기 성공률을 보인다. 낮은 생존율만큼이나 매력도 확실하게 유전되기 때문이다. 간단히 정리하자면 암컷 구피는 신체적 품질이 낮은 수컷에게 끌리며, 암컷은 수컷의 매력에 매혹당한다(따라서 자신의 수컷 자손도 매력적일 것이다). 이 과정은 종종 성선택에 대한 '섹시한 아들[sexy sons]' 이론으로 불린다.

매력적으로 보이기 위한 단장

수컷의 장식을 설명하는 모든 이론이 임의의 선호도와 관련된 것은 아니다. 또 다른 일련의 이론들은 '정직한 신호'라는 개념을 중심으로 전개된다. 즉 수컷의 장식이 그 자체로는 생존에 아무 쓸모가 없거나 심지어 해로울 수 있지만, 그러한 장식을 한 자의 특정 품질에 대한 실제적인 정보를 전달한다는 것이다. 이 강요된 정직성을 지지할 수 있는 몇 가지 메커니즘이 있는데, 우리의 오랜 친구인 기생자가 보다 확실한 메커니즘 중 하나를 제공한다.

'기생자가 매개하는 성선택'에 관해 이야기할 때 수컷 뇌조[sage]

grouse의 찬란하게 과장된 구애 행위보다 더 좋은 예는 없다. 이 새들은 미국 중서부 지역의 탁 트인 관목 지대에서 발견되는데, 한 해의 대부분을 산쑥이 우거진 곳에서 먹고 숨으며 눈에 띄지 않는 삶을 산다. 그러나 짝짓기할 때가 되면 수컷 뇌조는 억제된 활동에서 벗어나 렉lek이라는 공동의 구애 장소에 모여 그들을 둘러싼 암컷 관중들에게 자신의 장식을 뽐내며 거만하게 걷는다. 여기서 주목할 것은 바로 이 장식이다.

수컷 뇌조의 장식은 조지 왕조 시대 군주의 어민(족제빗과의 동물) 깃처럼 새의 머리와 몸 앞쪽을 감싸는 커다란 모피 같은 흰 목털로 시작된다. 머리는 털에 잠겨 눈 위의 노란 부분만 보인다. 장식이 발산하는 화려함은 몸의 실루엣을 에워싸는 날카로운 가시관으로 상쇄되는데, 이 가시관은 등 뒤에서 부채 모양으로 치켜 올려진 12개 이상의 꼬리 깃털로 이루어져 있다. 장식의 백미는 앞쪽의 목털에서 튀어나오는 한 쌍의 거대한 노란색 알 같은 것이다. 그 모습은 마치 새의 폐가 갈비뼈에서 빠져나와 피부를 뚫고 부풀어 오르는 듯하다. 물론 이것들은 폐가 아니라 목에 있는 '목주머니gular sacs'다. 실제로는 공기로 부풀려진 것이지만, 사람의 눈으로 보면 상당히 놀랍다.

사람의 눈에만 놀라운 것이 아니다. 암컷 뇌조 역시 이 색다른 모습에 상당히 매료된다. 하지만 이들은 쇼의 심사위원처럼 자신들을 진정으로 만족시키려면 뭔가 확실한 요소가 있어야 한다고 요구한다. 그러한 요소 중 하나는 깨끗하고 얼룩 하나 없어야 하는 목 주머니의 색이다. 목 주머니는 기생자가 들어오는 곳이다. 뇌조는 이^{lice}에 감염되면 주머니에 작은 멍이 드는데, 실험 결과 암컷은 이 멍을 보면 바로 흥미를 잃었다.

구애 장소에 나타나는 것은 수컷 뇌조에게 에너지가 많이 소모되는 일이다. 또한, 다른 포식자 중에서도 약탈을 일삼는 검독수리와 초원매의 관심을 끌 수도 있다. 조류 말라리아의 원인 물질인 플라스모듐 페디오케티$^{Plasmodium\ pediocetii}$(특히 무기력증을 유발한다)에 감염된 수컷은 공격받을 위험이 커지기 때문에 대체로 구애 장소에 덜 나타난다. 물론 구애 장소에서 떨어져 있다는 것은 암컷에게 무시당한다는 것을 뜻한다.

따라서 이와 플라스모듐 페디오케티[3]는 암컷 뇌조에게 짝 결정의 토대가 될 객관적인 근거를 제공한다. 암컷이 구애 장소에 없는 수컷을 무시하고 구애 장소에 있더라도 목 주머니에 얼룩이 있는 수컷을 못 본 체하면, 암컷은 신체 조건이 가장 좋은 수컷, 즉 면역에 가장 좋은 유전자를 가진 수컷을 좀 더 확실히 선택할 수 있다. 암컷의 선택을 책임지는 것은 평범한 **자연** 선택이라는 점에 유의하라. 감염된 수컷을 피하는 암컷은 더 나은 면역력을 가진

---

3 사실 이 기생자는 뇌조를 괴롭히는 몇 가지 말라리아 기생자 중 하나에 불과하다. 이외에도 뇌조에 기생하는 이에는 일반적으로 두 종류의 이, 라고포에쿠스 깁소니(*Lagopoecus gibsoni*)와 고니오데스 센트로세르치(*Goniodes centrocerci*)가 있다.

자손을 키우고, 그에 따라 생존 가능성도 커진다. 그에 반해 수컷의 번식 성공을 결정짓는 것은 암컷 선택을 통한 **성**선택이다.

건강은 꾸며낼 수 없기에 수컷의 겉모습을 '정직한' 신호로 만든다. 이러한 신호는 질이 나쁜 개체에 불리하다. 짝짓기의 실패와 성공 사이에 엄청난 격차를 만들 수 있기 때문이다. 집단 생물학자 마크 보이스$^{Mark Boyce}$는 한 수컷이 한 시간 반 동안 23마리의 각기 다른 암컷과 교미하는 것을 관찰한 적이 있다. 그런데 보통은 구애 장소에 나타난 수컷의 절반이 시즌 내내 단 한 마리의 암컷도 유인하지 못한다. 이처럼 매우 불균등한 성공률은 수컷에게 매력을 얻기 위한 큰 선택 압력을 가한다.

그러나 이 경우 매력은 생존 가능성과 상당 부분 겹치기 때문에, 수컷이 매력을 극대화하기 위해 생존 가능성을 타협할 뚜렷한 동기는 없다. 앞서 말한 것처럼 구애 장소에 나타나는 것은 위험할 수 있지만, 적어도 목 주머니는 필요하지 않을 때 간단히 수축할 수 있고, 흰 목털도 목 주위로 평평하게 둘 수 있어서 어느 것도 추가적인 부담이 되거나 일상생활에 방해가 되지 않는다. 이를 수컷 소드테일이 직면한 상황과 대조해보라. 이들의 잠재적 짝은 완전히 임의적인 기준으로 수컷을 선택한다. 수컷이 암컷의 취향을 충족시킨다 해도, 수컷은 물고기에게 매우 중요한 수영에서 불리해질 것이다. 결론적으로, 수컷 소드테일보다는 수컷 뇌조가 형편이 더 나아 보인다.

제 발등 찍기

깃털에 포함된 건강에 대한 단서를 바탕으로 잠재적 구혼자를 판단하는 암컷은 품질을 실제 측정하지 않고 대리 측정한다. 말 그대로 이를 세거나 말라리아원충의 징후를 찾기 위해 피를 살피는 등의 측정은 하지 않는다. 이러한 특이성은 시사하는 바가 있다. 이를 살펴보기 위해 이제 종을 바꿔 말레이시아의 숲으로 이동해보자.

이곳에는 암컷의 주의를 끌기 위해 경쟁하는 수컷 자루눈파리 stalkeyed fly, *Teleopsis dalmanni* 가 있다. 자루눈파리를 잘 모르겠다면, 평범한 집파리를 상상해보라. 하지만 작아야 한다. 이제 파리의 눈이 머리의 옆쪽에서 수직으로 튀어나온 좁은 관 위에 있다고 상상해보라. 그 모습은 위에서 보면 대문자 'T'를 닮았다. 암컷과 수컷 모두 자루에 눈이 있지만[4] 이 형질은 수컷에서 훨씬 더 과장된 모습으로 나타나며, 성선택이 작용하고 있음을 강력히 시사한다.

뇌조처럼 자루눈파리도 구애 장소(일반적으로 개울가 위로 뻗어 나온

---

4 암컷의 눈자루에 대한 몇 가지 유력한 설명이 있다. 첫째, 암컷이 눈 폭이 넓은 수컷을 선택할 때, 선택되는 바로 그 유전자가 암컷 자손의 자루 성장에 최소 어느 정도 영향을 줄지 모른다. 둘째, 폭이 더 넓은 눈은 암컷이 수컷의 눈 폭을 더 잘 판단하게 할 수도 있다. 마지막으로, 눈 폭이 넓은 암컷이 눈 폭이 넓은(따라서 더 매력적인) 수컷 자손을 낳기 때문에, 수컷은 눈 폭이 넓은 암컷을 최소 어느 정도는 선호할지 모른다.

나무의 뿌리줄기)로 모이는데, 이는 암컷이 직접 쉽게 구혼자를 비교하고 평가할 수 있음을 의미한다. 독자들도 지금쯤이면 예상할 수 있겠지만, 많은 실험에서 암컷이 더 넓은 눈 폭을 가진 수컷을 선호한다는 사실이 증명되었다(야생에서 발견되는 것보다 눈 폭이 더 넓은 모형을 제시하자, 암컷들은 이 가상의 짝 주위로 모여들었다). 또한, 뇌조와 마찬가지로 수컷의 장식은 확실히 품질을 나타내는 것으로 보인다. 예를 들어, 수컷의 눈자루 너비와 전반적인 몸 상태 사이에는 상관관계가 있는 것으로 보인다. 유니버시티칼리지 런던^{University College London}의 새뮤얼 코튼^{Samuel Cotton}이 이끄는 연구진은 애벌레 단계의 파리들에게 각기 다른 양의 먹이를 준 다음, 성충으로 부화했을 때 이것이 눈 폭과 다른 형질에 미친 영향을 조사했다. 그 결과에 따르면, 이러한 환경 스트레스의 정도를 더 잘 예측할 수 있는 변수는 몸길이가 아닌 눈 폭이었다.

지금까지는 그래도 괜찮다. 암컷은 합당한 선택을 하고 있다. 문제(수컷의 경우)는 암컷이 **전적으로** 유용한 형질(건강)을 기준으로 선택하지 않고, 그러한 형질과 그저 그런 **상관관계**가 있는 다른 특성을 이용하기 때문에 발생한다. 이것은 왜 중요할까? 자, 기생자의 양처럼 신체 상태의 일부 지표로 측정되는 '건강'은 보통 상한선이 있다. 그 선을 넘으면 더는 개선이 안 된다. 즉, 기생자가 없으면, 기생자의 양을 더 줄일 수는 없다. 그러나 눈 폭이 더 커지는 것은 **가능**하다.

그렇다면 암컷이 눈자루 너비가 가장 긴 수컷을 선호(유용한 선호)하도록 진화했다면 어떤 일이 벌어질까? 자연히 수컷에게 눈폭에 대한 선택 압력이 발생한다. 가장 눈 폭이 넓은 수컷이 가장 많은 자손을 얻게 되므로, 다음 세대의 평균적인 눈 폭은 이전 세대보다 좀 더 길어질 것이다(눈자루 너비가 짧은 수컷보다 눈자루 너비가 긴 수컷의 후손이 더 많으므로). 하지만 물론 이후에는 눈 폭이 넓은 것만으로는 충분하지 않을 것이다. 거의 모든 개체가 넓은 눈 폭을 갖게 될 것이고, 몇 세대 전에는 극단적인 수준이었던 것이 이제 평균 이하일 수 있기 때문이다. 하지만 암컷은 여전히 자신의 선호도를 고수할 것이고, 이 집단에서 가장 넓은 눈 폭을 가진 수컷만이 높은 번식 성공을 거둘 것이다. 이러한 상황은 암컷에게 유용한 정보를 제공하는 수준을 훨씬 넘어 계속 반복될 것이다. 우리는 이를 줄달음 선택$^{runaway\ selection}$이라고 하며, 이는 처음에 성선택의 과정을 시작한 메커니즘(감각 편향, 섹시한 아들 등)과 관계없이 시작될 수 있다.

그 끝은 한계 도달이다. 스스로 먹이를 먹거나 포식자를 피할 수 없을 정도로 눈자루의 방해를 받는 수컷들은 번식할 수 있을 만큼 오래 살아남지 못한다. 따라서 암컷이 더 넓은 눈 폭을 선호하더라도 이제 선택의 여지가 없다. 이 한계 지점은 종마다 다를 것이고, 환경이 부과하는 다른 요구 사항에 따라 달라지겠지만, 완전한 부조리(그리고 상당한 불편함)를 향한 길로 이어질 수 있다.

동시에 물론 암컷은 선천적 선택을 한 암컷의 후손이기 때문에 여전히 재앙의 문턱에 들어선 수컷과 짝짓기를 시도할 것이다. 그 결과 수컷 자루눈파리의 눈 폭이 몸길이보다 더 길어지는 경우도 생긴다. 애벌레 단계에서 먹은 식사의 품질이 성체가 되었을 때의 눈 폭에 영향을 준다는 사실(앞 내용 참조)은 과장된 눈자루를 만드는 데 많은 비용이 든다는 충분한 증거이지만 수컷은 다른 대가도 치른다. 가령 비행 관찰 연구에 따르면 눈자루는 더 큰 날개와 달라지는 날갯짓으로 보완되어야 할 기동성에 기계적 제약을 가하는 것으로 나타났다. 암컷의 선택이 수컷을 더 악화했는데도, 끊임없이 반복되는 상황을 피할 길은 없다. 수컷은 결국 매력적이진 않지만 살아있는 것과 매력적이지만 죽는 것 사이에 위태롭게 놓여 불안한 균형을 이루며 살아가게 된다.

앞 단락을 읽은 진화생물학자는 줄달음 선택이 수컷 눈자루파리를 더 악화한다는 나의 주장에 반박하고 싶을 것이다. 그들의 주장은 다음과 같다. 진화론적 의미에서 적응도는 평생의 실제적 또는 잠재적 번식 성공률로 정의된다. 눈 폭이 가장 긴 수컷은 번식 성공률이 가장 높으므로 가장 적합하다. 그리고 눈 폭이 좁은 수컷은 짝짓기 기회가 더 적고 더 적은 자손을 남기므로 덜 적합하다. 이 추론에 따르면 눈 폭이 긴 수컷이 눈 폭이 좁은 수컷보다 '더 형편이 나쁘다'라고 말하는 것은 비논리적이다. 분명히 그들은 더 나쁘지 않다.

나는 이 해석에 동의하지 않으며, 암컷이 눈 폭이 가장 긴 수컷을 선택하는 것이 현재 가장 좋은 조건의 거래라는 것도 동의하지 않는다. 암컷은 분명히 구할 수 있는 최고의 수컷을 선택하고 있으며, 수컷도 경쟁자보다 눈 폭이 더 길다면 분명히 더 낫다. 하지만 여기에서 우리는 오로지 **상대적** 적응도에 관해서만 이야기하고 있다. 눈 폭이 가장 긴 수컷은 **주변의 나머지 수컷들**보다 더 적합하다. 대신에 우리가 모든 수컷 개체의 눈자루를 3밀리미터만큼 외과적으로 제거하거나 눈자루가 3밀리미터만큼 더 짧게 자라도록 유전자 조작을 했다고 상상해보자. 암컷은 동일한 규칙을 적용(눈 폭이 가장 넓은 수컷을 선택)해 결국 같은 수컷을 선택하기 때문에 서열에서 수컷의 상대적 위치는 변함이 없을 것이다. 눈 폭이 좁아졌다고 해서 그러한 수컷이 적응도를 조금이라도 잃거나 하는 일도 없을 것이다. 그뿐만이 아니다. 이들은 비행에 에너지를 덜 낭비하고 포식자를 더 잘 피할 수도 있을 것이다.

이 과정을 앞서 검토한 과정과 비교하면 핵심은 더욱 도드라진다. 1장에서 나는 진화적 시간이 지나는 동안 치타를 점점 더 빨리 달리게 하는 치타들 사이의 군비 경쟁에 관해 이야기했고, 백만 년 전의 평균적인 치타가 오늘날의 평균적인 치타보다 더 느렸다고 말했다(적어도 이 특성만 보면). 개선은 있었다. 대조적으로 우리가 타임머신에 올라타 선사 시대의 말레이시아 숲에서 눈자루파리를 찾는다면, 수컷의 평균적인 눈 폭이 더 좁았다는 것을 알게 될 것이다. 그리고 충분히 오랫동안 자세히 관찰하면 수컷이 더 잘 생존했다는 것을 발견할 수밖에 없을 것이다. 하지만 이후 눈자루파리의 상황은 나빠졌다. 백만 년 전 눈 폭이 가장 넓은 수컷은 지금 눈 폭이 가장 넓은 수컷이 암컷에게 매력적인 것처럼 그 세대의 암컷에게 매력적이었지만, 눈자루를 키우고 유지하거나 비행 중 공기 저항을 보완하는 데 많은 에너지를 낭비하지 않았기 때문에 평생 상태가 더 좋았을 것이다. 이것은 백만 년 전에 가장 적합했던 수컷과 오늘날 가장 적합한 수컷에 대한 비교이다. 요컨대, 이 종은 시간이 지남에 따라 더 엉망이 됐다. 이는 자연선택의 진화적 산물이다.

견제와 균형

장식이 종과 개체에 분명히 불리한데도 어떻게 나타날 수 있었는지에 대해 설명했다. 그러나 아직 문제는 남아 있다. 왜 장식은 특정한 지역과 종에게만 존재할까? 다행히도 자연계에서 장식의 정도와 관해서라면 우리가 파악할 수 있는 몇 가지 패턴이 있다. 진화생물학의 수많은 질문과 마찬가지로, 우리는 선택 압력의 차이에 대해 생각하는 것부터 시작할 필요가 있다.

우선 장식이 진화하려면 가장 매력적인 수컷이 됨으로써 얻는 이점이 있어야 한다. 그 매력이 적응도 면에서 특히 보람이 있고, 부수적인 비용이 특히 낮을 때 장식이 나타날 것으로 예상할 수 있다(이것이 정확히 우리가 발견한 내용이다). 장식은 가장 매력적인 수컷이 번식 기회를 장악하는 일부다처[5] 종에서 가장 흔하게 나타나는데 이 때문에 많은 수컷이 새끼를 전혀 갖지 못한다. 이러한 상황에서는 매력을 높이기 위한 선택 압력이 매우 높다. 매력도가 높은 수컷은 과할 정도의 보상을 받지만 매력도가 낮은 수컷은 유전적으로 막다른 골목에 다다르기 때문이다.[6]

그러나 이것은 문제의 절반이다. 나머지 절반은 장식 비용이 낮아야 한다는 것이다. 이를 달성할 몇 가지 방법이 있는데, 그중 하나는 수컷이 정자만 제공하고 다른 것은 전혀 제공하지 않는 번식 방법이다. 새끼를 기르는 데 시간이나 에너지를 쓸 필요가 없다면, 수컷은 화려하고 거추장스러운 깃털에 더 많이 투자할 수 있다. 이 간단한 서술만으로도 뇌조와 눈자루파리가 충분히 설명되며 공작새도 설명된다. 수컷 공작새는 아마도 가장 기이하게 장식된 동물일 것이며, 순전히 유전적인 것 외에는 다음 세대에 아무것도 제공하지 않는다.

물론 이 모든 일은 암컷에게 작용하는 다소 반대되는 압력이 없

---

5 한 마리의 수컷이 한 마리 이상의 암컷과 짝짓기한다.

6 7장 273페이지의 '비열한 놈들' 부분 참조.

다면 불가능할 것이다. 일부다처제에서 암컷은 번식을 시도할 때마다 특히 막대한 투자를 한다. 암컷은 알을 낳는 데 필요한 모든 물질적 자원을 투입할 뿐만 아니라, 자손을 독립할 때까지 키우는 데 모든 시간과 에너지를 쏟는다. 이처럼 높은 비용을 치르는 만큼 암컷은 최고의 결과물을 얻고자 하므로 까다롭게 진화한다.

스펙트럼의 다른 한쪽 끝에는 상황이 좀 달라 보이는 완전한 일부일처 종이 있다. 이 종에서 매력 없는 수컷의 비용은 상대적으로 낮다. 짝을 독점하는 이가 없으니 낮은 서열의 수컷도 짝을 찾을 가능성이 있기 때문이다. 비록 그에 상응하여 암컷의 질이 좀 떨어지더라도 말이다. 암컷의 경우, 선택은 여전히 중요하지만 그들 자신이 최고가 아닌 한 최고의 수컷을 위해 계속 버틸 수는 없다. 최고의 수컷은 이미 다른 암컷과 짝을 지어 그들의 상대가 될 수 없기 때문이다.[7] 경쟁자 간 이러한 평준화의 결과로, 매력을 끌어올리기 위한 장식에 대한 선택 압력은 아주 높아질 수가 없다(그래 봤자 보상이 없다). 또한, 일부일처 종에서 수컷들은 대체로 자손을 기르는 데 크게 기여한다. 실제로 새끼 양육의 상대적인 어려움은 일부일처 종이 애초부터 일부일처주의인 이유 중 하나일 것

7　그렇다고 일부일처제로 보이는 모든 번식 체계가 실제로 이런 식으로 돌아간다는 말은 아니다. 짝을 지어 함께 새끼를 키우는 종 중에서도 완전한 일부일처는 상당히 드물 것이다. 개체는 짝 몰래 다른 짝과의 교미를 통해 적응도를 높일 수 있다면 보통 그렇게 하려고 한다.

이다. 암컷은 그야말로 혼자서는 새끼를 키울 수 없었다. 새끼를 돌보는 데 드는 노력은 수컷이 값비싼 과시에 사용할 수 있는 에너지를 줄게 한다(그리고 특히 부담스러운 장식에 수반될 수 있는 생존율 감소에 추가적인 비용을 부과한다). 여기서 (다른 많은 동물 중) 휘파람새,[8] 비둘기, 까마귀를 생각해보라. 많은 종이 암수 간 적당한 외모 차이를 보이는 중간 지점에 있는데, 이는 장식에 대한 선택 압력과 그 반대 압력이 어느 정도 균형을 이룬다는 것을 뜻한다.

우리는 여기에 작용하는 임의성의 영향도 인정해야 한다. 눈자루파리와 뇌조의 경우 암컷의 선호도는 수컷의 품질을 말해주는 지표와 관련이 있지만 지표가 같진 않다. 암컷 눈자루파리는 가장 눈 폭이 넓은 수컷이 눈 폭이 좁은 수컷보다 더 건강하다는 것을 무의식적으로 알고 있으며, 암컷 뇌조 또한 목 주머니가 깨끗하고 얼룩 없는 수컷이 그렇지 않은 수컷보다 건강하다는 것을 '알고' 있다. 두 형질은 모두 확실히 품질과 관련되어 있지만, 암컷이 쉽게 다른 형질을 선택할지 모른다는 점에서 둘 다 임의적이다. 그렇지만 그 형질의 고유성은 나중에 장식이 과장될 수 있는 정도에 영향을 미칠 것이다.

수컷 칠면조는 이마에 '스누드^{snood}'라는 다육질의 볏과 같은 돌

---

8 새의 지저귐(번식기에 주로 수컷이 하는 활동)은 비용을 최소화하긴 하지만 일종의 장식이라는 것에 유의하라. 특히 휘파람새와 다른 지저귀는 새가 흔히 그러하듯 우거진 잎 깊은 곳에서 지저귈 때는 말이다.

출된 부분이 있는데, 암컷에게 잘 보이려고 할 때 이 부분이 부리 위에서 앞쪽으로 길게 늘어진다. 스누드 길이에는 한계가 있을 것이다. 한계를 넘어서면 다시 원래대로 쑥 들어가지 않아 먹이를 먹는 데 방해가 될 수 있기 때문이다. 그 한계는 상당히 보존력이 있을 가능성이 크지만, 수컷 꿩의 긴 꼬리는 그렇지 않은 것 같다. 이것은 훨씬 더 부담스럽지 않은 부속물로, 필요한 경우 떼어낼 수 있다(여우가 꿩의 꼬리를 물고 늘어지면, 보통 한 줌의 털만 남게 된다). 이처럼 임의적인 형질 선택은 화려함에 임의적이지 않은 한계를 설정한다.

발도요와 실고기

이러한 비용과 이익의 틀에서 생각하면 특이한 경우에 대한 예측이 어느 정도 가능하다. 예를 들어, 적은 수이긴 하지만 암컷이 화려하고 수컷은 그렇지 않은 종들이 있다. 물가에 사는 세 가지 종[9]의 발도요는 물에 잠긴 진흙에서 유기물을 끌어 올리는 소용돌이를 일으키기 위해 좁은 원을 그리며 헤엄치는 꽤 매력적인 습성

---

9 여기에서는 지느러미발도요(*Phalaropus lobatus*), 큰지느러미발도요(*Phalaropus tricolor*), 붉은배지느러미발도요(*Phalaropus fulicarius*)를 말한다. — 옮긴이

이 있다. 각각의 종은 암수 모두 기본적으로 비슷한 패턴의 깃털을 갖고 있지만, 암컷이 더 밝은 털과 단색으로 된 더 큰 반점을 갖고 있다. 그러므로 우리는 암컷이 수컷보다 매력에 대한 선택 압력을 더 크게 받았다고 추론할 수 있다. 앞서 살펴본 것처럼, 이러한 압력은 짝짓기 성공률이 심하게 불균형할 때, 즉 일부 개체는 매 시즌 많은 수의 새끼를 낳음으로써 과할 정도의 적응도에 도달하고 다른 개체들은 짝짓기에 아예 실패할 때 생겨날 수 있다.

직설적으로 말하자면, 보통은 남성성이 가진 이점이 있다. 인간이라는 종을 생각해봐도 알 수 있다. 여성은 생식에 성공하려면 9개월의 힘겨운 임신 기간을 견뎌야 한다(심지어 이후의 모유 수유 기간은 적어도 역사상 최근까지 더 길었다). 아이를 15명 이상 낳는 여성은 극히 드문 반면, 이론적으로 남성은 1년에 수백 명의 아이를 가질 수 있다. 역사적으로 일부 사회에서 이론은 의심할 여지 없이 소수의 선택된 남성(징기스 칸이 떠오른다)에게 현실이 되었으며, 그 결과 성 경험 없는 불만스러운 총각 무리가 남게 되었을 것으로 추정된다.

그러나 발도요의 경우 이 불균형은 정반대를 향한다. 암컷은 알을 품고 새끼를 기르는 일을 전적으로 수컷에게 맡기고 다른 수컷과 자유롭게 짝짓기함으로써 더 많은 새끼(시즌마다 암컷당 10마리까지)를 낳을 수 있다. 이 경우 번식량에 상한선이 있는 것은 수컷이며(보통 1년에 3~4마리), 연속적 짝짓기로 이득을 볼 수 있는 것은 일처다부[10]를 실천하는 암컷이다. 수컷은 짝보다 더 많은 것을 투자하므로, 자신이 기르게 될 새끼의 어미를 선택할 때 분별력을 발휘한다. 수컷으로서는 1년에 몇 마리의 새끼만 가질 수 있으므로 새끼의 생존 가능성을 확실히 하는 것이 좋다. 이는 암컷이 매력을 통해 자신의 품질을 알리려는 선택 압박을 받게 하고, 그에 따라 깃털은 더 대담해진다. 상황은 그런 식으로 역전된다.[11]

비슷한 패턴이 발도요의 친척인 물꿩과 실고기라는 생물군에서도 발견된다. 실고기는 곧게 뻗은 길쭉한 해마와 똑 닮았는데, 실제로 해마와 밀접한 관계가 있으며 둘 다 수컷이 새끼를 돌본다. 구애 기간이 끝난 후 암컷이 수컷의 복부에 있는 알주머니에 알을 낳으면(주머니가 없는 종은 알을 그냥 피부에 붙인다), 수컷은 자신의 정자로 알을 수정한 뒤 그것들을 돌본다. 해마는 해마과 중에서 가장 고도로 발달한 알주머니를 갖고 있지만, 암컷이 산란의 형태로 하는 투자가 수컷이 부화의 형태로 하는 투자보다 분명히 더 크기 때문에, 보통 암컷이 수컷을 선택하며 일부일처제가 일반적이다. 그러나 몇몇 실고기 종의 경우에는 수컷의 투자가 더 큰데, 이는 아마도 암컷이 상대적으로 더 적은 에너지를 들여 알을 낳고(낳거

---

10 한 마리의 암컷이 한 마리 이상의 수컷과 짝짓기한다.

11 암컷 발도요는 가을이 오기 전에 마지막 한배의 새끼를 키우기에 남은 번식기가 너무 짧다고 판단되면 이만하면 됐다는 마지막 표시로 이동하며, 수컷들이 일을 마친 뒤 그들을 천천히 따라오게 한다.

나) 실고기의 알주머니가 작아 수컷의 유효한 생식력이 제한될 수 있기 때문일 것이다. 따라서 이 경우 선택하는 쪽은 수컷이며, 이러한 상황이 선명한 색상, 줄무늬, 몸 옆면의 피부 주름 등 암컷 장식의 진화를 이끈다.

헛수고시키기

이 장은 거미줄에서 벗어나기 위해 몸부림치는 암컷 춤파리의 이야기로 시작되었다. 이제 그 파리에 관한 이야기로 다시 돌아가 보자. 지금쯤이면 독자들은 이 춤파리라는 특정 종의 짝짓기 시스템에 대해 어느 정도 추측이 가능할 것이고, 각 성별의 개체들을 끌어당기는 선택 압력의 그물망을 상상할 수 있을 것이다. 우선, 장식된 쪽이 암컷이기 때문에 우리는 선택하는 쪽이 수컷이라고 안심하고 가정할 수 있다. 둘째, 이 장식은 장식을 한 자의 품질을 정직하게 드러내는 신호가 아닐 수도 있다. 관련하여 밝혀진 내용은 이렇다. 다리가 미치는 범위와 복부의 팽창 정도는 모두 전반적인 몸 상태와 관련 있지만, 몸 상태를 과장하며 가장 몸집이 커 보이는 암컷을 선택한 수컷은 생각한 만큼의 거래를 하지 못하고 있었다. 따라서 여기에는 '섹시한 아들' 이론처럼, 수컷이 암컷에게 매혹되는 이유는 암컷의 매력이라는 '섹시한 딸' 이론이 적용될 수 있을 것이다.

수컷은 그들이 속는 근본적인 원인에 자신도 모르게 기름을 붓고 있을지 모른다. 추측이지만, 수컷이 일부러 잡을 수 있는 가장 큰 결혼 선물을 찾아 가져다준다고 가정할 만한 좋은 근거가 있다. 이 가정이 타당한 이유는 일단 암컷 춤파리는 다른 많은 종의 암컷들처럼 여러 수컷과 연달아 짝짓기할 수 있고, 그에 따라 어느 수컷도 암컷이 낳은 알에 대해 아버지의 자격을 독점(심지어 잠깐 들여다보는 것도)할 수 없기 때문이다. 상황을 자신에게 유리하게 만들 수 있는 수컷(더 많은 정자를 생산하거나 정자가 더 빨리 도달하게 하거나 여러 마키아벨리식 전술을 사용하는 등)은 더 많은 자손을 남기기 때문에, 그렇게 할 수 있는 수컷은 선택 압력을 받는다. 춤파리의 경우 가장 확실하게 아버지가 되는 길은 가장 후한 선물을 하는 것이다. 짝짓기는 암컷이 먹는 동안 이루어지므로 제공하는 먹이가 많을수록 수컷은 정자를 옮기는 일을 더 오래 할 수 있고, 그에 따라 순전히 수적인 이점을 얻을 수 있다. 또한, 선물의 크기가 충분하고 질이 좋으면 암컷은 전적으로 만족하여 다른 짝을 구하지 않을 가능성이 크다.

모두 괜찮고 좋지만, 암컷은 수컷이 주는 먹이에 더 많이 의존하면 할수록 속임수를 위한 값비싼 장식에 더 많은 자원을 투입한다. 수컷은 사실 암컷에게 돈을 주고 속아 넘어가는 것이나 다름없다. 하지만 그것이 너무 부당하다고 느끼기 전에, 짝짓기 무리

옆에 편리하게 설치된 거미줄에서 암컷의 탈출을 방해하는 것이 바로 이 장식이라는 것을 기억하라. 암컷 역시 자연 선택과 성선택이 그들을 위해 고안한 장치로 고통받고 있다. 결론은 이렇다. 수컷과 암컷 춤파리는 모두 속임수와 분별의 경솔한 소용돌이 속에 갇혀 원하는 것을 정확히 얻지 못하고 있다. 여기에 거미를 제외하면 승자는 없다.

다음 장에서는 종 및 개체 간 경쟁에서 잠시 벗어나, 삶에서 피할 수 없는 것 중 하나인 '노화'로 주제를 바꿔 그것이 왜 불가피한지 자문해본다. 그 답은 좀 다른 종류의 경쟁, 즉 개체와 그 유전자 사이에서 벌어지는 경쟁에 있다. 그 경쟁의 승자는 의심의 여지가 없다.

Flaws of Nature

5장

일곱 번째 이빨의
행방

인간은 모두 더 오래 젊음을 유지하고 싶어 하며,
그중 일부는 불멸의 존재가 되기를 바란다.

하지만 히드라도 그럴까?

혹시 기회가 된다면 호주
인에게 드롭곰^{drop bear}에 대하여 한번 물어보라. 주름진 눈썹, 굳은
얼굴, 눈가에 드리워진 그림자. 드롭곰은 그냥 웃어넘길 만한 동
물이 아니다. 코알라의 가까운 친척인 드롭곰은 주로 나무 위에서
살고 호주 동부에 분포하는 등 코알라와 많은 습성이 비슷하지만,
몸집이 훨씬 더 크고 털이 더 주홍빛을 띤다. 그리고 중요한 차이
점이 세 가지 더 있다.

첫째, 코알라는 주로 나뭇잎을 먹지만 드롭곰은 전적으로 육식
만 한다. 인간을 공격하는 일이 드물고 사망자도 기록된 바 없지
만 드롭곰은 이름에서 알 수 있듯이 높은 곳에서 먹이를 향해 떨
어지는 방식으로 사냥한다. 그 충격으로 뇌진탕, 목뼈 손상, 심지
어 척추 부상까지 생길 수 있다. 또 외국인들이 자신도 모르게 공
격당할 확률이 압도적으로 높은데, 이 흥미로운 통계는 호주인과

비원주민 간의 주요 식습관 차이를 반영하는 것으로 보인다. 호주인은 염분이 많은 베지마이트^{Vegemite}[1]를 많이 먹고, 이것이 포식자가 싫어하는 특유의 냄새를 풍기기 때문이다.

둘째, 더 분명한 차이는 사실 드롭곰은 실제로 존재하지 않는다는 것이다. 이 민간 설화가 얼마나 오래 전해 내려온 것인지는 확실하지 않으나, 아마 적어도 수백 년은 되었을 것이다. 요즘에는 주로 관광객을 놀라게 할 방법으로 사용되는 것 같지만 말이다. 한 가지 설은 이 드롭곰이 유대류 사자로도 알려진 틸라콜레오 카르니펙스$^{Thylacoleo\ carnifex}$(훨씬 더 크고 실제로 존재했다)에 대한 조상들의 기억의 잔재로 지금까지 살아남았다는 것이다. 100킬로그램에 달하는 이 포식자의 해부학적 구조는 이들이 나무에 쉽게 올라갈 수 있었다는 것을 암시하며, 턱 근육은 인간을 포함해 그 시대의 가장 큰 포유동물을 죽이는 데 아무 문제가 없었음을 시사한다.

그러나 더 그럴듯한 설은 드롭곰에 관한 이야기가 유럽의 식민화 이후 나무에서 떨어져 사람이나 사람 근처에 착지하는 코알라의 모습을 재미있고 과장되게 표현하면서 나왔다는 것이다. 코알라는 확실히 나무에서 떨어지지만, 여기에 세 번째 차이점이 있다. 드롭곰은 일부러 나무에서 떨어지는 반면, 코알라는 순전히 우연히 떨어진다. 코알라는 땅에 떨어질 때 몸의 표면적을 최대화

---

[1]　채소즙, 소금, 이스트로 만들며 빵이나 크래커에 발라 먹는 스프레드. — 옮긴이

하는 '날개 편 독수리' 자세를 취하므로 보통 20~30미터 높이에서 떨어져도 다치지 않고 살아남는다. 또 뼈가 부러진다 해도 놀라울 만큼 잘 회복하는 것으로 보인다. 이러한 이유로, 그리고 애초에 매달리는 데 상당히 능숙하므로 나무에서 떨어지는 것은 코알라의 주요 사망 원인이 아니다. 차량 충돌과 성병 역시 이들의 사망 원인이긴 하지만, 그러한 위험과 나무에서 떨어지는 것을 운 좋게 피한다 해도 이들은 고령까지 살아남지 못하고 이빨이 다 닳으면 굶어 죽는다. 왜일까? 우리는 코알라가 어째선지 이빨이 닳아 못쓰게 되면 그냥 굶어 죽도록 진화했다는 결론을 내릴 수밖에 없다. 이는 정말 말이 안 된다.

우둔한 굶주림

코알라는 비교적 식성이 까다롭다. 코알라는 호주 동부 다양한 유형의 숲에 서식하지만, 유칼립투스 속의 나뭇잎을 선호한다. 하지만 유칼립투스 잎은 질기고 특별히 영양가가 없어서 위장에서 뭔가 유용한 것을 추출할 수 있을 만큼 잎을 분해하기 위해서는 지속해서 씹는 활동이 필요하다. 다행히도 코알라의 이빨은 씹는 일에 최적화되어 있지만, 안타깝게도 두 번째 이빨들이 다 닳으면 새 이빨은 나지 않는다. 이빨이 닳은 코알라는 먹는 양과 씹는 시간을 조정해 제한적이나마 닳은 이빨을 보완할 수 있지만, 두 가지 해결책 모두 한계가 있다. 그리고 이 단계의 코알라는 예상보다 오래 버티고 있는 것이라고 할 수 있다. 만약 이들 굶주린 코알라의 배를 열어본다면 발효로 분해되기에는 너무 큰 잎 조각들로 구성된 큰 덩어리를 발견할 수 있을 것이다. 먹이는 어디에나 있지만, 이들이 먹을 수 있는 것은 조금도 없기 때문이다.

코끼리도 이와 비슷하게 이빨 마모와 굶주림에 시달리지만, 우리의 가장 큰 육상 포유류가 코알라보다는 상황이 나아 보인다. 대부분 포유류와 마찬가지로 코알라는 평생 이빨이 두 번 나지만[2] 코끼리는 여섯 번 난다.[3] 엄니를 제외하면 코끼리의 입에는 양쪽 위아래 턱에 하나씩 단 네 개의 이빨이 있을 뿐이며, 각 이빨이 계속 씹는 행동으로 매끈해지면 그 뒤에서 새 이빨이 자라게 된다. 수적으로만 보면 코끼리가 좀 더 유리해 보이지만, 서로 매우 다른 이 동물 중에 어느 쪽이 더 불리한지는 사실 명확하지 않다(이를 판단하려면 이빨이 절대 닳지 않는 반 사실적 시나리오가 필요하다. 그래야 이빨이 닳지 않을 때 이들이 얼마나 오래 살 수 있는지 확인할 수 있을 것이다). 추측에 불과하지만, 분명한 것은 코끼리나 코알라 개체의 이빨이

---

2 코알라를 포함해 유대류의 경우에는 뒤쪽 이빨만 다시 난다. 세 번째 앞어금니의 앞쪽에 있는 이빨들은 한 번만 난다.

3 또는 아주 드물게 일곱 번 날 때도 있지만, 이빨은 네 개씩만 새로 난다. 코알라처럼 서른 개가 있는 것이 아니다. 장점이 있으면 단점도 있다.

제한되는 것보다 필요할 때 교체되는 것이 더 좋을 것이란 점이다. 하지만 그러한 일은 일어나지 않는다.

이는 좀 이상해 보인다. 어느 동물이든 다른 유형의 경조직(뼈)에 자가 복구 특성이 있다는 사실은 ① 몸이 경조직을 복구하는 것이 가능하고 ② 그렇게 하는 것이 진화적으로 유리하다는 것(더 나아가 그 개체의 생존에 유용함)을 뜻한다. 그렇다면 이빨은 왜 뼈와 같은 보살핌과 관심을 받지 못한 것일까? 또는 왜 애초부터 더 튼튼하지 않은 걸까? 비버의 앞니 절단면이 철 성분이 함유된 화합물[4]로 강화된 것처럼, 적어도 기술적으로는 다른 종도 비슷한 적응 형태를 띨 수 있을 것이다. 무언가 이런 일이 일어나는 것을 막고 있는 것이 분명하며, 실제로 두 가지 가능성이 있다. 첫째, 단순히 필요한 돌연변이가 아직 비버 이외의 종에서 나타나지 않은 것뿐이며, 나타났다면 채택되었을 것이다. 둘째, 강화된 이빨로 얻는 적응도 상의 이점이 무시할 수 있는 수준일 것이며, 모든 것을 고려할 때 자연 선택은 사실 코알라와 코끼리, 다른 많은 동물의 우둔한 굶주림을 선호해왔다. 흠, 과연 그럴까?

---

4   궁금할까 봐 답하자면, 페리하이드라이트(ferrihydrite)와 비정질 인산철-칼슘의 화합물이다.

추락하는 죽음의 비용

우리는 여기에서 치아에 관해 이야기하고 있지만, 나이와 관련된 기능 저하, 즉 '**노화**'의 경험은 모든 생리학적 면에서 논의할 수 있다. 모든 동물은 늙는다. 우리는 이를 알고 있고, (평정을 유지하는 정도는 각기 다르겠지만) 삶의 현실로 받아들인다. 하지만 왜 그러한 일이 일어나는지 궁금해할 필요는 있다. 일단 멈춰서 잠시 생각해 보면 그 이유가 분명하지 않기 때문이다. 대체 왜 자연 선택은 힘들게 얻은 몸, 다시 말해 포식과 경쟁, 다른 모든 종류의 어려움에서 살아남은 몸, 생식 도구로서의 가치를 입증한 몸, 유전적 지시가 요구한 모든 일을 해낸 몸을 포기하고 썩게 내버려 두는 것일까? 우리는 노화에 너무 익숙해서 이를 당연한 것으로만 생각하지만, 진화생물학을 공부하는 학생들에게는 제대로 된 답이 필요한 질문이다.

그 대답은 직접적인 세포 과정에서 시작해 복잡한 정도를 따라 위로 올라가며 다양한 수준에서 제시될 수 있지만, 여기에서 우리는 노화가 실제로 몸에 어떻게 영향을 미치는지 알아보기보다는 그것이 진화적으로 왜 **논리적**인가라는 궁극적 질문에 초점을 맞출 것이다. 먼저, 1952년 한 간행물에서 '자연 선택의 힘은 나이가 들수록 약해진다'라고 말한 영국의 생물학자 피터 메더워[Peter Medawar]경의 통찰에서 시작하는 것이 좋겠다. 우리는 이미 선택 압력이 강도 면에서 다양하고, 종 간에(치타보다는 가젤이 달리기 속도에 대한 압력을 더 많이 받는다), 또 같은 종이라도 성에 따라(부풀릴 수 있는 목 주머니에 대한 수컷 뇌조의 압력은 암컷에게는 해당하지 않는다) 다르게 작용할 수 있다는 것을 확인했다. 주목할 것은 특정 개체에 작용하는 압력의 강도가 사는 동안 달라질 수 있다는 것이다.

아마도 이제 머릿속에 두 가지 궁금증이 생길 것이다.

① 왜 자연 선택의 힘은 시간이 지나면서 약해질까?
② 왜 이것이 노화를 진행시킬까?

지금부터 두 질문을 순서대로 다룰 것이다. 1장에서 살펴본 내용 중 특정 상황(먹이나 짝을 찾지 못하는 상황)이 요구하는 적응도 비용이 클수록 그것을 피하려는 선택 압력도 커진다는 사실을 상기해보라. 또 개체에게 발생할 수 있는 가장 큰 비용은 번식에 실패하는 것이란 점도 상기해보라. 어떤 개체가 첫 번식을 하기도 전에 죽는다면 그 비용은 전액이다. 4장에 나온 파란 토끼처럼 번식하지 않으면 적응도는 0이다.[5] 이처럼 비용에는 상한선이 있으며, 그 상한선은 낳을 수도 있을 새끼를 하나도 낳지 않는 것이다.

---

5   그러나 이는 사실이 아니다. 다음 장에서 우리는 불임이 되는 것이 이득이 될 수 있는 상황을 살펴본다.

비용에는 **하한선**도 있다. 이 하한선은 낳을 수 있는 **모든** 새끼를 낳는 것이다. 이 시점 이후에 죽는 것은 거의 아무런 영향이 없다(새끼를 계속 보살피는 경우가 아닌 한 그렇다. 자세한 내용은 다음 장 참조). 이는 모순처럼 들릴 수 있다. 어쨌든 지금 노화라는 것이 없을 때 어떤 일이 벌어질지에 대한 윤곽을 그리고 있긴 하지만(노화가 어떻게 시작되었는지 알고 싶으므로), 노화가 없다면 분명히 삶은 영원히 계속될 것이고 번식 가능성도 무한할 것이다. 과연 그럴까? 글쎄, 그렇지 않다. 노화의 부재는 불멸과 같지 않다. 잡아 먹히거나, 감염되거나, 아니면 번식 가능성을 잃을 가능성도 매일 여전히 존재하기 때문이다. 노화하지 않는 종의 개체군이라 해도 어린 개체가 많고 나이 든 개체는 많지 않을 것이므로 개체당 평균 자손 수는 무한하지 않다. 따라서 노화가 있든 없든 예상되는 평생의 번식량은 사실상 제한적이다.

이러한 한계를 알았으니, 이제 첫 번째 질문(왜 자연 선택의 힘은 시간이 지나면서 약해질까?)에 대한 답을 생각해볼 수 있다. 개체는 적어도 **몇 마리**의 새끼를 낳은 후에는 말하자면 '은행에' 약간의 적응도 수익이 생긴다. 그러다 죽으면 **미래의** 모든 잠재적 적응도를 잃게 되지만, 그 손실은 번식도 하기 전에 죽는 경우의 총비용만큼 크지 않다. 이제 이 개체가 조금 더 오래 살았고 죽기 전에 새끼 몇 마리를 더 낳았다고 가정해보자. 그러면 적응도가 **더욱** 증가하면서 잠재적인 최대 적응도에 가까워지기 때문에 죽음으로써 잃을 미래의 잠재적 적응도는 훨씬 줄어든다. 요컨대, 개체가 이미 낳은 새끼가 많을수록 개체의 죽음으로 잃을 수 있는 잠재적 자손은 더욱 줄어든다. 따라서 죽음의 비용과 죽음을 피하기 위한 선택 압력은 **틀림없이** 시간이 지남에 따라 감소한다.

이것이 무엇을 의미하는지 확실히 해보자. 평균적인 다섯 살짜리 가젤이 평균적인 네 살짜리 가젤보다 치타에 덜 취약하다고 말하는 것이 **아니다**. 대신, 다섯 살짜리 가젤이 죽었을 때의 적응도 비용이 네 살짜리 가젤이 죽었을 때의 비용보다 낮다는 말을 하고 있다. 다섯 살짜리 가젤의 평생 적응도 중 많은 부분이 이미 은행에 있기 때문이다(아니 더 정확히 말하면, 어린 가젤의 형태로 뛰어다니고 있기 때문이다).[6] 요컨대, 나이가 많을수록 잠재적 적응도가 더 달성된 상태이기 때문에, 시간이 지남에 따라 죽음의 적응도 비용(또는 번식 기회를 줄이는 다른 것들의 적응도 비용)이 감소하고, 적응도 비용이 감소하면 죽음을 피하기 위한 선택 압력도 감소할 수밖에 없다. 그렇다면 이제 두 번째 질문으로 넘어가 보자. 왜 이것이 노화의 진행을 촉진할까?

---

[6] 평균적인 결과가 그렇다는 것에 주의하라. 만약 네 살짜리 사슴이 이미 세 마리의 새끼를 낳았고, 다섯 살짜리 사슴이 하나도 낳지 않았다면, 치타가 가하는 선택 압력은 실제로 다섯 살짜리 사슴이 더 나이가 많음에도 불구하고 더 높다. 나이가 들수록 선택 압력이 감소한다고 말할 수 있는 이유는 대체로 나이가 현재까지의 번식량과 상관관계가 있기 때문이다.

축적과 적대

생물학자 피터 메더워$^{Peter\ Medawar}$는 시간이 지나면서 선택 압력이 감소하면 종의 일생 후반에만 나타나는 해로운 유전적 형질이 축적될 수 있다는 가설을 세웠다. 어린 동물의 생존 및 번식을 감소시키는 유전적 돌연변이는 빠르게 제거되는 반면(평생의 적응도에 큰 부담이 되므로), 훨씬 더 나이가 많은 개체에 동일한 영향을 미치는 돌연변이는 제거되지 않기(평생의 적응도에 별 부담이 되지 않으므로) 때문이다. 요컨대, 후기에 작용하는 일련의 해로운 형질들의 문이 열리면서 노화의 진행이 총체적으로 촉진될 수 있다는 것이다.

흥미로운 생각이지만 전적으로 완전하진 않다. 만약 다른 조건은 동일하고 어떤 계통이 일생 후반에 작용하는 해로운 형질을 보유하고 있다면, 이를 보유하지 않은 계통보다 약간 더 불리할 것이며 결국 경쟁에서 밀릴 것이기 때문이다. 그런데 후기에 작용하는 형질이 초기에 작용하는 형질만큼 중요하지 않다고 개체군에서 사라질 때까지 지속적으로 선택되지 않는 것은 아니다. 그러므로 해로운 형질의 축적만으로는 노화의 진행을 설명할 수 없다.

자, 여기에서 '적대적 다면발현$^{antagonistic\ pleiotropy}$'을 소개하고자 한다. 다면발현이란, 한 유전자(또는 특유의 유전자 조합)가 둘 이상의 서로 무관한 신체적 특성과 관련된 현상을 일컫는다. 그리고 한 가지 효과는 긍정적이지만, 다른 효과는 부정적일 때 '적대적'이라는 수식어가 붙는다. 두 가지 효과는 동시에 발생할 수도 있지만, 많은 다면발현 형질의 경우 그렇지 않다. 바로 이것이 중요하다. 만약 긍정적인 효과는 젊고 번식력 있는 개체에만 나타나고 부정적인 효과는 나이든 개체에만 나타난다면, 그 결과는 노화를 촉진하는 형질을 적극적으로 선택하는 것일 수 있다. 더 구체적으로 말하면, 긍정적 효과인 적응도 이득이 부정적 효과인 적응도 손실보다 크다면(또한 상대적 시기를 고려했을 때 그럴 가능성이 크다면) 해당 형질은 확산할 것이다.

이것은 메더워의 축적 가설과는 다르다. 그의 가설은 단순히 삶의 후반에 나타나는 해로운 형질이 초기에 나타나는 형질만큼 중요하지 않기 때문에 결국 게놈에 축적될 수 있다고 말한다. 즉, 자연 선택은 후기에 작용하는 해로운 형질을 선호하지 않겠지만, 초기에 작용하는 해로운 형질을 선호하지 않는 만큼은 아니다. 그러나 적대적 다면발현은 다르다. '해로운' 형질은 그 효과를 능가하는 '좋은' 효과가 동반된다면, 특히 더 일찍 나타난다면, 적극적으로 **선호**될 것이다. 1957년 생물학자 조지 윌리엄스가 이 가설[7]을 처음 내세웠을 때는 이를 뒷받침할 데이터가 부족했다. 많은 생물학자가 동물의 삶은 대부분 매우 위험해서 이론적인 최대 수명에 근접하는 개체는 거의 없다고 가정했으므로, 실제로 야생에서 노화가 발생했다는 것이 분명하지 않았기 때문이다. 하지만 20세기 후반 특정한 동물 개체를 대상으로 장기 연구가 시작되면서 이러한 오해가 사라졌고, 지난 반세기 동안 이루어진 유전자 기술의 발달로 적대적 다면발현이 작용하는 것을 꽤 명확하게 확인할 수 있었다.

가장 잘 기록된 사례 중 하나는 예쁜꼬마선충*Caenorhabditis elegans*으로 불리는 선충에 관한 것이다. 유전학 연구에서 이 선충은 아주 흔하게 다뤄지기 때문에 실험실에서 생물학자들과 조금만 시간을 보내도 우리는 이 생물에 관한 이야기를 들을 수 있다.[8] 일반적인 이름을 부당하게 박탈당한 것처럼 보이는 이 생물은 일반인에게는 단순히 'C. elegans'으로 알려져 있다. 오직 959개의 세포로 구성된[9] 예쁜꼬마선충은 유전적 변화의 영향을 높은 정확도로 연구할 수 있을 만큼 매우 단순하다. 그러한 변화 중 하나는 세포 표면의 인슐린 수용체 형성에 관여하는 daf-2로 알려진 유전자의 돌연변이다.

1993년 샌프란시스코에 있는 캘리포니아대학교의 신시아 케년 Cynthia Kenyon과 동료들은 소위 daf-2 돌연변이가 수명이 크게 연장되

---

7 재미있게도 피터 메더워는 1952년에 '생애 초기에 부여된 상대적으로 작은 이점이… 나중에야 나타나는 치명적인 단점을 능가할 수 있다'라며 이를 꽤 잘 설명했지만, 거의 지나가는 말로 언급했다. 2013년 《노화 연구 리뷰(Ageing Research Reviews)》에 게재된 다니엘 누시와 동료들의 보고에 따르면 이것이 노화의 진행에 얼마나 중요한 메커니즘인지 인식하지 못했던 것으로 보인다.

8 예쁜꼬마선충은 다세포 생물 중 최초로 전체 게놈 서열이 밝혀진 생물이다.

9 자웅동체의 형태가 그렇다. 수컷은 1,031개를 갖고 있다.

어 일반적으로 그들의 '야생형^{wild-type}[10]' 돌연변이보다 두 배 이상 오래 산다는 사실을 발견했다(특히 돌연변이의 병원체에 대한 저항성이 향상하면서). 이 연구실과 전 세계의 다른 연구실에서 수행한 이후의 많은 연구에 따르면, daf-2 돌연변이는 더 낮은 번식률로 수명 연장의 대가를 치르는 것으로 나타났다. 감소한 번식률은 대략 18~20%에 불과하지만, 벌레들이 어리고 선택 압력이 강할 때 그 영향이 나타나기 시작하므로 야생형 형제와 직접 경쟁하는 상황에 놓이면 daf-2 돌연변이는 빠르게 압도당한다.

이 일련의 깔끔한 실험적 증거는 감소하는 선택 압력에 대한 메더워의 통찰뿐만 아니라, 적대적 다면발현(daf-2 변종은 서로 관련이 없어 보이는 여러 효과가 있다)의 예를 잘 보여준다. 두 배로 길어진 수명은 20%만큼 감소한 번식률을 보상하고도 남는 것이어야 하지만, 번식은 생애 초반에 이루어지므로 줄어든 번식률의 영향은 더욱 커진다.

---

10 '야생형'은 (직접적인 유전자 개입이나 선택적 육종으로) 조작되지 않은 유전적 유기체를 설명하는 데 사용되는 단어로, 주어진 유전자의 기능을 밝히기 위해 고안된 실험에서 흔히 대조군으로 사용된다.

생존을 위한 희생

　노화의 진행을 설명하는 또 다른 가설이 있는데, 이 가설은 신체가 무한히 지속될 수 없는 특별한 이유는 없지만, 그렇게 되려면 비용이 많이 든다는 전제에서 시작된다. 이는 노화의 '일회용 체세포^{disposable soma} 이론'으로, 다음과 같은 기본적인 추론의 단계를 따른다.

　① 번식은 적응도에 필수적이다.
　② 번식은 에너지 비용이 많이 든다.
　③ 에너지 소비는 자원 가용성의 제한을 받는다.
　④ (따라서) 번식에 사용되는 에너지는 체세포(신체) 유지에 사용될 수 없다.
　⑤ 번식을 원한다면 신체 기능의 저하는 불가피하다.

　일회용 체세포 이론은 들쥐 및 흰코뿔소(비슷한 방식으로 사는 종 중에 무작위로 선택했다)와 같은 종들 사이의 생활사 전략 차를 직관적으로 설명하는 듯하다. 들쥐는 약 1년을 사는데, 암컷은 그동안 여러 번 한배의 새끼를 낳는다. 반면, 코뿔소의 암컷은 약 50년을 사는데, 성숙해질 때까지 6~7년이 걸리고 이후 2~3년마다 단 한 마리의 새끼를 낳는다. 들쥐는 빠르게 번식하고 젊어서 죽고, 코뿔소는 느리게 번식하고 늙어 죽는다. 각각 냉혹한 연속체의 극단을 차지한다. 우리는 이 연속체를 '번식에 투자하고 잡아 먹히거나 병에 걸려 죽기 전에 번식하길 원한다' 또는 '포식자와 병원체에 대한 방어에 투자하고, 번식할 만큼 충분히 오래 산다' 같은 절충의 측면에서도 볼 수 있다. 다른 모든 조건이 같다면(즉 인간의 개입이 없다면), 평균적인 암컷 들쥐와 평균적인 암컷 코뿔소는 각각 두 마리의 들쥐와 두 마리의 코뿔소로 대체될 것이며, 이는 두 가지 전략 모두 일관되게 다른 전략보다 더 성공적이진 않다는 것을 의미한다.

일회용 체세포 이론과 적대적 다면발현 둘 중 무엇이 들쥐와 코뿔소의 상대적인 노화 패턴을 잘 설명할지 쉽게 판단할 수 없다. 그러나 둘 중 하나(혹은 둘 다)는 중요한 역할을 한다. 들쥐는 더 오래 살고 번식을 늦추기 위해 여러 다른 신체 시스템에 에너지를 할당하는 방식을 쉽게 바꿀 수 있는데도, 어떤 의미에서 빨리 살고 일찍 죽기로 '결정'하는 걸까?(일회용 체세포) 아니면 자신의 게놈에 후기에 작용하는 해로운 유전자가 너무 많아 새끼를 다 낳기도 전에 죽지 않기 위해 가능한 한 빨리 번식할 수밖에 없는 걸까?(적대적 다면발현) 우리는 일단 예쁜꼬마선충을 통해 적대적 다면발현의 증거가 있음을 확인했다. 하지만 일회용 체세포 이론은 어떠한가? 이 이론을 뒷받침할 증거가 있을까?

우선 이 증거는 어떤 모습이어야 할지 생각해보자. 후기에 작용하는, 축적된 해로운 유전자는 피할 수 없다. 그러한 유전자가 유기체의 게놈에 있다면 발현될 것이고,[11] 수명은 다른 변수와 관계없이 확실한 한계에 부딪힐 것이다. 우리는 이를 관찰하고 측정할 수 있다. 하지만 노화가 단순히 유지 관리에 에너지를 전용하는 것이며 (어느 정도는 막을 수 있는) 점진적 소모 때문에 발생한다면, 이론상 동일한 두 개체가 완전히 다른 길을 택하는 것을 막을 수는 없다. 둘 중 한 개체는 자신의 몸을 돌보면서 장기간에 걸쳐 수십 마리의 새끼를 낳을 수 있고, 다른 한 개체는 모든 것을 걸고 한 번에 모든 새끼를 낳아 몸을 소모시키는 번식 축제를 벌일 수도 있다(물론 이는 유전적 구조가 유연한 전략을 허용한다는 것을 전제로 하지만, 여기에서 중요한 것은 노화가 해로운 유전자의 축적 때문이라면 이러한 유연성은 어쨌든 불가능할 것이라는 점이다).

제한 속도가 시속 60마일인 도로에서 시속 60마일로 운전하는 자동차를 생각해보라. 자동차는 기계적으로 더 빨리 달리는 것이 가능하지만, 우리는 운전자가 법 때문에 그렇게 할 수 없다는 것을 알고 있으므로 속도만 봐서는 더 빠르게 달릴 수 있는지 아닌지 알 수 없다. 하지만 이제 도로가 중앙분리대가 있는 도로로 바

---

11   음, 아마도 그럴 것이다. 유전자 발현은 사실 이분법적인 것이 아니다. 그것은 시간에 따라, 또 동일한 개체 내 세포/조직 간에도 다를 수 있으며, 수많은 내·외부적 요인의 영향을 받는다. 그러나 여기에서 구체적인 내용을 다루진 않을 것이며, 유전적 소인은 **비교적** 피하기 어렵다고 말하는 것만으로도 충분할 것이다.

꿔고 제한 속도가 70마일로 올라간다고 가정해보자. 그런데 자동차가 계속 이전과 같은 60마일로 달린다면, 우리는 여전히 더 빨리 달릴 수 있는지 알 수 없지만 70마일까지 속도를 낸다면, 우리는 차가 이전 도로의 제한 속도 때문에 잠재력을 발휘하지 못했다는 것을 알 수 있다. 따라서 자연에서 일회용 체세포 유형의 전략을 확인하기 위해 우리에게 필요한 증거는 생태학적인 가변 속도 제한과 같은 것이다. 구체적으로 말해, 우리는 외부 환경에 따라 노화의 속도가 달라지는 종을 찾아야 한다. 다행히도 꿀벌이 여기에 들어맞는다.

여왕벌이 알을 낳을 때, 수정되지 않은 알은 수컷이고, 수정된 알은 암컷이다(자세한 내용은 6장 참조). 하지만 암컷 자손이 이후 어떤 삶을 살지는 이 시점에서 결정되지 않으며 그 길은 매우 다양하다. 이들은 수명이 몇 주나 몇 달에 그치는 일벌로 자랄 수도 있고, 어떤 경우에는 거의 10년을 살 수 있는 여왕벌이 될 수도 있다. 그러나 이는 평균적인 수명이므로 다양한 노화의 속도(따라서 다양한 수명의 **가능성**)가 아닌, 일상 속에서 겪는 상대적 위험도를 반영하는 것일지 모른다. 가령, 일벌은 대체로 포식자, 극단적인 날씨, 기타 자연적 위험에 노출되는 밖에서 열심히 일한다. 반면, 여왕벌은 평생 벌통 안에 머물며 수천 마리의 암컷 자손이 제공하는 먹이를 먹고 그들의 보호를 받는다.

더욱 흥미로운 사실은 연중 다른 시기에 등장하는 일벌들의 평균 수명이 일관된 차이를 보인다는 것이다. 바쁘게 꽃가루를 모으는 여름 일벌은 약 한 달을 살지만, 가을에 번데기에서 나오는 겨울 일벌은 봄에 먹이를 구하기 시작할 때까지 벌집에서 주로 편하게 시간을 보내기 때문에 보통 이들보다 4~5배 더 오래 산다. 여름 일벌은 그 시기에 특히 중요한 일상적 활동(먹이 구하기, 애벌레 돌보기 등)에 에너지를 최대로 쓰고 신체 유지(어쨌든 노령이 되기 전에 죽게 될 가능성이 크다는 점을 생각하면 틀림없이 낭비다)에는 에너지를 훨씬 덜 쓰는 것일 수 있다. 그에 반해, 일이 많지 않고 덜 위험한 겨울 일벌은 에너지를 다르게 할당해 일부는 자신을 위해 남겨둠으로써 봄까지 살아남게 된 것일 수 있다.

이것이 사실이라면, 이는 노화의 속도를 미리 정할 순 없지만, 대신 다양한 환경에 맞는 최적의 노화 전략을 택하는 '가소성 노화plastic senescence'의 예가 될 것이다. 일회용 체세포 이론도 입증될 수 있을까? 물론 여왕벌과 일벌의 경우처럼 이러한 평균 수명의 차이는 단지 각 집단이 경험하는 위험이 달라서일 뿐 노화 속도의 차이 때문이 아닐 수 있다. 그러므로 일회용 체세포 이론이 입증될 가능성은 거의 없다. 1차 세계 대전 당시 서부 전선에 있던 영국 하급 장교들의 기대 수명이 6주였다고 빈번히 보고되는 것을 생각해보라. 이때의 수명은 신체 유지와 일상 활동으로 에너지를 전략적으로 전환하는 것과는 아무런 관련이 없으며, 중간 지대 반대쪽에서 그들에게 쏟아지는 총알, 포탄, 최루가스와 전적으로 관련이 있다.

이처럼 상충하는 설명들을 인지한 애들레이드^{Adelaide}대학교의 잭 다 실바^{Jack da Silva}는 개체마다 별도의 표시를 한 수백 마리의 벌 데이터가 포함된 여러 연구 결과를 통해 자세한 생활사 자료를 분석하고 이를 활용해 별도의 일벌 집단에 대한 외적 사망률(즉 환경적 위험으로 인한 사망률만)을 계산했다. 그리고 수학적 모델을 이용해 집단 간 생존의 차이가 **부분적**으로만 외부 요인 때문이고, 또 부분적으로는 노화 속도의 본질적 차이 때문임을 보여주었다. 다시 말해, 꿀벌은 자신이 나타난 시기를 고려했을 때, 가능한 가장 효율적인[12] 방식으로 일생의 에너지를 할당하기 위해 노화를 조정하고 있었다.

전시 비유를 계속하자면, 이는 1914년부터 1918년까지 영국 남성, 그러니까 일부는 고향의 공장에서 일하는 남성, 일부는 참호에 있는 남성의 데이터를 수집해 각 활동이 얼마나 위험한지 정확하게 계산하고, 남성의 직업과 상황이 그들 사이의 유일한 차이점일 때 예상 수명을 계산한 다음, 실제 **측정된** 수명의 차이가 그보다 크다는 것을 발견한 것과 같다. 이 경우 결론은 수명의 차이에 전투로 인한 사망 이외의 다른 요인도 작용하고 있으며, 참호에 있는 남성들이 공장에 있는 남성들보다 실제로 더 빨리 노화한다

---

12 여기에서 효율성은 집단의 이익 측면에서 정의된다.

는 것이다(실제로 그렇지 않았다).

이제 드디어 코알라와 코끼리의 이야기로 돌아갈 시간이다. 추가 설명을 하자면, 코알라의 유일한 이빨은 1년 정도 차이는 있을 수 있어도 약 6년이 지나면 닳기 시작하며, 암컷이 아직 번식 활동을 할 수 있는 나이에 완전히 없어질 수 있다. 그에 반해 코끼리의 마지막 이빨은 암컷의 생식 능력이 떨어지기 시작하는 40번째 생일이 지난 후에 나기 때문에 코끼리는 마지막 새끼를 낳고 난 이후에도 행복하게 먹이를 씹을 수 있다.

코알라의 이빨 마모는 우리가 지금까지 살펴본 노화 이론으로 꽤 쉽게 설명될 수 있다. 이빨의 불충분한 강도는 번식에 긍정적인 영향 또한 미치는 유전자가 생애 초기에 효력을 발휘한 결과일 수도 있고(적대적 다면발현), 평생 적응도를 최대화한다는 관점에서 보면 이빨 유지는 우선이 아닌 에너지 비용이고 이 에너지가 번식이나 다른 중요한 기능에 더 잘 쓰이기 때문일 수도 있다(일회용 체세포 이론). 하지만 코끼리는 이 그림에 아주 깔끔하게 들어맞진 않는 것 같다. 어쨌든 번식이 사실상 중단된 후에야 이빨은 부정적인 영향을 미치기 시작하기 때문이다. 다시 말해, 모든 진화생물학자 지망생의 수수께끼는 코끼리가 아직 건강할 때 이빨이 다 빠지는 것이 **아니라**, 이빨이 좀 더 **일찍** 빠지지 않는 것이다.

모계 사회

물론 번식 전성기가 지났다 해도 나이든 동물은 자손의 생존(그리고 그들 자신의 평생 적응도)에 중대한 영향을 미칠 수 있다. 대표적인 예로 우리 종만 봐도 알 수 있다. 여성이 폐경이 시작될 즈음에 사망하면, 자식들과 손주들은 보살핌과 축적된 지혜의 상실로 고통받을 것이다. 인간이 아닌 많은 종, 특히 가족을 이루어 사는 종도 마찬가지다. 번식기가 지난 나이든 개체의 긍정적인 영향은 심오하며 오래 지속될 수 있다. 아프리카 덤불 코끼리^{bush elephant}[13]는 모계 중심의 군집 생활을 하는 동물로, 계절 내에도 계절 사이에도 자주 이동하며, 불규칙하지만 심각한 가뭄이 발생하는 환경에서 산다. 무리 중에서 가장 나이가 많은 암컷이 살면서 한 번도 가뭄을 겪지 않았다면, 코끼리 무리는 어디에서 물을 찾을 수 있는지에 대한 집단적 지식을 얻지 못할 것이고, 그러면 모든 구성원이 죽음에 이를 수도 있다. 암컷 우두머리가 제공하는 것은 지리적 지식만이 아니다. 실험 데이터에 따르면, 나이와 포식자의 위협을 정확하게 알아보는 능력 사이에는 상관관계가 있었다. 서식스^{Sussex}대학교의 카렌 맥콤^{Karen McComb}이 이끄는 연구진은 암컷 우

---

13 아프리카 코끼리에는 대표적으로 덤불 코끼리와 숲 코끼리(forest elephant) 두 종이 있으며, 이중 덤불 코끼리가 여러분이 생각하고 있는 코끼리일 것이다.

두머리의 나이가 각기 다른 코끼리 집단에 미리 녹음된 사자의 포효를 들려주고 그들의 방어 행동(함께 모여 있기, 잠시 멈춰 열심히 듣기, 소리를 향해 이동하기)을 관찰했다. 그 결과 더 나이든 암컷 우두머리가 있는 집단은 포효하는 사자의 수와 성별에 따라 경계를 더 적절히 조정하는 경향이 있었다. 한 마리보다 세 마리의 사자가 더 위험하고 암컷보다 수컷이 더 위험하다고 판단했다.

그런가 하면 현명하고 늙은 암컷 우두머리가 너무 오래 살아서 쓸모가 없어지는 때도 있다. 70세의 암컷은 60세의 암컷보다 훨씬 더 많은 것을 알진 않을 것이고, 그 암컷의 지식은 이미 무리 내에 존재할 수 있다. 먹이가 부족할 때, 약간의 추가적 경험이 주는 적응도 이득은 훨씬 젊고 번식력이 강한 손녀나 손자에게 적절한 영양을 공급하지 못하는 비용에 의해 쉽게 상쇄될 수 있다. 이러한 상황에서 나이든 코끼리가 100년 이상 계속 살 수 있게 하는 유전자[14]는 미래에 자주 복제되지 않을 것이다. 간단히 말해, 추가적인 수명이 추가적인 유전적 유산으로 이어지지 않는 시점이 있고, 대략 그 시점이 지나면 코끼리의 이빨이 다 사라진다. 적응도의 균형에는 일정한 논리가 있지만, 그 어느 것도 굶주린 코끼리에게

---

14 지나친 단순화이지만 이 맥락에서는 괜찮은 단순화이다. 유전자와 일부 행동 또는 신체 특성 사이에 일대일의 연관성이 있는 경우도 있지만, 일반적이지는 않다. 더 일반적으로, 특정 유전자의 존재와 그와 관련된 특성 사이에는 확률적인 관계만 있다. 실제로 특성은 보통 세포의 화학적 환경뿐만 아니라 많은 유전자의 집단적 작용으로 결정된다.

는 큰 위로가 되지 않는다. 다음 장에서 보겠지만, 그러한 냉정한 계산 속의 진화는 동물 이타주의라는 겉보기에 자비로워 보이는 세계와 얽혀 있다.

젊음의 영약

그러나 계속 진행하기 전에 노화 이야기에 한 가지 덧붙일 내용이 있다. 바로 히드라^{Hydra} 속의 히드라 불가리스$^{Hydra\ vulgaris,\ freshwater\ polyp}$에 관한 이야기다. 이 종의 개체는 작고 반투명한 관 형태로 생겼는데, 한쪽 끝은 접착성의 '발' 역할을 하고 다른 한쪽 끝은 고리 모양의 촉수로 둘러싸인 입으로 기능한다(해파리, 산호, 말미잘 등 자포동물[15]에 속하는 대부분 동물과 마찬가지로 입은 항문 역할도 한다). 번식은 유성과 무성 모두 가능하지만, 대체로 무성번식이 더 흔하며, 체벽에서 자란 딸 폴립이 떨어져나와 새로운 복제 개체를 형성하는 '출아^{budding}' 과정을 통해 이루어진다.

자포동물로서 지금까지는 별다를 것이 없다. 하지만 실험실에서 몇 년간 히드라를 계속 관찰하다 보면 별다를 것 없던 상황은

---

15 '문'은 '강' 위 '계' 밑에 있는 분류군이다. 인간은 '등뼈가 있는 동물'을 뜻하는 척삭동물 문에 속한다.

완전히 바뀐다. 특히, 시간의 흐름에 따라 번식률과 사망률을 주의 깊게 측정해보면 수치가 거의 떨어지지 않는다는 것을 확인할 수 있다. 히드라는 늙지 않는다. 1998년 캘리포니아에 있는 퍼모나^{Pomona}대학교의 다니엘 마르티네즈^{Daniel Martínez}는 좀 흥분한 상태로 과학 논문에 다음과 같이 썼다.

> "결과는 노화에 대한 어떠한 증거도 제공하지 않는다…
> 히드라는 실제로 노화를 피했을 수도 있고 잠재적으로
> 불멸의 존재일 수도 있다."

너무 흥분하진 말자. 히드라는 불멸의 존재가 아니다. 마르티네즈도 실험 표본 중 하나를 수조에서 꺼내 실험실 작업대에 한두 시간만 놔뒀다면 알았을 것이다. 하지만 길이 1인치의 이 별로 대수롭지 않은 생물체의 몸에서 아주, 아주 이상한 일이 벌어지고 있다. 이후의 연구에서 30년 된(지금도 계속 나이 먹는 중) 유두 히드라 *Hydra magnipapillata*[16] 집단의 생존 데이터를 분석한 결과, 연구진은 현재 개체 중 5%가 1400년 후에도 살아있을 것이라고 결론지었다.

이것이 기이하게 보인다 해도 괜찮다. 다른 사람들도 마찬가지

---

16 유두 히드라에 대해 왜 들어보지 못했는지 궁금해할까 봐 설명하자면, 유두 히드라는 히드라 불가리스와 같은 종이다. 아마 들어보지 못했을 것이다.

다. 히드라의 항노화 특성에 대한 미스터리는 정확히 미스터리로 남아있다. 하지만 어깨를 으쓱하고 다음으로 넘어가기 전에 그러한 특성의 어떤 부분이 신비한지 분명히 설명하고자 한다. 우리는 기계적인 의미에서 이 재주가 어떻게 가능한지 상당히 잘 알고 있다. 이를 설명하려면 약간의 배경 지식이 유용할 것이다. 우리 몸의 세포는 크게 체세포, 배우자^{gamete}, 생식세포, 줄기세포의 네 가지 유형으로 분류할 수 있다. 체세포는 복잡한 유기체에서 가장 기본적인 세포로, 조직과 장기를 구성하는 단위이며 손상되기 쉽다. 체세포는 비용을 들여 복구될 수 있지만 제한적인 범위 내에서만 가능하다. 배우자는 유성 생식을 하는 유기체가 자신의 DNA를 자손에게 전달하기 위해 사용하는 세포로, 인간의 경우 난자 또는 정자이다. 생식세포는 배우자를 생기게 하는 세포이며 생식선에 있다. 줄기세포는 정의하기 쉽지 않지만, 스크래블[17]에서 알파벳이 새겨지지 않은 타일과 같다고 볼 수 있다(다른 세포가 알파벳이 새겨진 타일이라면). 생물학적 용어로 줄기세포는 '미분화', 즉 아직 특정한 목적으로 특화되지 않았다. 줄기세포는 어느 종에서든 효과적으로 노화에 저항하지만, 유지하는 데 에너지 비용이 많이 들고, 인간과 같은 복잡한 유기체에서 세포의 극히 일부분을

---

17 알파벳이 새겨진 타일을 보드 위에 올려서 단어를 만들고, 이에 따라서 맞는 점수를 얻어서 점수를 많이 모으면 승리하는 보드 게임.

차지한다. 줄기세포는 골수 및 혈액과 같은 곳에 소량만 존재하며 새로운 조직의 저장소 역할을 한다.

히드라로 돌아가자. 앞서 말했듯이 이 동물은 아주 작고, 해부학적 면에서도 매우 단순하다. 예를 들면, 히드라 크기의 10분의 1 수준인 초파리보다 훨씬 더 단순하다. 몸은 관 모양이며(한쪽 끝에 역시 관 모양인 촉수가 몇 개 붙어 있다), 두 층의 세포들로 이루어져 있다. 특정한 기관이랄 게 없는 히드라는 상대적으로 제한적인 범위의 다른 세포 유형을 포함하고 있는데, 가장 중요한 것은 전체 세포의 상당 부분이 줄기세포로 구성되어 있다는 것이다.

자, 이제부터 복잡하고 힘들게 얻은 세포 생물학적 지식을 건너뛰고, 중요한 사실에 집중하겠다. 히드라는 조직 내 상대적으로 우세한 줄기세포와 해부학적 단순성 덕분에 매우 효율적으로 스스로를 재생할 수 있다. 실제로 히드라는 손상된 세포가 식별되고, 제거되고, 인근의 줄기세포 재고에서 대체되는 지속적이고 선택적인 세포 재생 과정을 유지한다. 인간이나 다른 복잡한 유기체라면 불가능했을 이 모든 일을 히드라는 매우 낮은 비용으로 해낸 것으로 보인다. 가령 온실의 유리 패널을 하나씩 교체하는 일과 로열 앨버트 홀Royal Albert Hall의 벽돌을 하나씩 교체하는 일의 차이를 생각해보라. 하나는 비교적 쉽고 확실히 지속적인 유지 보수의 일부로 고려할 수 있는 일이지만(상당히 큰 온실이라 해도), 다른 하나는 엄두도 못 낼 일이다.

그러나 조직의 복잡성이 전부는 아닌 것 같다. 예를 들어, 여러 연구에 따르면 물의 온도를 18도에서 10도로 낮추기만 하면 실험실에서[18] 갈색 히드라*Hydra oligactis*의 노화가 유도될 수 있다. 갈색 히드라는 갑작스러운 환경 스트레스에 직면하면 무성 생식을 중단하고 유성 생식으로 전환한다. 이 이야기는 익숙할 것이다. 3장의 물벼룩을 떠올려보라. 물벼룩은 대부분 무성 생식을 하다가 병원체를 만나면 유성 생식을 하기 시작한다. 새로운 환경은 물벼룩이 부모와 유전적으로 다른 자손을 낳도록 촉진한다. 병원체가 특히 기존에 복제된 물벼룩을 감염시키도록 빠르게 진화할 것이기 때문이다. 이와 비슷하게 온도가 변하면 복제된 계통이 갑자기 불리한 상황에 처하기 때문에 갈색 히드라가 유전적으로 새로워지도록(유성 생식하도록) 선택 압력이 가해질 것이다.

가장 중요한 것은 갈색 히드라가 무성 생식에서 유성 생식으로 전환하는 즉시 노화가 시작된다는 것이다. 알버트 아인슈타인 의과대학Albert Einstein College of Medicine의 시샹 선Shixiang Sun과 동료들은 이 생식 전환 과정 중 유전자 활성화의 변화를 모니터링한 결과, 줄기세포 활성화와 관련된 유전자가 하향 조절된다는 사실을 발견했다.[19] 잠정적인 결론은? 노화는 성관계의 부산물이다.

---

18 야생에서도 가능하다. 실험실에서는 확인이 더 쉬울 뿐이다.

19 즉 이러한 유전자들은 평소대로 관련 단백질로 읽히고 전사되지 않아 사실상 효력을 잃는다.

인간의 시선

이 결론에는 뭔가가 있을 수 있지만, 안타깝게도 상황은 그렇게 간단하지 않다. 갈색 히드라는 유성 생식 후 노화하지만(그리고 보통 상당히 빨리 죽는다), 유두 히드라는 그렇지 않다. 성은 유두 히드라의 초능력에 아무런 영향을 미치지 않는 것처럼 보이므로 갈색 히드라의 노화를 일으키는 원인이 아닐 수도 있다. 그렇다면 왜 갈색 히드라는 노화의 블랙홀에서 빠져나오지 못하는 걸까?

아마도 어딘가에 좋은 답이 있겠지만, 나는 그것을 찾아보지 않았다. 우리가 그 질문을 해야 하는지 확신이 서지 않았기 때문이다. 의학자들은 새로운 항노화 기술을 발견하고(발견하거나) 개발하려는 목적으로 히드라를 연구하지만, 진화생물학자들이 이 불가사의한 작은 생명체에 관심을 기울일 때는 좀 더 신중해야 한다. 특히, 그들은 특정 방식으로 질문을 구성하려는 유혹을 피해야 한다. 예를 들면 이런 식이다.

'왜 갈색 히드라는 유두 히드라와 달리, 유성 생식 후 노화에 계속 저항력을 갖지 못하는 것일까?'

눈치챘을지 모르지만, 이 질문은 은연중에 노화 과정을 늦추는 것이 분명히 좋은 것이라는 매우 인간다운 가정을 하고 있다. 우리

인간은 모두 더 오래 젊음을 유지하고 싶어 하며, 그중 일부는 불멸의 존재가 되기를 바란다. 하지만 히드라도 그럴까? 인류의 렌즈를 제거했을 때, 이러한 노화의 부재가 특별히 유용할까? 이는 사실 확실하지 않다는 것을 나는 여러분에게 이해시키고자 한다.

먼저 히드라가 세포 단위로 자신의 몸을 언제까지나 재생하는 능력에서 실제로 무엇을 얻는지 생각해볼 수 있다. 노화의 개념을 소개할 때 이 장의 시작 부분에서 제기된 질문을 상기해보자.

> '대체 왜 자연 선택은 힘들게 얻은 몸, 다시 말해 포식과 경쟁, 다른 모든 종류의 어려움에서 살아남은 몸, 생식 도구로서의 가치를 입증한 몸, 유전적 지시가 요구한 모든 일을 해낸 몸을 포기하고 썩게 내버려 두는 것일까?'

여전히 유효한 질문이지만, 사실 노화에 저항하기 위해 각각의 히드라는 '힘들게 얻은 몸'을 반복해서 다시 만들어야 한다. 히드라는 이러한 일을 죽음과 번식을 통해 한 번에 하는 것이 아니라 조금씩 점진적인 방식으로 한다. 하지만 원료와 에너지에 대한 필요가 여전히 남아 있으므로, 히드라는 이 문제에 대해 전혀 진전을 이루지 못했다고 할 수도 있을 것이다. 실제로 불멸이라는 히드라의 꼬리표는 오랜 시간 동안 수천 개의 부품을 하나씩 교체한 배가 여전히 같은 배인가를 판단해야 하는 사고 실험인 '테세우스의 배^{Ship of Theseus}'를 떠올리게 한다. 10년 된 히드라가 정말로 9년 전의 히드라와 같은 동물일까? 잘 모르겠다.

히드라 재생의 의미보다 더 중요한 것은 '그것이 실제로 동물이 무엇을 성취하게 하는가?'라는 질문이다. 여기서 우리는 다시 회의적인 태도를 유지해야 한다. 앞서 물벼룩을 통해, 또 지금 갈색 히드라를 통해 본 것처럼 변화하는 환경에서 같은 모습을 유지하는 것이 꼭 좋은 생각은 아니다. 특히 그 변화가 비호의적일 때는 더욱 그렇다. 실제로 갈색 히드라가 유성 생식 후 부적당한 환경에서 신체 유지에 투자하지 않는 것은 그러한 행동의 높은 비용을 반영하는 것이 아니라 단지 **보상**이 적기 때문이라는 제법 괜찮은 주장이 있다. 유성 생식 후 무기한적인 생존은 히드라에게 그리 유용하지 않을 수 있다. 이렇게 보면 행동에 설명이 필요한 것은 '불멸의' 유두 히드라이다. 틀림없이 이 특별한 종은 에너지와 재료를 배우자 생산으로 전용하면서 동시에 세포 재생 체제도 유지할 수 있는 것으로 보인다. 아주 멋진 솜씨다. 하지만 대신 배우자에 훨씬 **더 많이** 투자하고, 더 커진 생식력으로 유성 생식하고, 그 결과 평생의 적응도를 더 높인다는 설명도 가능해 보인다.

이 모든 것은 내 추측일뿐, 나는 이 히드라 종들의 전략 중 어느 것이 더 나은지 모른다(그런 비교가 가능하다면 말이다. 각 히드라는 자신의 환경에 가장 적합한 수명 주기를 진화시켰을 가능성이 크므로 어느 쪽도 '이겼다'라고 볼 수 없다. 또는 관점에 따라 양쪽 다의 승리로 볼 수도 있다). 내가 말하려는 핵심은 노화를 자연 선택이 해결할 수 없었던 문제 중 하나로 가정해서는 안 된다는 것이다. 그야말로 해결하려 노력할 필요가 없었는지도 모른다. 1년간 두 세트의 유전자, 즉 물벼룩 한 개체의 유전자와 유두 히드라 한 개체의 유전자를 관찰한다고 생각해보자. 물벼룩의 유전자(더 정확히 말하자면 그 복제본)는 두 개의 다른 몸, 즉 6개월 후에 죽는 모체와 그보다 한 달 전에 태어난 복제된 딸의 몸에 존재한다. 반면 히드라의 유전자는 같은 개체에 남아 1년간 생존하며 각각의 신체 세포를 재생한다. 12개월이 지난 후에도 우리는 여전히 동일한 두 세트(물벼룩과 유두 히드라)의 유전자를 확인할 수 있으며, 각각은 1년 전과 똑같은 수의 세포에 포함되어 있다. 유전자가 여기까지 오기까지의 두 여정 사이에 과연 의미 있는 차이가 있을까? 잘 모르겠다.

히드라의 영원함은 다른 이름으로 연속적인 무성 생식처럼 보인다. 이러한 관찰은 자연스럽게 진화와 자연 선택의 관점에서 볼 때 실제로 개체의 몸에 특별할 것이 없다는 결론으로 이어진다. 1장에서 살펴본 것처럼, 유기체는 단지 현 유전자의 지속적인 증식을 위해 만들어진 수단으로 유용하게 개념화된다. 그러므로 우리는 왜 동물이 영원히 살도록 진화하지 않았는지 궁금해질 때 이점을 기억해야 한다. 요컨대, 유전자는 그들이 어딘가에 존재하는 한 어디에 있든 상관하지 않는다. 다음 장에서는 이 사실에 내포된 몇 가지 추가적인 의미를 살펴본다.

Flaws of Nature

6장

극단적
이타주의

세계 곳곳에는 자신의 목적을 위해
다른 이들의 이타적 행동을 기꺼이 조작할 수 있는
사기꾼들이 항상 존재하고 있다.

고래가 '악의'를 가질 수 있
는 동물이라면 모비딕은 에이허브 선장을 증오했을 것이다. 물론
에이허브 선장이 모비딕을 증오한 만큼은 아닐 테지만.

포경, 자연사, 인간의 나약함을 다룬 허먼 멜빌의 소설『모비딕』
에서 피쿼드^{Pequod}호의 에이허브 선장은 자신의 다리를 물어뜯은
고래 모비딕을 죽이는 데 남은 인생을 바친다. 복수를 위해서라면
선원들의 목숨을 포함해 어떤 대가도 치를 수 있었다. 에이허브는
다른 이에게 더 큰 해를 입히기 위해 자신을 해치는 감정인 '악의'
에 굴복했다. 그만 그런 것이 아니다. 악의는 흔한 감정이다.

수많은 심리학 자료에 따르면 사람들은 악의에 빠지기 쉽다. 사
회 과학계에서 최후통첩 게임$^{Ultimatum\ Game}$으로 알려진 실험을 예로
들어보자. 이 게임에는 서로 모르는 두 명의 참가자 A와 B가 참여
한다. 참가자 A는 돈을 받고, 원하는 대로 B와 돈을 나누도록 지

시받는다. 단, 서로 상의를 해선 안 된다. 그런 다음에는 B에게 제안을 수락하거나 거절할 수 있는 기회가 주어진다. B가 수락하면 A가 나눈 대로 돈을 받고 거절하면 둘 다 한 푼도 받지 못한다. 두 사람은 모두 실험이 시작되기 전에 규칙을 알고 있다.

사회성, 형평성, 호혜성에 대한 관점과 상관없이 몇 가지 명확한 서술이 가능하다. 첫째, A에게는 모든 돈을 가져가는 것이 경제적으로 합리적이다. 둘째, B에게는 전체 중 일부, 심지어 1%라도 제안을 받아들이는 것이 경제적으로 합리적이다. 그래도 한 푼도 받지 못하는 것보다는 낫기 때문이다. 그러나 다양한 나라와 문화권에서 수백 명의 피험자를 대상으로 수십 건의 실험을 진행한 결과, A는 대부분 어느 정도의 금액을 제안했고, B는 30% 미만의 제안은 거의 항상 거절했다.

B의 행동은 악의적이다. 흰 고래에게 복수하기 위해 자신의 선원과 목숨을 내놓겠다는 에이허브의 결의처럼 말이다. 최후통첩 게임은 이러한 행동의 부조리함을 다소 적나라하게 강조한다. 그런데도 우리는 대체로 그 악의 자체가 특별히 이상하다고 여기지 않으며, 그들이 부당하다고 느끼는 것에 충분히 공감한다. 그러나 과학적인 관점에서 보면 이는 '예상' 행동에서 벗어난 일탈이며 추가로 연구가 필요한 일이다. 다행히도 인간 사회에서 이러한 현상이 얼마나 일반적인지 설명하는 수많은 이론이 있다. 심리학자 및 다른 사회과학자들이 내놓은 이론들은 대체로 우리의 조상이 다른

사람들과 작은 무리를 이루어 오랫동안 반복적으로 상호작용해왔다는 것을 출발점으로 삼는다. 이러한 맥락에서 보면 처벌에 투자하는 것은 가치가 있다. 즉, 만약 A가 부당하게 행동한다면 B로서는 자발적으로 약간의 개인적 비용을 들여 A가 나중에는 더 협조적으로 대응하기를 바라는 마음으로 A를 처벌하는 것이 낫다.

또한, 어떤 유용한 것(특히 통화로 기능하는 것)의 부는 상대적인 개념이기 때문에 얼마나 많이 가지고 있느냐가 아니라 동료들과의 순위에서 어디에 있느냐가 더 중요하다. '맹인의 나라에서는 외눈박이가 왕이다'라는 속담이 있듯이 한정된 경제에서 A와 B가 동등한 조건에서 시작한다고 가정했을 때, B가 90:10의 제안을 거절하는 것은 합리적인 결정일 수 있다. 제안을 수락하면 절대적인 면에서는 둘 모두에게 이득일지 몰라도, 거래 후 A는 B보다 더 부유해질 것이므로 B는 실제로 얻은 것이 아니라 잃은 것이 되기 때문이다.

이렇게 보면 악의는 지능적이고 사회적인 동물이 자신의 이익을 증진하기 위해 사용하는 전략적인 전술이다. 하지만 이것이 다가 아니다. 악의는 인간만의 특성이 아니라 뇌가 없는 생물체에서도 잠재적으로 진화할 수 있다. 악의가 어떻게 생기는지 이해하려면 먼저 악의의 반대 개념이자 악의를 낳는 '이타주의'에 대해 알아야 한다. 그리고 그 전에 적응도의 개념을 다시 살펴보자.

지금까지 우리는 적응도를 실제 또는 잠재적인 평생의 번식 성공도로 정의했다(곧 다시 논의할 한 가지 예외를 제외하고). 적응도는 한 개체가 낳는 직계 후손의 수로 가장 쉽게 측정될 수 있지만, 조금 더 세밀화하면 더 의미 있는 지표가 될 수 있다. 이를테면, 거대하고, 육중하고, 납작하며, 몸무게가 최대 2.5톤에 이르는 개복치[1]의 암컷은 평생 10억 개까지도 알을 낳지만, 비교적 몸집이 비슷한 바다코끼리의 암컷은 평생 20마리 이상의 새끼를 낳는 일이 드물다. 개복치와 바다코끼리의 개체 수를 모두 정확히 따라갈 순 없으므로, 장기적 평균에서 봤을 때 이 두 종의 암컷이 각각 실제로 번식에 성공할 만큼 오래 살아남는 약 두 마리의 자손을 낳는다고 가정해보자. 이렇게 하면 적응도는 '번식 적령기까지 생존하는 자손의 수'와 같은 것으로 더 잘 정의된다.

개복치와 바다코끼리의 예상 수명이 크게 차이 나는 궁극적인 이유는 별도의 책으로 다룰 문제지만[2] 근접한 주요 원인 중 하나는 각각의 자손에 대한 부모의 투자에 차이가 있기 때문이라고 말할 수 있다. 요컨대, 개복치는 알을 버리지만, 바다코끼리는 새끼를 돌본다. 일부 포유류는 자손의 자손을 돌보기도 한다(이는 포유류의 고유한 특성인 것 같다). 바로 몇 페이지 전에서 우리는 암컷 우두

---

1 학명: 몰라몰라(*Mola mola*). 개복치는 간단히 '몰라'로 불리기도 하며, 세계에서 가장 큰 경골어류(연골어류가 아님)이다.

2 우선 즐겨 찾는 인터넷 검색 엔진에 '생애사 연구(life history theory)'를 입력해보라. 위키백과가 잘 설명해줄 것이다.

머리 코끼리가 살아남아 이제 무리 어딘가에 존재하는 지식을 전수하기보다 이빨이 다 빠지는 편이 적응도를 최대화하는 데 더 나을 수 있다는 것을 알게 되었다. 이런 식으로 암컷 우두머리는 무리에서 가장 취약한 손주들에게 더 많은 자원을 제공한다. 고의적이거나 의식적인 행동은 아니지만, 암컷 우두머리는 가족을 돕기 위해 (나이를 생각하면 가능성은 희박하지만) 직접 새끼를 낳아 얻을 수 있는 미래의 잠재적 적응도를 사실상 희생하고 있다.

이러한 일이 놀랍게 느껴지지 않을 수 있다. 직관적으로 다윈의 진화론적 관점에서 생각하기 때문일 수도 있고, 그러한 세대를 뛰어넘는 보살핌이 인간에게는 친숙하기 때문일 수도 있다. 하지만 할머니가 손주를 돕기 위해 개인적으로 큰 대가를 치르는 것은 지금까지 우리가 정의한 방식대로라면 할머니에게 적응도를 제공한다고 말할 수 **없다**. 우리가 사용해온 적응도는 '직접' 적응도라고 부르는 것이 더 적절하지만, 할머니가 받는 또 다른 종류의 적응도가 있다. 비유를 통한 설명이 도움이 될 것 같다.

조랑말과 우편

1860년 미주리에서 캘리포니아까지 가장 빨리 우편물을 배달하는 방법은 조랑말을 이용하는 것이었다. 그해 4월에 설립된 포니 익스프레스^{Pony Express}는 배달부가 약 10마일(약 16킬로미터)마다 지친 조랑말을 새 조랑말로 바꿀 수 있는 190개의 중간 기착지를 두었다. 배달부들은 밤낮으로 이동하며 75마일(약 120킬로미터)마다 조랑말을 교대했고, 이런 식으로 1주일 만에 1,900마일(약 3,060킬로미터)을 이동할 수 있었다.[3] 이 경로는 파이우트^{Paiute}족이 거주하는 영토를 가로질렀는데, 이들은 백인들의 영토 확장에 분노하여 정착민과 여행자를 자주 공격했기 때문에 위험했다. 포니 익스프레스는 서비스가 시작된 지 2년이 채 되지 않아 대륙을 가로지르는 전신선이 생기면서 하루아침에 구식이 되고 결국 실패한 사업이 되었다. 그러나 유기체와 유전자 사이의 관계에 대한 유용한 은유를 제공한다.

여기에서 조랑말은 개체의 몸, 특히 대대로 이어져 내려오는 개체의 계통을 나타내고, 우편 가방은 몸 안에 들어 있는(그리고 다음 세대로 전달되는) 유전자를 나타낸다. 이 시스템은 무성 생식하는 계통과 어울리지만, 유성 생식하는 종에도 충분히 유용하게 적용될

3　평균적으로는 아마 10~12일 정도 걸렸을 것이다.

수 있다. 사실 강조하고 싶은 부분은 개체 간의 인계에 있는 것이 아니라, 조랑말보다 우편 가방이 우선이라는 데 있다. 우편물의 전달에 정확히 몇 마리의 말이 사용되었는지, 또는 이동을 어떻게 나눠서 했는지에 크게 신경 쓰는 고객은 없었을 것이다(심지어 알지도 못했을 것이다). 편지와 전보가 잘 전달되기만 하면 그만이니까.

마찬가지로 유전자는 개체보다 우선한다. 여러 세대에 걸쳐 생존하는 것은 개체가 아니라 유전자, 더 나아가 개체의 형질을 발현시키는 인자이기 때문이다. 우리는 'x형질에 대한 유전자를 가진 개체가 y형질에 대한 유전자를 가진 개체보다 더 많은 자손을 낳기 때문에, x형질에 대한 유전자를 가진 개체가 확산하는 경향이 있다'와 같이 말을 하는 데 익숙하다. 하지만 이는 핵심에 미치지 못한다. 그러한 **개체**라 해도 죽기 마련이고, 살아남아 일련의 완전히 새로운 개체로 확산하는 것은 유전자이다. 자연 선택은 가장 가깝게는 개체에 작용하지만 개체는 금방 사라진다. 따라서 궁극적으로 자연 선택은 오랜 시간에 걸쳐 유전자[4]의 상대적 빈도를 결정하는 과정이라고 할 수 있다.

물론 자연 선택을 통한 진화에는 목적이나 목표가 없으므로 비유 속 포니 익스프레스의 고객에 해당하는 것은 없지만, 만족해야

4　더 정확하게는 대립유전자(유전적 변이체)의 빈도로, 서로 다른 유전자는 보통 서로 경쟁하지 않지만 같은 유전자의 다른 버전은 경쟁한다.

할 존재로 '후손'을 대입해보면 충분히 비교할 수 있다(실제로 유전자가 **추구**하는 것은 후손이나 다른 보상이 아니라, 자신이 후손에게 전달되는 것뿐임을 기억하자). 정리하면 고객은 연이은 조랑말들이 대륙을 가로질러 가져다주는 우편물을 기다리고, 후손은 끊어지지 않는 개체의 사슬을 통해 미래로 전달되는 유전자를 기다린다.

포니 익스프레스의 관리자가 우편물이 캘리포니아에 도착할 가능성을 높일 수 있었을 한 가지 방법은 좀 더 단련된 배달부와 말에게 방금 우편 가방을 건네받은 배달부와 함께 이동하도록 지시하는 것이었을지 모른다. 그들은 몇 마일을 추가로 지원하거나, 빠르게 흐르는 강을 건너는 것을 돕거나, 파이우트족의 공격에 맞서 수적으로 힘을 보태줄 수 있었을 것이다. 이는 부모 및 조부모의 보살핌과 직접적으로 닮은 점이 있다.

비유를 좀 더 확장해보자. 이제 포니 익스프레스가 대륙을 가로지르는 하나의 노선이 아닌, 몇 마일 떨어진 곳에서 서로 평행하게 운행하는 두 개의 노선을 운행하고, 각 노선에서 배달부가 서로 동일한 우편물을 배달한다고 상상해보라. 이제 배달부에게는 자신의 구간을 마치고 난 후 고객 만족을 보장할 수 있는 **두 가지** 방법이 있다. 자신의 노선에서 다음 배달부를 지원하거나, 옆으로 건너가 다른 노선의 배달부를 지원하는 것이다. 때로는 더 과감한 선택을 할 수도 있다. 자신의 여정을 다 끝마칠 수 없다는 판단이 들면 임무를 포기하고, 무거운 우편 가방을 버린 뒤 다른 노선으로 건너가 똑같이 어려운 상황에 처한 배달부가 다음 기착지까지 무사히 도착하도록 돕는 것이다. 이 경우 배달부는 다른 배달부의 성공 가능성을 높이기 위해 자신의 우편물을 배달할 기회를 희생한다. 중간에 임무를 포기했으므로 그 특정 우편 가방은 절대 도착하는 일이 없겠지만, 정확히 **같은 내용물**의 우편 가방이 도착할 가능성이 이제 더 커지기 때문에 고객은 여전히 만족할 것이다.

이 행위를 유전자와 유기체의 언어로 다시 설명하면, 이 계통 전환은 한 개체의 유전자가 역시 그 유전자의 사본을 가진 다른 개체에 이득이 되는 식으로 행동하게 한다는 것을 의미한다. 이는 질적으로 부모의 보살핌과 같다. 유일한 차이점(앞으로 보겠지만 양적인 면에서만 있다)은 수혜자가 직계 후손이 아니라는 것이다. 수혜자는 형제자매나 사촌, 또는 말 그대로 같은 유전자 사본을 가진 **모든** 개체가 될 수 있다. '돕는' 개체는 보상받지 않는 비용을 부담하지만, 앞서 말했듯이 유전자는 개체보다 우선한다. 가장 자주 나타나는 유전자는 사본의 생존을 촉진하는 효과를 생성하는 유전자이다. 유전자의 영향과 그에 따른 이득이 같은 개별 유기체 내에서 발생하는지는 무관하다(여전히 그러한 유전자는 자연 선택에 의해 선호될 것이다). 그러므로 유전자의 관점에서 두 개체 모두 해당 유전자의 사본을 가졌다면, A 개체가 B 개체를 돕기 위해 비용을 부담하는 것과 B 개체가 자신을 돕기 위해 비용을 부담하는 것 사이에 차이가 없다.

생물학적 용어를 좀 더 사용하자면, 돕는 개체는 자신의 생식에 사용될 수도 있을 에너지 및 시간을 투자함으로써 얼마간의 **직접** 적응도를 잃지만, 같은 유전자를 가진 다른 개체의 적응도를 끌어올림으로써 **간접** 적응도를 얻는다. 이를 종합해 직·간접적인 적응도를 합치면 개체의 '포괄' 적응도가 된다.

이것은 자연계에서 흔히 확인되는 이타주의를 설명하기 위해 사용되는 '혈연 선택$^{kin\ selection}$' 이론의 기본적인 생각이다. 보살핌은 인간에게 너무 친숙해서 우리는 이를 이해하는 데 진화적 설명이 필요하다고 느끼지 않지만, 다소 이해하기 쉽지 않은 일들도 많이 있다. 동물의 경보가 이에 걸맞은 예일 것이다. 포식자가 갑자기 나타났을 때 경계음을 내는 것은 사회적인 종에서 흔히 볼 수 있는 현상이다(때에 따라서는 포식자가 누구냐에 따라 경계음이 달라지기도 한다). 경계음을 듣고 도망칠 시간을 확보하는 것은 분명히 집단 대부분의 구성원에게 이득이다. 그러나 경계음을 내는 개체에게 그 이득은 그리 분명하지 않다. 예를 들어, 코요테를 발견했을 때 소리를 내는 들다람쥐는 단순히 더 눈에 띄기 때문에 그렇지 않은 다람쥐보다 공격받을 가능성이 더 클 수 있다. 무리에는 좋지만 개체에는 나쁜 행동이다. 표면적으로 그러한 행동은 자연 선택에 의해 즉시 걸러져야 한다. 다른 이들을 돕기 위해 자신을 위험에 빠뜨리는 경향이 있는 개체는 많은 후손을 남기지 않을 것이기 때문이다. 이러한 이유로 경계음은 생물학자들에게 수수께끼와도

같았지만, 혈연 선택 이론은 그러한 행동이 진화적으로 이해될 수 있는 메커니즘을 제공했다.[5]

해밀턴의 법칙과 홀데인의 형제들

1960년대 초 영국의 생물학자 W.D 해밀턴은 일단 이타적 행동을 유발하는 유전자가 생기면 확산할 수 있는 조건을 설명하는 식을 만들어 우리가 혈연 선택[6]으로 알고 있는 현재의 틀을 개발했다. 해밀턴의 법칙Hamilton's Rule으로 알려진 이 식[7]은 매우 간단하며, 이타적 행동으로 발생하는 비용(C)과 이익(B)의 균형을 설명한다. 어떤 개체가 다른 개체에 이득이 되는 식으로 행동하게 하는 유전

---

5   혈연 선택은 하나의 그럴듯한 메커니즘일 뿐이라는 점을 지적해야겠다. 소리를 내 경보를 울리는 것이 지극히 이기적인 경우들도 있다. 한 무리의 새들이 탁 트인 곳에서 먹이를 찾고 있다고 가정해보자. 포식자를 발견한 새는 당연히 들판을 떠나 가까운 나무로 날아가고 싶어 한다. 그러나 그렇게 하면 새는 주의를 끌게 된다. 새에게 가장 좋은 방법은 다른 새들도 나무 속으로 숨도록 경보를 울리는 것이다. 그러면 새는 상대적으로 더 안전해지고 혼자 나무로 피할 때보다 덜 눈에 띌 것이다. 물론 경보 행위가 자신을 얼마나 분명히 드러내느냐에 따라 그 피해가 경보의 이득보다 커질 수도 있다. 따라서 '올바른' 전략은 상황에 따라 달라진다.

6   해밀턴은 이를 '혈연 선택'으로 부르지 않았으며(이 용어는 나중에 만들어졌다), 이타적 행위가 행위자의 가까운 친족을 대상으로 하는 경우 이타적 유전자가 집단에 퍼질 수 있다는 사실을 처음 깨닫지도 않았다. R.A 피셔와 J.B.S 홀데인이 1930년대에 이 과정에 대한 수학적 설명을 공식화했다. 그럼에도 주류가 된 것은 해밀턴의 공식이다.

7   '등호'가 아닌 '부등호'가 있으므로 부등식이라고 부르는 것이 더 정확하다.

자를 가졌다고 가정해보자. 이 개체는 유전자를 공유할 수도 있고 공유하지 않을 수도 있다. 비용은 이타적 행동으로 인하여 개체가 잃는 얼마간의 **직접** 적응도이며, 이익은 수혜자의 증가한 (직접) 적응도를 통해 얻는 **간접** 적응도이다. 이익은 수혜자가 실제로 유전자의 사본이 있는 경우에만 발생하기 때문에 이익에는 돕는 개체의 유전자가 수혜자에게서도 발견될 가능성을 추정하는 관계 계수 r이 곱해져야 한다. 해밀턴의 법칙에 따르면, 자연 선택은 rB > C인 경우, 즉 개체가 얻을 수 있는 이득이 비용보다 클 경우 유전자의 확산을 선호한다. 극단적인 예로, 자신의 목숨을 희생해 강에 빠져 위험에 처한 세 명의 친척을 구한 개체가 있다고 해보자. 그 친척 중 적어도 두 명 역시 그러한 구조 행동을 하도록 유도하는 유전자를 갖고 있다면, '구조자' 유전자는 하나의 사본을 적어도 두 개로 만듦으로써 자신의 생존 가능성을 더욱 증진했다고 볼 수 있다.

이 과정은 진화생물학자 리처드 도킨스의 저서 『이기적 유전자』의 핵심이 되는 내용으로, 책의 제목이 암시하듯이 사실 가장 직접적으로 잔혹한 생존 경쟁을 하는 것은 개체가 아니라 유전자이므로 개별적 동물이 비이기적으로 행동할 수 있다는 것은 놀랄 일이 아니다. **유전자**는 확실히 이기적인 것처럼 행동하지만, 그렇다고 이것이 **개체**가 늘 이기적으로 행동함을 뜻하진 않는다. 실제로 개체의 이타적 행동은 포괄 적합도를 고려하기 시작하면 이른바

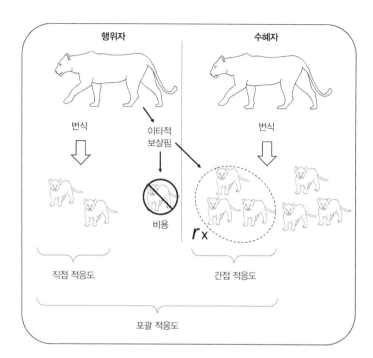

그림3 | 왼쪽의 행위자는 자신의 새끼를 통해 직접 적응도를 얻는다. 다른 암사자(오른쪽)가 세 마리의 새끼를 기를 수 있게 돕는 이타적 행위는 자신의 새끼 한 마리를 가질 기회를 잃게 하지만, r x 3에 해당하는 간접 적응도를 제공한다. 수혜자인 암사자가 행위자의 자매일 때 r은 0.50이고, 그에 따라 얻게 되는 간접 적응도는 0.5 x 3 = 1.50이다. 이때, rB(1.5) > C(1)이므로 해밀턴의 법칙이 충족되며, 이타적 행동을 유발하는 유전자는 지속될 가능성이 크다.

출처: West, S.A. et al., 2007에서 수정

냉혹하다는 다윈의 세계관과 완벽하게 양립할 수 있으며, 유전자의 이기적인 행동은 유전자가 머무는 유기체 내에서 이타적인 행동으로 쉽게 전환될 수 있다.

우리는 이 단계에서 이를 명확히 할 세부적인 설명을 한두 가지 추가할 필요가 있다. 때로 과학 교과서 저자들 사이에서도 혈연 선택은 널리 오해되기 때문이다.

첫 번째 설명할 사항은 r, 즉 근연도^{relatedness}의 의미에 관한 것이다. 중요한 것은 근연도가 돕는 개체와 수혜자 사이에 공유되는 유전자의 수를 나타내진 **않는다**는 것이다. 어쨌든 합리적인 척도에 따르면 모든 인간은 모든 침팬지와 거의 모든 유전자를 공유하지만, 이 종들과의 상호 작용 역사에서 호의는 거의 존재하지 않았다. 중점은 그 보유자가 이타심을 보이게 하는 특정한 단일 유전자에 있다. 이 유전자가 선호되려면 유전자의 보유자가 해당 유전자의 사본을 가진 다른 개체에 이타적으로 행동하게 만들면 될 것이다(해밀턴의 법칙이 충족되는 상황에서). 개체들은 이러한 형질이 진화하기 위해 꼭 친족일 필요는 **없다**. 이 점을 설명하기 위해 진화 이론가들은 가상의 '녹색 수염$^{green-beard}$' 효과[8]에 관해 이야기하는데, 여기에서 유전자는 인간에게서 생겨나 그것의 보유자가 녹색 수염을 갖게 하고 녹색 수염을 가진 다른 사람을 우선적으로 돕게 한다. 녹색 수염은 겉으로 분명히 드러나고 일반적으로 다른 원인에 의해 발생하지 않아 거의 잘못된 판단을 하는 일 없이 인

---

8 일반적인 개념은 해밀턴이 먼저 생각해냈다. 리처드 도킨스는 『이기적 유전자』에서 녹색 수염 형질을 전형적 사례로 제시했다.

식하기가 쉬우므로, 해당 유전자는 비교적 성공적일 수 있다. 자연계에도 녹색 수염 유전자의 사례[9]가 몇 가지 존재하는데, 이는 근연도가 실제로 필연적이진 않다는 것을 확인시켜준다. 이타주의자는 단지 해당 유전자를 공유할 가능성이 큰 타자에게 호의적으로 행동하기만 하면 된다.

그러나(이것은 매우 중요한 '그러나'이다) 유전자는 유전되기 때문에, 친족 관계(개체들이 얼마나 밀접하게 관련되어 있는지)는 일반적으로 이러한 가능성을 추정하는 데 큰 도움이 된다. 여러분이 가지고 있는 희귀한 유전자는(정의에 따르면 최근 발생한 유전자는 처음에는 희귀할 것이다) 무작위로 택한 낯선 사람보다 여러분의 자매에게서 발견될 가능성이 훨씬 더 크다. 따라서 r을 계산하는 데 사용되는 식은 돕는 개체와 수혜자 간 전반적인 유전적 유사성, 그리고 돕는 개체와 집단 전체 간 유사성의 비율이다. 즉 **집단 내 무작위로 선택된 두 명의 낯선 사람이 공유하는 유전자의 비율 대비** 두 개체가 공유하는 유전자의 비율이다. 하지만 분명히 하자면 r은 관계성의 척도를 나타내지만 그 자체가 중요하기 때문에 사용되는 것이 아니다. 보통은 특정 유전자를 공유할 가능성과 큰 **상관관계**가 있기 때문에 사용된다. 참고로 유성 생식하는 종에서 r의 값은 일란

---

9   예를 들어, 불개미(*Solenopsis invicta*)의 경우 일개미의 특정 대립유전자는 그 유전자가 없는 여왕개미를 죽게 한다. 이러한 행동은 근연도와 무관하지만, 대립유전자의 보유 여부에 대한 효과적 인식을 반영하는 것으로 보인다.

성 쌍둥이는 1, 형제자매는 0.5, 부모와 자식 간은 0.5, 사촌은 0.125(8분의 1)이다. 이러한 이유로 J.B.S 홀데인[10]은 언젠가 형제를 위해 목숨을 바칠 수 있느냐는 질문을 받았을 때 '형제 두 명이나 사촌 여덟 명을 위해서라면 기꺼이 그럴 것이다'라고 농담했다.[11]

관련된 문제는 친족 인식의 문제이다. 이 이론은 친족이 실제로 다른 유전자의 보유자를 인식할 수 있거나 명백한 의미에서 그들의 근연도를 계산할 수 있어야 한다고 요구하지 **않는다**. 대신 해당 유전자는 그것의 보유자가 근연도를 아는 것**처럼** 행동하게 한다. 이는 '함께 은신처를 공유한 개체에 이타적으로 행동하라' 또는 '얼마나 친밀한가에 따라 이타적 행동을 개체에 베풀라' 같은 간단한 경험 법칙을 따를 수 있는 사회적 종에게는 그리 어렵지 않은 것으로 밝혀졌다. 이러한 유형의 휴리스틱hueristic[12]은 특히 사회적 집단이 가족 단위로 구성된 경우 많은 상황에서 거의 완벽하

---

10 영국 태생의 유전학자이자 진화생물학자. — 옮긴이

11 적어도 일부 독자들은 이에 대해 이의를 제기할 수 있기를 마음 깊이 바란다. 홀데인이 치른 대가가 각 형제에게 얻는 적응도 이득과 같다면, 해밀턴의 법칙은 충족되지 않는다. rB가 C보다 큰 것이 아니라 C와 같기 때문이다. 물론 해밀턴의 발언은 그럴듯한 것일 뿐이고 그가 부등식을 공식화하기 몇 년 전에 한 것이므로, 눈 감아 주는 것이 좋겠다.

12 문제 해결 시 명확한 실마리가 없을 때 사용하는 어림짐작의 방법. 주로 경험적 지식을 이용해 답을 구한다. — 옮긴이

게 친족 인식 능력을 발휘하게 할 것이다. 여덟 명의 사촌들을 위해 목숨을 바치겠다는 홀데인의 말은 강에 뛰어들기 전에 그를 지나쳐 떠내려가는 익사 직전의 사촌의 수를(또는 다른 생명체) 실제로 세어보겠다는 뜻이 아니다. 그는 그 행동이 조정된 것이라 해도, 비용 대비 이득을 고려해 그러한 방식으로 행동하게 하는 유전자가 확산할 가능성이 있다는 것을 암시하고 있었다.[13]

부수적으로 이타적 유전자가 (다른 개체도 사본이 있을 확률을 분명히 계산하는 것이 아니라) 휴리스틱을 통해 작동한다는 사실은 그 유전자가 더는 희귀해지지 않은 후에도 여전히 집단에 퍼질 수 있음을 뜻한다. 이것이 무슨 의미일까? 음, 앞서 나는 내 누이와 나 사이의 r 값(0.5)이 내가 가진 유전자를 누이도 갖고 있을 가능성에 대한 타당한 근사치라고 말한 바 있다. 그러나 이는 매우 드문 유전자의 경우에만 사실일 수 있다. 매우 흔한 유전자라면 누이에게도 사본이 있을 확률은 0.5보다 훨씬 더 높다. 0.5는 단순히 애초에 부모 중 한 명에게만 사본이 있었다고 가정할 때 그 부모에게서

---

13 더 일반적으로 말해, 어떤 개체의 행동을 이해하려면 복잡한 계산이 필요하다는 사실에 너무 놀라지 말아야 할 것이다. 그 개체가 실제로 그러한 계산을 할 가능성이 없다 해도 말이다. 가령 테니스공이 공중을 가로질러 우리 쪽을 향해 날아올 때, 공이 공기에 저항하며 비행해 그리는 포물선을 설명하는 데 필요한 수학을 할 수 있는 사람은 극히 드물지만, 대부분의 사람은 테니스공을 잡을 수 있다. 뇌는 물론 공이 우리에게 가까워질 때까지 공의 위치를 짐작하기 위해 무언가를 하고 있지만, 학위 수준의 역학을 따지진 않는다고 가정해도 무방할 것이다.

해당 사본을 물려받았을 확률을 말한다. 흔한 유전자는 부모 중 누구에게서든 물려받았을 수 있다.

실제로 모든 인간이 공유하는 유전자는 매우 많다. 이 점을 염두에 두되, 이타적 유전자가 실제로 이득을 준다면 인구 전체에 꽤 빠르게 퍼질 것이고, 이에 따라 실제로 매우 흔해질 수 있다는 점도 고려해야 한다. 이러한 논리를 따르면 친족 기반 이타주의는 사라지고 보편적 이타주의가 그 자리를 대신할 것처럼 보이기 시작한다. 누구를 돕든 같은 간접 적응도를 얻을 수 있을 테니 말이다(그리고 친족보다 친족이 아닌 사람이 더 많으므로, 물론 보편적 이타주의자가 간접 적응도를 얻을 기회가 더 많을 것이다). 그러나 이러한 일은 일어나지 않는다. 이타적 유전자는 애초에 그 유전자의 보유자가 '같이 자란 동료에게 친절하게 대하라'와 같은 휴리스틱을 사용하게 해야만 작동할 수 있기 때문이다. 집단을 통해 확산하는 것은 바로 **이러한** 행동이다. 예를 들어 모든 들다람쥐가 같은 이타적 유전자를 보유할 수 있으나 이타적인 행동은 가까운 친족에게만 행할 뿐, 해당 유전자를 가진 모두에게 하진 않는다는 의미다.

이타주의의 기본을 살펴보았으니, 이제 이타주의와 분명히 반대되는 악의로 넘어갈 차례이다. 그러나 여기에서 바로 악의로 넘어간다면 이타주의의 어두운 면을 간과하고 넘어가는 것이 될 수 있다. 이타주의의 진화에는 단지 협력과 동지애라는 좋은 이야기만 있진 않았다. 여기에서는 관점이 전부다. 앞으로 살펴보겠지만, 유전자의 우월성은 유전자가 행복한 결실을 보는 동안 개체는 곤경에 빠지는 이해관계의 충돌을 발생시킨다. 게다가 한 종의 이타주의 메커니즘은 다른 종의 이득을 위해 왜곡될 수 있으며, 협력의 출현은 반칙의 출현이기도 하다. 이쯤에서 다시 뻐꾸기들을 소환해보자.

휴리스틱과 침입자

2장에서 우리는 뻐꾸기와 숙주 사이의 진화적 싸움, 즉 본의 아니게 부모 노릇을 하게 된 숙주가 분별력을 키우기 위해 안간힘을 쓰는 동안 어떻게 뻐꾸기가 매를 닮은 모습으로 자라도록, 또 그들이 기생하는 종의 알을 닮은 알을 낳도록 압박받아왔는지를 살펴봤다. 그러나 이타주의 유전자, 특히 돌봄 유전자가 없었다면 새들이 친족 관계를 추정하는 데 휴리스틱을 사용하게 하는 이 모든 과정은 시작도 되지 않았을 것이다. 개개비는 새끼가 어떻게 생겼는지 전혀 알지 못하며, '둥지에 있으면 먹인다'는 경험 법칙을 따르는 것 외에는 근연도를 판단할 방법이 전혀 없다. 뻐꾸기는 그러한 무지를 기꺼이 이용해왔다.

다른 종의 근연도 휴리스틱을 이용하는 전략은 뻐꾸기만의 것이 아니다. 개미는 이타적 행동의 진화에 특히 적합한 유전적 구조를 가졌다. 개미 집단의 개체들은 매우 밀접하게 연결되어 있고 여왕개미의 안녕에 전념하기 때문에 이 집단은 상당히 중요한 의미에서 하나의 초유기체로 간주될 수 있다. 하지만 어느 다른 사회적 동물과 마찬가지로 개미는 사실 근연도를 이해하지 못할 뿐만 아니라, 친족과 친족이 아닌 관계를 확실히 구분할 줄도 모른다. 그 대신 화학적 신호와 청각적 신호를 이용해 집단의 일원을 인식하고, 동료들의 계급을 구분하며, 침입자를 식별한다. 이러한 신호는 개개비가 사용하는 것보다 훨씬 더 정교한 친족 인식의 메커니즘이지만, 여전히 다른 종에 의해 모방될 수 있다. 실제로 밖에 있는 굶주린 포식자의 눈을 피해 개미의 안전한 둥지로 몸을 숨기는 방법을 찾아낸 절지동물 종은 10,000종이 넘는 것으로 여겨진다. 그중 한 예를 자세히 살펴보자.

부전나비과$^{Phengaris\ alcon}$의 암컷은 습지의 용담(꽤 매력적인 파란색 꽃 식물)에 알을 낳고 나서 운명에 맡겨버리는데, 이 운명은 꽤 친절할 가능성이 크다. 부화한 애벌레는 한동안은 용담을 먹고 살지만, 곧 뿔개미속의 다양한 개미 유충이 만들어내는 것과 놀랍도록 비슷한 화학 물질을 내뿜기 시작한다. 그러한 공기 중의 신호를 감지하면 개미들은 이 제멋대로인 애벌레를 구하러 나가 둥지로 데려온 후, 평범한 육아방에 넣고 먹이를 주기 시작한다. 애벌레는 최대 2년 동안 육아방에 머물다 번데기에서 부화한 후에야 그

곳을 떠난다.

곤충학자들은 이를 '뻐꾸기 전략'으로 부르는데, 부전나비가 사용하는 전략은 이뿐만이 아니다. 고운점박이푸른부전나비^{Scarce Large Blue, *Phengaris teleius*}도 비슷한 방식으로 시작해 초기 애벌레 단계에서는 식물(이번에는 오이풀)을 먹고, 개미에게 둥지로 데려가라는 신호를 보낸다. 그러나 이곳에서 고운점박이푸른부전나비는 먹이를 기다리지 않고 개미 애벌레를 발견하면 바로 공격해 잡아먹는다.

당연히 개미들은 부전나비의 위협에 대응해왔고, 지금도 진화적 군비 경쟁이 진행 중이다. 코펜하겐대학교의 데이비드 내쉬^{David Nash}가 이끄는 연구진은 덴마크의 다른 두 지역, 즉 부전나비가 개미 집단에 침투한 곳과 부전나비가 없는 곳에서 유럽불개미 군집 간 표면 탄화수소의 화학적 특성을 비교했다. 부전나비가 기생하지 않는 지역의 화학적 특성은 각 실험 현장 간의 거리가 멀었음에도 매우 유사했다. 그러나 똑같이 넓은 지리적 범위의 부전나비가 기생하는 지역에서는 세 현장의 특성이 매우 달랐다. 이는 기생에 대한 대응으로 표면 화학 물질의 변화를 위한 강한 선택 압력이 있었음을 나타냈다.[14]

부전나비의 모방 속임수에는 놀라운 반전이 숨어 있다. 숙주 개

---

14   소리 모방에 대한 진화적 대응을 입증한 연구는 아직 보지 못했지만, 그러한 반응이 생기는 것 역시 불가피해 보인다.

미는 기생하는 애벌레의 특징을 알아차리지 못하는 것으로 보이지만, 이크뉴몬 에우메루스*Ichneumon eumerus*라는 말벌에게 이는 전혀 문제가 안 된다. 이 말벌의 암컷은 셴키뿔개미*Myrmica schencki*가 발견되는 고산 초원 위를 날아다니다가 개미의 서식지를 찾으면 멈춰서 자세히 살펴본다. 개미와 달리 이 말벌은 둥지 안에 산푸른부전나비*mountain Alcon blue, Phengaris rebeli*의 애벌레가 숨어 있는지 밖에서 알 수 있으며, 만약 애벌레가 있으면 둥지 안으로 밀고 들어간다. 이때 일개미들이 공격을 하지만 말벌은 페로몬을 분비함으로써 방어한다. 이 페로몬은 개미들 사이에 갑작스럽고 혼란스러운 내전을 일으키는 효과가 있다. 개미들이 페로몬 때문에 서로를 공격하는 틈을 타 말벌은 육아방으로 들어가 찾을 수 있는 모든 애벌레에 알을 낳고 나서 들어올 때처럼 무심하게 떠난다. 말벌의 애벌레는 부화하면 안에 있던 애벌레를 먹어 치우고, 번데기 탈피를 마치면 개미들을 서로 공격하게 했던 화학 물질을 분비해 느긋하게 밖으로 탈출한다. 적과 적의 적 사이에서 싸움에 휘말린 개미들은 마지막 말벌이 사라진 후에도 몇 주간 서로 싸우게 될 수 있다.

양치기 소년

친족 관계를 짐작하는 방법을 깨닫는 것이 사회적 종의 이타적 행동을 이용하는 유일한 방법은 아니다. 그 행동 자체가 단순히 사기꾼에게 유리하게 사용될 수도 있기 때문이다. 그중에서도 가장 능숙한 사기꾼은 두갈래꼬리드롱고$^{fork-tailed drongo}$이다. 몸집은 대략 개똥지빠귀 정도이지만 꼬리가 더 길고 깃털이 더 새까맣고 사하라 사막 이남 아프리카에 살면서 세상을 자기 것처럼 여긴다. 드롱고는 스스로 먹이를 사냥하는 능력이 뛰어나지만 자주 자기보다 작은 다른 포식자를 따라다니면서 내몰린 곤충을 쫓거나 그들이 잡은 곤충을 간단히 훔치기도 한다. 이 행동을 생물학계에서는 절취기생^{kleptoparasitism}이라고 부른다. 이 단어의 어원은 병적 도벽^{kleptomania}으로, 이는 자연계에서 흔히 확인된다. 도둑질 전문가로는 바다새과의 도둑갈매기^{skua}가 있다. 일부 도둑갈매기는 다른 일은 거의 하지 않고 갈매기, 제비갈매기, 부비새, 그리고 다른 육식성 어류를 괴롭혀 어렵게 잡은 물고기를 떨어뜨리게 한다. 하지만 드롱고는 그러한 가벼운 강도질 외에 좀 더 교묘한 행동도 할 수 있다.

드롱고는 다른 드롱고와 어울리지 않는다는 점에서 보통은 고립되어 있지만, 드롱고보다 약간 더 크고 주로 곤충을 먹으며 이동해 다니는 얼룩무늬꼬리치레$^{pied babbler}$라는 새와 종종 느슨한 관계를 형성한다. 꼬리치레는 포식자에 대비하기 위해 교대로 보초를 서는데, 보초가 경보를 울리면 나머지 무리는 재빨리 피난처로 숨는다. 앞서 살펴본 것처럼, 이러한 경보는 주의를 끌 가능성이 있는 호출자에게 위험할 수 있다. 대체로 호출자들은 이 행동으로 직접 적응도를 잃지만, 다수의 친족을 지킴으로써 간접 적응도를 얻는다. 지금까지는 평범하다. 하지만 고독한 드론고도 때로 꼬리치레 무리의 보초 역할을 할 때가 있다. 그럴 때면 꼬리치레들도 드론고의 경고에 응답한다. 모두 아주 공정해 보이고 조화로워 보인다.

그러나 드론고는 꼬리치레와 이타적 유전자를 공유하지 않기 때문에 드론고가 얻는 간접 적응도는 없다. 그렇다면 드론고가 얻는 것은 무엇일까? 결론으로 넘어가기 전에 이에 관한 무해한 설명 하나가 있다. 바로 꼬리치레들이 은혜를 갚기 때문에 이러한 행동을 한다는 것이다. 이는 흔히 '상호 이타주의reciprocal altruism'라 불리는 그야말로 상호 이익이 되는 합의이다(그렇지만 이타주의는 사욕이 없음을 뜻하므로 '상호'라는 수식어를 붙이면 용어가 다소 모순되며, 보답이 훨씬 더 나은 표현이다). '오는 정이 있어야 가는 정이 있다'라는 속담이 아주 잘 나타내듯이, 인간은 보답을 매우 당연한 것으로 여기지만 다른 종 역시 언젠가 중요한 시점에 도움을 받을 가능성이 충분하다면 아무 관련 없는 개체를 도울 가치가 있다는 것을 안다. 이 메커니즘은 드론고와 꼬리치레의 상호 작용이 처음에 어떻게 시작되었는지를 설명할 수 있지만 안타깝게도 꼬리치레의 특징이 될 수 없다. 드론고가 무언가를 돌려받긴 하지만, 꼬리치레가 그것을 자원해서 주는 것이 아니기 때문이다.

드론고는 보초 임무를 수행할 때 꼬리치레만큼이나 날카로운 눈으로 감시를 하고 포식자가 접근하면 분명히 소리 내어 울지만, 포식자가 전혀 없을 때도 소리를 내어 울 때가 있다. 그때 꼬리치레들이 먹던 것을 모두 놔두고 여느 때처럼 피난처로 숨으면, 드론고가 급습해 그것들로 배를 채운다. 이는 고의적 사기에 의한 절취기생으로, 다소 아이러니하게도 꼬리치레가 꽤 지능적이라는 사실에 의존한다. 가령 이들은 다른 종의 특정 울음소리가 포식자의 존재를 알리는 신호라는 것을 학습했기 때문에, 꼬리치레의 울음소리에 대응하듯 다른 종의 소리에 대응하는 것이 당연하다. 그러나 드론고의 존재가 낳은 새로운 상황에서 경계음에 주의를 기울이는 것은 좋은 생각이 아니다. 피난처로 숨으면 에너지를 낭비하게 될 뿐만 아니라, 드론고에게 먹이를 빼앗길 수도 있기 때문이다.

놀랄 것도 없이 자연 선택의 활발한 응수를 생각하면 이야기는 여기서 끝나지 않는다. 꼬리치레가 늘 그렇게 쉽게 속는 것은 아니다. 너무 잦은 거짓말로 마을 사람들의 신뢰를 잃은 『양치기 소년』의 이야기는 아프리카 사바나에서 드론고들이 너무 자주 울 때도 펼쳐진다. 꼬리치레는 드론고가 거짓으로 울 수 있다는 것을 잘 알고 있어서 주의를 기울여야 할 때를 신중하게 고른다. 대규모의 꼬리치레 무리는 보통 드론고의 경계음을 완전히 무시하고 내신 보초를 신뢰하며, 자주 드론고를 쫓아내기까지 한다. 그러나 무리가 작은 경우, 보초 임무는 부담스러워진다. 각 개체가 먹이를 찾는 일이 아닌 포식자를 찾는 일에 더 많은 시간을 써야 하기 때문이다. 이런 상황에서는 증가된 보초 비용을 피할 수만 있다면 약간의 부정직한 속임수는 대개 참을 만한 것이 된다.

이렇게 보면 꼬리치레들은 전혀 속지 않은 셈이다. 이들은 드론고가 속임수를 쓸 수 있다는 것을 알기 때문에 신중을 기해 두 가지 불완전한 선택지 중 가장 적합한 것을 택한다. 그뿐만 아니라 드론고의 경계음에서 패턴을 찾아내 승률을 높이기도 한다. 예를 들어, 드론고가 거짓 경계음을 낸 지 얼마 안 되어 또 경계음을 내면, 이들은 전처럼 경계음에 응답하지 않는다. 이처럼 드론고는 특정 속임수를 사용할 수 있는 횟수에 제한을 받으며, 이후 그 속임수는 더는 통하지 않는다. 그러나 드론고에게는 또 다른 비장의 대책이 있다.

톰 플라워^{Tom Flower}가 이끄는 연구진은 칼라하리^{Kalahari} 사막에서 두갈래꼬리드론고를 연구한 결과, 이들이 내는 51가지 다른 버전의 포식자 경계음을 녹음할 수 있었다(혼자서 32가지의 소리를 내는 개체도 있었다). 하지만 이 중 6개만이 드론고 고유의 소리였고, 나머지는 다른 종의 경계음을 모방한 것이었다. 이러한 탁월한 발성 능력은 드론고가 꼬리치레의 의심을 받는다는 생각이 들면 전에 내본 적이 없는 소리를 내거나, 꼬리치레 고유의 소리를 내거나, 검은빛 찌르레기의 소리를 내는 등 간단히 소리를 바꿀 수 있음을 의미한다(드론고는 계속 사기를 치기 위해 모든 방법을 동원할 것이다). 이는 효과가 있다. 꼬리치레는 드론고 특유의 울음소리보다 검은빛찌 르레기나 꼬리치레의 울음소리에 반응할 가능성이 더 크다. 또한, 도중에 소리가 바뀌면 경계음이 울릴 때마다 반응할 가능성이 더 크다.

이 연구의 대부분은 드론고와 꼬리치레의 상호 작용에 초점을 맞추었지만, 드론고는 수많은 다른 종을 대상으로 절취기생적 공격을 하는 것으로 나타났다. 연구진은 드론고가 어떤 울음소리를 흉내 내야 하는지 알고 있다는 것을 발견했다. 드론고는 그들이 흉내 낼 수 있는 다른 어떤 소리보다 목표로 삼은 종의 울음소리를 사용할 확률이 훨씬 더 높았다. 피해자들은 무슨 일이 일어나고 있는지도 몰랐고, 숙련된 드론고가 나타나면 자신들이 택한 행동(대부분은 아주 효과적이었던 행동)의 대가로 자주 먹이를 빼앗겨야 했다.

마지못한 친절

앞의 두 섹션에서 우리는 이타적 행동이 간접 적응도로 이어지는 메커니즘이 어떻게 좌절되고, 다른 종에 의해 도용되는지 확인했다. 그러나 이타주의가 완벽하게 성공적으로 실현된다고 해서 피해자가 없는 것은 아니다. 이타주의를 인간의 관점에서, 즉 다른 이들을 돕는 것을 바람직하고 성취감을 주는 활동으로 여기는 관점에서 보는 것은 어쩌면 너무도 쉬운 일일 것이다. 우리가 어려울 때 가족을 지지하는 이유는 무엇일까? 그들을 사랑하기 때문이다. 너무 환원주의적이거나 냉소적이고 싶진 않지만, 나는 다른 사람들을 돕는 데 개인이 감당하는 '비용'이 기분을 좋아지게 함으로써 그러한 행동을 장려한다는 점을 강조하고 싶다. 그래서 비록 병원에 있는 아픈 친척을 방문하거나 나이든 부모님을 돌보는 것이 말 그대로 즐겁지 않을지 몰라도, 우리는 여전히 그렇게 **하고 싶어** 한다. 이 모든 것은 생물학적으로 타당하다.

결국, 어떤 유전자가 지속되는 좋은 방법은 유전자가 더 흔해지도록 돕는 일을 할 때마다 그 보유자에게 경험적 보상을 제공하는 것이다. 예를 들어, 성관계가 즐거운 것은 다른 이유가 없다. 우리가 그렇게 생각하는 것이 유전자에 이득이 되기 때문이다. 이런 식으로 보면, 이타적인 행동을 하는 것이 너무 부담되는 책임은 아니다. 우리는 이타적인 행동을 **즐긴다**. 그것이 항상 깔끔하게 만족스럽진 않더라도 말이다.

리처드 도킨스는 『눈먼 시계공』에서 사자의 이빨 건강을 나쁘게 만드는 유전자는 고기의 공유를 촉진하는 효과가 있을 것이라고 말했다. 해당 유전자를 가진 개체가 사체를 독점해 모두 먹어 치우는 것이 힘들다는 것을 알게 될 것이기 때문이다. 그는 모든 의미에서 그것이 들다람쥐나 꼬리치레 사이에 경보를 울리는 유전자와 정확히 같은 방식으로 혈연 선택을 통해 선호되는 이타주의 유전자일 것이라고 주장했다.

이 관찰 결과는 이전 장의 암컷 우두머리 코끼리에게도 똑같이 적용된다. 우두머리 코끼리의 점진적인 굶주림은 더는 새끼를 낳을 가능성이 없다는 점을 고려하면 직접 적응도의 면에서는 아니지만, 확실히 정신적·육체적 고통 면에서 큰 대가를 치르게 한다. 코끼리의 고통에서 이득을 얻는 유전자는 코끼리에게 아무것도 돌려주지 않는다. 코끼리는 굶주림의 고통을 가시게 할 엔도르핀도 솟구치지 않고, 친족은 먹을 수 있지만 이제 자신은 먹을 수 없는 건기의 귀한 잎을 생각해도 뇌에 세로토닌이 넘쳐나지 않는다.[15] 이는 분명히 이타주의처럼 보이지만, 보답이나 보상 없이 코

---

15 추측임을 인정한다. 코끼리가 가족의 활기에서 만족감을 얻을 수 있다는 것은 실제로 그리 놀라운 일이 아니다. 가령, 우리는 코끼리가 죽은 코끼리를 애도한다는 것을 알고 있다. 그러나 그렇다고 해서 이러한 형태의 이타주의가 '자발적' 희생을 수반하는 이타주의와는 상당히 다르다는 나의 기본적 주장이 효력을 잃진 않는다.

끼리에게 강제되는 종류의 이타주의다.

인간이 자기 아이를 돌보게 하는 일종의 진화한 이타주의를 바라보는 또 다른 (아마도 비주류적인) 방법은 크게 한 걸음 물러나 모든 사람이 다른 모든 사람에게 똑같이 관심을 갖는 이론적 대안 중 하나와 비교하는 것이다. 정치적 연관성(공산주의 노선에 따른 수많은 실패한 사회적 실험과 같은 것)은 일단 제쳐두고, 나는 부의 격차와 관계없이 다른 아이들을 희생하면서까지 자신의 아이를 우선하는 것이 마땅한지 잘 모르겠다. 예를 들어, 팔 만한 고철 조각을 찾기 위해 쓰레기장에서 유독성 폐기물을 샅샅이 뒤지는 몸바사 Mombasa의 어린이들에게 단돈 1달러를 기부하는 것을 고려하지 않고, 자신의 아이들에게 사교육, 해외여행, 몸에 좋은 음식, 값비싼 전자 기기를 제공하도록 유도하는 부유한 부모의 사랑에 감탄할 만한 점이 있을까? 나는 거의 없다고 말하고 싶다.

한 가지 더 주장하고 싶은 게 있는데, 이는 내가 보통은 독자들에게 피하라고 권하는 인간 중심주의라는 비난을 받을 만한 주장일 수 있다. 그 점을 염두에 두고 일단 의견을 제시한 뒤 판단은 독자에게 맡기겠다. 이 이야기는 개미, 말벌, 벌, 흰개미, 그리고 '진사회성eusociality'으로 알려진 극단적 형태의 이타주의와 관련된 다른 모든 종에 관한 것이다. 진사회성 종은 자손을 돌보는 일을 널리 함께 하는 사회적 삶을 살아가며, 여기에는 번식하는 개체와 번식하지 않는 개체의 존재로 가장 분명히 특징지어지는 계급 제도가 있다. 이 제도는 앞서 언급한 개미, 벌, 말벌에서 정점에 달하며, 이들은 잎벌^sawfly과 함께 곤충목 막시류^Hymenoptera를 형성한다.

이 목에는 '반수성^haplodiploidy'으로 알려진 성 결정을 위한 독특한 유전적 메커니즘이 있다. 유성 번식하는 대부분 동물의 경우, 각 개체는 각 부모에게서 유전 물질의 절반을 받는다. 이 물질은 염색체라는 DNA 다발로 배열되어 있으며, 각 세포에 쌍으로 존재한다(부모에게서 하나씩 받음). 쌍을 이루는 염색체의 성질을 '이배성^diploidy'이라고 하며, 그러한 개체를 '이배체^diploid'라고 한다. 만약 부모 중 하나만 DNA를 제공했다면, 그 개체는 쌍을 이루지 않은, 일반적인 염색체 수의 절반을 가진 '반수체^haploid'가 된다. 대부분의 막시류에서 암컷은 이배체이고 수컷은 반수체이므로, 이러한 성질은 반수성으로 알려져 있다. 구체적으로, 번식하는 암컷이 미수정란을 낳으면 수컷이 되고, 수정란을 낳으면 암컷이 된다. 일반적으로 한 군집에는 여왕벌로 알려진 번식력 있는 암컷이 한 마리 또는 아주 적은 수로 존재하며, 각 여왕벌은 대개 한 번만 짝짓기 한다.

이러한 배열은 특정 암컷들이 같은 아버지를 둔 한, 어머니나 딸(딸이 있다면, 대부분은 없다)보다 자신의 자매와 더 밀접한 관련이 있음을 의미한다. 그 이유를 알려면 세포 분열에 대한 간단한 지식이 필요하다. 세포 분열에는 유사분열과 감수분열이라는 두 가지 중요한 유형이 있다. 유사분열은 하나의 세포가 나뉘어 두 개의 같은 세포를 형성하는 보다 간단한 형태로, 우리 몸에서 가장 빈번하게 일어나는 세포 분열의 형태다. 그러나 배우자(정자와 난자)를 생성할 때는 그 과정이 두 가지 면에서 다르다. 첫째, 일반적인 세포들이 이배체인 반면, 배우자는 항상 반수체이다. 각 염색체 쌍에서 하나의 대표자만 세포로 들어가기 때문이다. 그렇지 않으면 정자와 난자가 만나 융합될 때 배아는 어느 쪽이든 부모보다 두 배 많은 염색체를 갖게 될 것이다(그리고 그 수는 세대마다 두 배가 될 것이다). 따라서 모든 이배체 자손은 0.5의 계수만큼만 이배체 부모 중 한 명과 관련될 수 있다(나머지 절반은 부모 중 다른 한 명과 관련된다). 둘째, 각각의 쌍에서 단일 염색체를 생성하는 것은 단순히 그중 하나를 골라 사본을 만들어 배우자에 넣는 것이 아니다. 대신, 완전히 새로운 염색체는 먼저 각각 쌍을 이루는 두 염색체가 배열되고 이들 사이의 유전 물질이 교환됨으로써 생성된다. 이렇게 하면 배우자는 두 조부모로부터 각각 물려받은 유전자의 약 50%를 갖게 된다. 이는 같은 이배체 모세포에서 비롯된 두 배우자의 관계 계수가 1이 아닌 0.5임을 의미하며, 부모가 같은 친 형제자매의 관계 계수가 0.5인 이유이기도 하다(이들은 어머니 쪽 0.5, 아버지 쪽 0.5로 평균 0.5의 관계 계수를 갖는다).

이제 반수성으로 돌아가 보자. 여왕벌이 낳은 모든 암컷 벌은 어머니에게서 하나의 염색체와 아버지에게서 하나의 염색체를 갖게 된다. 하지만 기억하자. 아버지는 반수체일 것이므로 모든 배우자가 **같아야** 하며(r=1), 배우자들은 유전 물질을 교환할 염색체 쌍이 없기 때문에 감수분열로 생성될 수 없다. 반면 여왕벌의 배우자는 앞서 확인한 것처럼 r이 일반적인 0.5이다. 따라서 여왕벌이 한 수컷에 의해서만 수정되었다면, 모든 딸은 아버지에게서는 아버지와 같은 염색체를 물려받고 여왕벌에게서는 여왕벌과 절반이 유사한 염색체를 물려받는다.[16] 종합해보면, 자매간의 r은 0.75이다(0.5와 1의 평균). 이배체 부모와 이배체 자손 사이의 r이 0.5임을 생각하면, 암컷 벌이 자신의 딸보다 자매와 더 가까운 사이라는 것은 분명해진다.

이 사실은 이타주의와 밀접한 관계가 있다. 진사회성에 꼭 필요한 것은 아니지만,[17] 반수성은 형제자매간 매우 강력한 이타주의를 발전시킬 수 있는 완벽한 맥락을 제공한다. 간단히 말하자면, 암컷은 자신의 자손을 낳음으로써 얻는 직접 적응도보다 자매가 자손을 낳는 것을 도움으로써 얻는 간접 적응도가 더 크다. 따라서 선택 압력은 불임 암컷이 대리 부모 역할을 하면서 어미가 더

---

16 아버지가 하나인 조건은 중요하다. 딸 집단에 아버지가 많을수록 특정 자매들이 자신의 잠재적 자손보다 서로 더 밀접하게 관련될 가능성은 줄어든다. 이복형제의 경우 r은 0.25에 불과하다. 실제로 일부일처제는 진사회성의 진화에 결정적인 조건 중 하나였던 것으로 여겨진다.

17 흰개미 집단 역시 생식 계급과 불임 계급으로 나뉘지만, 반수성을 나타내진 않는다. 모든 흰개미는 이배체이다. 두 진사회성 포유류, 벌거숭이두더지쥐와 뻐드렁니두더지쥐의 경우도 마찬가지다. 따라서 반수성은 진사회성에 꼭 필요하진 않으며, 진사회성을 향한 진화적 여정을 특히 더 쉽게 만들어줄 뿐이다.

많은 형제자매를 낳을 수 있도록 돕게 하고, 이러한 형제자매의 대다수가 암컷이 되게 하는 방향으로 가해진다. 실제로 우리는 이를 매우 고도로 발달한 벌 군집에서 확인할 수 있다.

이를테면 꿀벌에는 여왕벌, 일벌, 수벌의 세 가지 계급이 있다. 일반적으로 한 군집은 한 마리의 여왕벌, 수천 마리의 일벌(항상 암컷), 수백 마리의 수벌로 구성된다. 수벌은 다른 군집의 처녀 여왕벌과 짝짓기하는 오로지 한 가지 역할만 한다. 수벌은 침이 없으며, 꽃가루를 모으거나 군집을 지키는 일 등은 하지 않는다. 처음에는 스스로 먹을 수도 없기 때문에 꿀 저장고에서 직접 배를 채울 수 있을 만큼 클 때까지 일벌에게 의존하여 영양을 공급받는다(그리고 일반적으로 가을에 군집에서 쫓겨나면 굶어 죽는다). 여왕벌 또한 군집에서 매우 제한된(그렇지만 보다 중요한) 역할을 하는데, 바로 번식이다. 그 외의 모든 일은 일벌이 한다.

일벌이 하는 엄청난 일의 목록에는 다음과 같은 것들이 포함된다. 복부의 밀랍 분비물을 이용해 육각형의 육아방(벌집) 만들기, 꽃에서 꽃가루와 꽃꿀 수집하기, 먹이 저장 및 발육 중인 애벌레에게 먹일 먹이가 들어있는 방을 밀봉하기(꽃꿀은 꿀로 농축한 후), 벌집 내부를 식히는 데 사용할 물 모으기, 벌집의 구조적 무결성을 강화하고 원치 않는 공기 흐름과 물 손실을 허용할 수 있는 틈을 막으며 곰팡이와 세균 감염을 막는 데 사용되는 '프로폴리스(샐비어, 밀랍, 식물의 수지성 분비물을 이용해 만들어진다)'라는 물질 만들기, 죽은 벌과 기타 폐기물 치우기, 침입자와 공격자로부터 벌집을 방어하기. 일벌은 자신의 새끼를 낳지 않고 오로지 여왕벌을 위해 일한다(또는 관점에 따라서는 군집의 집단적 이익을 위해 일한다고 볼 수도 있을 것이다).

일벌은 평생 무자비한 노역 속에서 살지만, 막시류 중 가장 가혹하거나 위험한 삶을 사는 것은 아니다. 매일 저녁 브라질 개미 종인 포렐리우스 푸실루스*Forelius pusillus*의 일개미들은 모래 표토 아래에 있는 둥지의 입구를 막는다. 이 작업은 표층에 서서 구멍을 등진 다음, 뒷다리를 이용해 모래 입자를 뒤로 밀어내는 식으로 이루어진다. 이 일이 거의 끝나면, 대부분의 일개미는 다시 안으로 들어가지만, 소수의 일개미는 표층에 남는다. 입구는 외부로부터 확실히 봉쇄된다(그렇지 않으면 모두 다시 들어갈 수 있을 것이다). 이처럼 철저한 봉쇄는 틀림없이 대가를 치를 만한 가치가 있다. 밖에 남겨진 일개미들이 밤 동안 살아남는 일은 거의 없기 때문이다. 이 행동에 관한 실험적 연구를 진행한 애덤 토필스키[Adam Tofilski]와 동료들의 말에 따르면, 이 일개미들은 '둥지 방어를 위한 선제적 자기희생'의 첫 번째로 알려진 사례이다.

여기에서 중요한 것은 '선제적'이라는 단어다. 보금자리가 공격받을 때 자기희생을 하는 것은 사실 막시류 사이에서 결코 드문 일이 아니기 때문이다. 인용할 수 있는 많은 사례 중 몇 가지 예를 들자면, 꿀벌은 적을 쏘면 침을 잃고 자신도 목숨을 잃는다. 또 일부 개미 종(그 이름도 적절한 자살폭탄개미suicidal attack ants, *Colobopsis explodens* 등)은 공격할 때 자신의 복부를 치명적인 방식으로 터뜨려 (똑같이 치명적으로) 공격자를 뒤덮는 독성 접착제와 같은 물질을 분비한다. 트리고나Trigona 속의 침 없는 벌은 공격자를 너무 억척같이 물어서 자신도 치명적인 부상을 입는다(그래서 자살 물기로 잘 알려져 있다). 카일 셰클턴Kyle Shackleton이 이끄는 연구진은 트리고나 12종의 방어적 공격성을 측정하여 철수하기보다 자멸적 물기를 선택한 일벌의 비율을 정량화했다. 그 결과 트리고나 하이알리나타*Trigona hyalinata*의 경우 그 수치는 83%에 달했다. 이들과 밀접하게 관련된 종인 테트라고눌라 카르보나리아*Tetragonula carbonaria*[18]와 테트라고눌라 호킹시*Te. hockingsi*는 종 내에서든, 종 간이든 경쟁 관계에 있는 집단 모두와 거대하고 혼란스러운 전투를 벌인다. 이른바 '전투 벌떼'가 벌집을 빼앗거나 지키기 위해 형성되는데, 그 속에서 일벌들은 서로에게 달려들어 상대를 붙들고 땅에 떨어진 뒤에도 고통으로 몸부림치며 서로 물어뜯는다. 대부분은 살아남지 못하고, 전투가 며칠 동안 계속되면 수천 마리가 사망에 이르기도 한다.

이처럼 진사회성 곤충의 삶은 고되고 위험할 수 있다. 하지만 단조롭고 정적일 수도 있다. 주로 전 세계의 건조한 지역에서 발견되는 꿀단지개미honeypot ant는 서로 관련이 없는 다양한 종으로 구

18　이전 명칭은 트리고나 카르보나리아(*Trigona carbonaria*).

성된 집단이지만, 공통된 특징이 있다. 바로 레플리트^{repletes}라는 전문화된 일개미 계급의 살아있는 몸 안에 액상 형태의 먹이를 저장하는 것인데, 이 레플리트는 몸집이 가장 큰 일개미에서 발달한다. 먹이가 풍부할 때 다른 일개미들에게서 먹이를 받아먹은 레플리트의 복부는 포도알만 한 크기로 부풀어 오르고, 레플리트를 꼼짝 못 하게 한다. 그래서 이들은 보통 둥지 깊은 곳에 남아 움푹한 천장에 거꾸로 매달려 지낸다. 외부에서 먹이가 떨어지면 일개미는 레플리트에게 돌아가 더듬이를 툭툭 치고 영양이 풍부한 액체를 방울방울 토해내게 한다.

객관적으로 보면, 그 과정이 수반하는 모든 기쁨과 만족감을 느끼며 가족을 돌보는 인간 부부와 군집을 지키기 위해 말벌에 몸을 던지고 죽음을 맞는 한 쌍의 꿀벌 자매 사이에는 별 차이가 없다. 두 집단의 개체들은 자신이 '원하는' 일을 하고 있다. 하지만 진화가 동물의 삶을 개선하는 방향으로 진행된다는 순진한 가정에서 시작하면, 막시류의 계급 제도는 불쾌하게도 반이상향적으로 보인다. 매트 리들리$^{Matt\ Ridley}$는 이를 『붉은 여왕』에서 (아마도 너무 가벼울 수 있지만) '동물들은 때때로 자신의 몸을 신경 쓰지 않고 유전자의 이득을 꾀한다'라고 꼭 맞게 표현했다. 여기에서 나의 인간 중심주의적 관점이 나온다. 단도직입적으로, 이 모든 것은 노예제처럼 보인다.

하지만 납득이 가지 않을 경우를 대비해 두 가지의 또 다른 사레 연구를 소개하고 끝맺음을 하려 한다. 내 생각에도 여왕벌의 이득을 위한 일벌 계급의 노예화가 우리가 일반적으로 말하는 노예화와 비교될 순 없기 때문이다. 어쨌든 여왕벌의 이득은 적어도 유전적으로는 일벌과 공유된다. 여왕벌이 다른 일벌들이 돌보는 수천 마리의 자손을 낳는 동안 모든 시중을 받는 호사스러운 삶을 **선택하는** 것에 어떤 의미가 있다면, 자살하는 일벌도 정확히 같은 선택의 자유 아래 움직이고 있으며, 그에 따라 똑같이 만족스러운 삶을 살고 있다고 생각할 수 있다. 반면, 주인을 위해 일하면서 개인적인 이득(유전적인 것이든, 다른 어떤 것이든)에 따라 움직이는 인간 노예는 아무도 없다. 하지만 이 실제 버전의 노예제는 개미 세계에도 존재한다. 극단적인 이타주의가 진화하지 않았다면 이런 일은 일어날 수 없었을 테지만.

강제된 노동

먼저 개체의 번식 야망(여러분이 이러한 개념을 기꺼이 받아들인다면)이 자신의 의지에 반하여 억압되고 있다고 꽤 설득력 있게 주장할 수 있는 가벼운 사례부터 시작해보겠다.

다이아캐마^{Diacamma}는 여왕개미와 일개미가 뚜렷이 구분되지 않는 개미 속이다. 이 소위 '여왕개미 없는' 종에서 모든 일개미는 같은 번식력을 가지고 태어나지만, 한 마리나 소수의 지배적인 개체가 짝짓기할 권리, 집단을 위해 알을 낳을 권리를 주장한다. 이 번식 암컷들은 생식 일개미^{gamergate}로 불리며, 자손을 낳음으로써 엄청난 직접 적응도를 얻는다.

그러나 이들의 지위는 보잘것없어서 이론적으로는 누구라도 이들을 내쫓고 그 자리를 차지할 수 있다. 이 때문에 생식 일개미는 새로 나타난 일개미를 불구로 만드는 행동을 끊임없이 하는데, 그 일개미의 대부분은 자신의 딸일 가능성이 크다. 일개미는 가슴에 성적 수용성을 높이는 데 도움이 되는 아체라는 한 쌍의 부속 기관이 있다. 하지만 생식 일개미는 간단히 이 아체를 물어뜯음으로써 사실상 불임이 된 암컷을 노예의 삶으로 내몬다. 이러한 행동은 지나치게 이기적이지만, 불구가 된 일개미들의 경우 번식량을 통해 얻는 간접 적응도(더 전통적인 막시류 집단에서와 똑같은 방식)의 형태로 여전히 희망이 있다는 점을 인정해야겠다. 하지만 두 번째 사례에 나오는 노예(이제 이 단어를 문자 그대로 사용한다) 개미들에게서는 이러한 위로가 되는 포상이 보이지 않는다. 자, 여러 관련 없는 속 출신의 약 80종으로 구성된 노예사육개미^{slave-maker ant}가 있다. 이들의 생애 주기는 다른 개미 종들의 무보수 노동에 전적으로 의존한다. 이 다른 개미 종들은 직접 적응도든 간접 적응도든 노예로 기능하면서 얻는 이득이 없다.

노예사육개미의 일개미들은 다른 개미 종의 둥지를 습격해 최대한 많은 유충과 번데기를 훔치는 상당히 특이한 목적을 갖고 있다. 이 노예개미들은 부화하면 마치 처음부터 노예사육개미 군집의 일원이었던 것처럼 행동하며 군집의 일반적인 임무를 모두 수행한다. 실제로 일부 노예사육개미 종은 노예개미에 너무 의존적이어서 자신의 알을 돌보거나 심지어 스스로 먹이를 먹는 것과 같은 기본적인 일도 할 수 없으며, 근처에 일개미를 납치할 둥지가 없으면 곧 죽고 만다. 대부분의 이 진정[19]노예사육개미 종은 여왕개미가 기본적인 둥지를 만들고 알을 낳아 부화시켜 일개미로 만드는 평범한 방법으로는 군집을 이룰 수 없으며, 대신 숙주(노예)종의 둥지를 찾아 기존의 여왕개미를 죽여야 한다. 여왕개미가 분비하는 서로 다른 페로몬과 알로몬[20]은 숙주 일개미의 공격성을 감소시키고, 나중에 여왕개미를 받아들이고 여왕개미의 자손을 기를 수 있도록 그들을 길들인다. 이러한 도움이 없다면 여왕개미는 스스로 새끼를 키울 수 없을 것이다.

　노예를 만드는 특성을 이타주의의 직접적인 결과로 보는 것이 나은지(결국 노예를 포획하는 습격에 100%의 에너지를 쓸 준비가 되어 있고, 직접 적응도를 발생시키지 않는 헌신적인 일개미 집단이 없다면 일어날 수 없는 일이다), 근연도 휴리스틱, 즉 숙주 종이 가진 화학적 인식 시스템

19　생물이 어떤 특정한 환경에서만 생활할 수 있는 경우를 뜻한다. ― 옮긴이
20　알로몬은 한 종의 개체가 다른 종의 개체의 행동을 유도하기 위해 분비하는 신호 화학 물질이다. 같은 종의 개체 사이에 신호를 보내는 페로몬과 대조된다.

이 해킹된 또 다른 예로 보는 것이 나은지는 논란의 여지가 있다. 어느 쪽이든, 이는 자연 선택에 의해 선호된다.

음적인 관계

드디어 악의에 관해 말할 준비가 되었다. 몇 페이지 전으로 돌아가 해밀턴의 법칙을 떠올려보자. 이타주의 유전자는 다음의 법칙, 즉 $rB > C$가 충족되면 자연 선택에 의해 선호될 수 있다. 여기서 r은 관계 계수, B는 수혜자의 이익, C는 행위자의 비용이다. 이타적인 행위가 되려면 B가 양수여야 한다는 것은 말할 필요도 없을 것이다. r 또한 양수여야 하는 것은 당연하다. 그렇지 않으면 rB가 음수가 되고 C보다 클 수 없기 때문이다. 하지만 해밀턴 자신도 알았듯이 rB를 C보다 크게 만드는 다른 방법이 있는데, 그것은 r과 B를 모두 음수로 만드는 것이다.[21]

이는 단순한 가상의 생각이 아니라는 것이 밝혀졌다. r은 실제로 음수가 될 수 있다. r은 행위자가 집단의 일반적인 구성원과 비교했을 때 수혜자와 얼마나 밀접한 관련이 있는지를 나타내는데, 이들의 관계는 쉽게 평균보다 더 멀 수 있기 때문이다. 그렇다면

---

[21]   수학 실력이 녹슬었을 경우를 대비해 말하자면, 두 음수를 곱하면 항상 양수가 나온다.

어떻게 B도 음수로 만들 수 있을까? 당연히 수혜자에게 해를 입히는 것이다. 그 해에 비근연도를 곱한 값이 행위자의 비용보다 크다면 해밀턴의 법칙이 충족되며, 해로운 행동을 제어하는 유전자는 자연 선택에 의해 선호될 수 있다. 우리는 방금 진화된 악의의 가능성을 증명했다.

수혜자에게 미치는 영향

		+	−
행위자에게 미치는 영향	**+**	상호 이득	이기주의
	−	이타주의	악의

표1 | 사회적 상호 작용
출처: Gardner, A. et al., 2007에서 수정

악의가 인간 외부의 자연에 실제로 존재하는지는 의견이 꽤 나뉘는데, 부분적으로는 그 특성이 나타나기 위해 갖춰져야 하는 상황 때문이다. 우선, 비싼 대가를 치러가며 관계가 먼 경쟁자를 없애는 것이 더 가까운 친족에게 충분히 이익이 될 만큼 매우 높은

수준의 지역적 경쟁이 있어야 한다. 둘째, 친족 인식은 상당히 정교하게 이루어져야 한다. 첫 번째 조건이 요구하는 공간적 밀집을 고려하면 근접성에 기초한 휴리스틱으로 근연도를 추정하는 것은 기대만큼 좋은 답이 되지 못할 것이다. 그러나 한두 가지 예는 있는 것 같다. 좀 더 걱정스러운 사례로 넘어가기 전에 흥미로운 사례부터 살펴보자.

꼬마깡충좀벌$^{Copidosoma\ floridanum}$은 2밀리미터 길이의 기생말벌로 무늬밤나방아과^{Plusiinae}에 속하는 나방의 알에 알을 낳는다. 성체 암컷은 보통 숙주 알 하나당 한두 개의 알을 낳는데, 숙주에게는 안타깝게도 꼬마깡충좀벌은 다배 생식을 한다. 이는 각각의 알이 나중에 복제 증식하여 **수천** 개의 같은 배아를 생성하고, 각 배아가 개별적인 유충으로 자라난다는 것을 의미한다. 만약 말벌이 한 개의 알을 낳으면 유충은 모두 수컷이나 암컷이 되고, 두 개의 알을 낳으면 일반적으로 각각 암컷과 수컷이 된다. 나방이 특히 운이 나쁘면 다른 암컷 말벌이 추가로 알을 낳을 수도 있는데, 다른 종의 알도 포함될 수 있다. 결과적으로 말벌의 유충이 번데기가 되는 시점에 가까워지면, 감염된 애벌레는 몸에 유충이 줄줄이 꽉 들어차 그밖에는 정말 아무것도 없는(놀랍도록 정돈된 상태이긴 하지만) 터지기 직전의 작고 반투명한 소시지의 모습이 된다. 악의의 진화를 위한 첫 번째 조건인 대규모의 지역적 경쟁이 여기에 존재한다.

여러 속에 많은 종이 있는 다배아 말벌은 또 다른 이상한 특성이 있는데, 복제된 유충이 두 가지 다른 계급의 개체, 즉 번식 담당벌과 불임인 병정 벌로 자라난다는 것이다. 번식하는 벌은 통통하고 대략 타원형이며, 다른 기생말벌처럼 발달하여 번데기가 될 준비가 될 때까지 숙주의 조직을 갉아 먹다가 그 후 성충으로 부화한다. 반면 병정 벌은 좁다랗고 굴곡이 있으며, 유충 단계를 넘어서까지 살지 못하고 숙주가 죽는 것과 거의 동시에 죽는다. 그들의 유일한 역할은 다른 말벌 종의 유충을 포함해 다른 유충들을 공격하고 죽이는 것으로 보인다. 이렇게 보면 이들은 다른 사회적 막시류의 일꾼 계급과 같다. 그러나 병정 벌은 친 형제자매를 포함해 같은 종의 다른 유충도 죽이는데, 이는 좀 다른 문제이다. 이행동은 사회적 상호 작용(같은 종의 일원들만 관련되는 것)에 해당하고 수혜자와 행위자 모두에게 도움이 아닌 해를 주기 때문에 악의의 정의에 들어맞는 것으로 보인다. 하지만 이것이 적응적 행동이라면, 즉 혈연 선택 압력을 통해 진화한 것이라면, 우리는 이러한 유충이 살해 본능을 그들과 가장 먼 관계에 있는 유충으로 제한하고 있다는 것을 증명해야 한다.

미국의 조지아대학교[University of Georgia]와 영국의 노팅엄대학교[University of Nottingham]가 데이비드 지론[David Giron]이 이끄는 공동팀을 꾸려 관련 연구에 나섰다. 연구진은 실험실에서 사육된 조지아주 야생 출신의 꼬마깡충좀벌 암컷의 알을 시험 삼아 나방 애벌레들에게 옮겼다. 그리고 다른 알들 또한 옮겨놓음으로써 초점에 있는 유충은 복제된 동료(암컷), 친형제자매(수컷), 조지아 출신이지만 친족 관계가 아닌 유충, 그리고 애초에 위스콘신주에서 수집된 말벌에서 사육된 군집 출신의 친족 관계가 아닌 유충과 숙주를 공유하게 되었다. 그리고서 병정 벌을 관찰한 결과, 이들이 다른 유충을 공격하는 빈도는 공격받는 유충과의 유전적 근연도에 반비례하는 것으로 나타났다.[22] 또 비슷한 실험에서 연구진은 말벌이 숙주의 면역 반응에 대항하는 데 도움이 되는 유충 막의 화학 물질을 이용해 근연도를 판단할 수 있다는 사실을 확인했다. 막을 제거하고 첫 번째 실험을 반복하자 공격률과 친족 관계의 상관관계는 사라졌다.

꼬마깡충좀벌은 진화한 악의의 구체적인 예를 보여준다. 더 나아가 이 종에서 친족 관계 인식이 작동하는 방식은 왜 악의가 좀 더 흔하게 진화하지 않았는지를 설명하는 데 도움이 될 수 있다. 이들에게 면역과 관련된 막 화합물이라는 특유의 선택은 아마도 필수였을 것이다. 말벌 유충이 이러한 화합물을 통해 친족 관계를 판단하지 않고 임의의 화학적 표지를 사용했다고 생각해보라. 공격적 특성이 없는 계통에 곧바로 그 화학 물질을 모방하려는 선택 압력이 발생하여 감소한 공격 및 아직 그러한 화학 물질이 없는 다른 계통과의 경쟁 감소로부터 이득이 생겨난다. 이러한 방법은

22　벌들은 복제된 동료(r=1)보다 친 형제자매(r=0.5)를 공격하는 경향이 더 컸다.

말벌의 계통을 구분되게 해줄 화학적 신호에 대한 완전히 별개의 압력이 있는 경우에만 효과가 있을 수 있다.

다행히도 말벌에게 이러한 압력은 애벌레와의 군비 경쟁의 형태로 존재한다. 애벌레는 기생자에 대한 방어 체계를 진화시켜야 한다는 엄청난 압력을 받고 있고, 막 화합물의 보호적 특성을 무너뜨리는 것은 그러한 방어 체계의 핵심이 될 것이다. 3장에서 살펴보았듯이 숙주와 기생자의 공진화 역학은 자물쇠와 열쇠 시스템으로 개념화될 수 있다. 숙주는 자신에게 알맞은 열쇠를 진화시킨 기생자를 막기 위해 끊임없이 새로운 유형의 자물쇠를 진화시킨다. 희소한 유형의 자물쇠는 빠르게 프리미엄이 된다. 기생자가 가장 흔한 유형의 자물쇠를 열기 위해 가장 빠르게 진화할 것이기 때문이다.

앞서 설명한 방식이지만 이 비유는 다른 방식으로도 적용된다. 숙주는 가장 흔한 열쇠로 열리는 자물쇠는 무엇이든 바꿔야 한다는 압력을 받으므로 희소한 열쇠 역시 프리미엄이 된다. 이 모든 것은 말벌이 다른 말벌 계통의 친족 식별 화합물을 모방하도록 진화하기 위한 선택 압력을 받는 동시에, 숙주의 방어 반응 진화를 가속할 수 있으므로 정확히 이러한 화합물의 균일성을 피하려는 반대 압력도 받고 있다는 것을 의미한다. 후자의 압력은 더 강할 수밖에 없다. 모든 말벌 무리는 유일한 먹이 공급원의 전면적 거부보다 어느 정도의 포식에 훨씬 더 잘 대처할 수 있기 때문이다.

독성의 재고

3장에서 우리는 장기적인 전망이 좋지 않다 해도, 초독성(몹시 독성이 강한) 병원체의 진화를 막을 수 있는 것은 아무것도 없음을 확인했다. 또한, 우리는 이 가상의 병원체가 다른 덜 독한 변종과 숙주를 공유하는 경우, 미래에 장기적으로 지속될 가능성이 더 큰 것은 덜 독한 변종이라는 것을 확인했다. 숙주의 자원을 둘러싼 변종 간의 경쟁은 더 순한 변종이 전쟁에서 승리할 수 있는 더 유리한 위치에 있음에도 불구하고(즉, 일반적으로 숙주 집단에 더 성공적으로 퍼질 수 있음에도 불구하고), 즉각적인 전투에서는 패배함을 의미한다. 그러나 어쩌면 이타주의가 초독성 변종들에 감염된 숙주에게 최소한 한 가닥의 희망을 줄지 모른다는 의견이 제기되었다.

1960년대 빌 해밀턴^{Bill Hamilton}으로 거슬러 올라가는 수많은 순수 이론적 연구에 따르면, 같은 숙주를 감염시키는 서로 다른 병원체 간의 근연도가 증가하면 독성은 감소해야 한다. 만약 특정 숙주 내의 모든 병원체가 밀접하게 관련되어 있다면, 개별 병원체는 다른 병원체들의 번식 성공에서 간접 적응도를 얻어야 하므로 숙주에 대한 부정적 영향을 줄이려고 노력할 것이다. 대조적으로 숙주가 관련성이 없는 많은 변종에 감염되면, 이타주의에 대한 선택 압력이 없는 대신 변종들이 숙주의 자원을 놓고 서로 경쟁하며 독성은 감소하지 않는다는 논리적 귀결이 가능하다. 따라서 최적의 독성은 기생하는 균의 다양성에 따라 달라진다. 대체로 수년에 걸쳐 생물학자들이 구축한 다양한 수학적 모델이 이와 같은 결론에 도달한다.

하지만 여기에서 중요한 단어는 '모델'이다. 경험적 연구에 의하면 그 결과가 일관되진 않기 때문이다. 핵다각형바이러스 nucleopolyhedrovirus가 소나무판도라솔나방pine beauty moth을 감염시킬 때 혼합 감염은 보통 단일 감염보다 숙주에 더 큰 피해를 주었으며, 실험용 쥐의 설치류 말라리아 기생자 감염에서도 같은 패턴이 관찰되었다. 그러나 한편, 인간 말라리아 기생자를 대상으로 한 수많은 실험과 현장 연구에서 기생자의 다양성과 질병의 심각성 사이에 명확한 관계가 발견된 적은 없었다.

여기서 또 다른 의문이 생긴다. 단일 변종에 감염된 후의 독성 감소가 실제로 이타주의와 많은 관련이 있을까? 아니면 숙주에게 다양한 위협보다 균일한 위협에 효과적인 면역 반응을 키우는 것이 훨씬 더 수월함을 나타내는 것일 뿐일까? 더 심각한 것은 이타주의가 때로 숙주 자원을 더 효율적으로 이용하는 효과적 협력을 촉진함으로써 독성을 **증가**시키기도 한다는 것이다. 예를 들어, 기생하는 박테리아와 숙주는 철분을 두고 자주 치열한 다툼을 벌인다. 박테리아는 성장하기 위해 철분이 필요한데, 이 때문에 숙주는 철분과 결합하는 단백질을 생성하여 철분을 가둬둔다. 박테리아는 철을 찾아 모으는 다양한 방법을 진화시켜 대응했고, 그중 하나가 '사이드로포어siderophore'라는 자체 철 결합체의 생산이다. 이 화학 물질은 환경(숙주)으로 방출된 후 철과 결합하면 다시 흡수된다. 박테리아에게 이러한 결합체의 생산은 분명히 득이 되지만, 먼저 이들을 생산하고 방출하는 노력을 하는 대신 단순히 철이 함유된 사이드로포어를 흡수만 하는 무임승차자가 되는 편이 훨씬 더 득이 된다. 따라서 반칙에 대한 선택 압력이 매우 높기 때문에, 반칙이 있으면 사이드로포어 방출자에게 반대 압력이 가해지고 생산량이 줄어든다. 사이드로포어가 적다는 것은 독성이 낮다는 것을 의미한다. 그러나 단일 변종 환경에서는 상황이 달라진다. 이 경우 박테리아는 반칙으로 경쟁에서 밀릴 가능성이 없을 뿐만 아니라, 가까운 친족을 도와 간접 적응도를 얻을 수 있으므로 생산량을 늘려 협력하는 것이 좋다. 숙주에게는 안타까운 일이지만, 이러한 협력은 더 많은 자원 활용을 의미하며, 그에 따라 독성은 강해진다.

이타주의는 이쯤 하기로 하고, 그렇다면 악의가 이에 대한 구세주가 될 수 있을까? 아마 그럴 수도 있을 것이다. 박테리아가 방출하는 화학 물질은 사이드로포어 외에 다른 박테리아(일반적으로 같은 종)에 유독한 단백질인 박테리오신도 있다. 거의 모든 박테리아가 박테리오신을 만들어내며, 그 종류는 매우 다양하다. 가령 대장균은 기록된 종만 최소 25가지가 있다. 짐작할 수 있듯이, 박테리아 개체(그리고 그 복제자들도)는 동시에 생성하는 비활성화 인자를 통해 자체 독소에 대한 면역력을 갖는다. 그러나 박테리오신 생산에는 신진대사, 성장, 번식과 같은 보다 직접적으로 유용한 기능에서 전용되어야 하는 자원에서부터 개체의 죽음에 이르기까지 비용이 발생한다. 참고로 대장균을 포함한 많은 수의 박테리아는 자체 세포막의 치명적 파열을 통해서만 박테리오신을 방출할 수 있다.

숙주의 관점에서 박테리오신의 방출은 좋은 소식이다. 박테리오신의 방출은 사실상 박테리아의 수가 줄어들고 그에 따라 독성이 약해지는 결과만 있을 뿐인 내전의 징후이기 때문이다. 사이드로포어의 이타적 생산과 마찬가지로, 박테리오신의 악의적 방출은 숙주를 감염시키는 박테리아의 근연도에 의해 조정되나, 그 관계가 완전히 선형적이진 않다. r 값이 낮을 때 박테리아는 비친족에 둘러싸여 있을 가능성이 크다. 하지만 박테리오신을 생산하는 데 드는 비용(대장균의 경우 박테리오신의 생산은 사실상 자살 행위이기 때문에 그 비용이 매우 비싸다)은 친족에게 돌아가는 이득과 대등하지 않을 가능성이 크다. 정의상 r 값이 낮은 환경에서는 주위에 친족이 많지 않기 때문이다. 따라서 박테리오신의 생산은 적고 독성은 높을 것이다. 비슷하게 r 값이 특히 높은 경우, 이 화학전의 이득은 미미할 것이다. 죽음으로 경쟁을 유용하게 줄일 수 있는 비친족 관계의 경쟁자가 거의 없기 때문이다. 다시, 박테리오신의 생산은 적고 독성은 높을 것이다. 오직 r 값이 중간적인 수준일 때만 주위에 전쟁을 벌일 만한 충분한 수의 비친족이 있고, 악의를 통해 간접 적응도를 얻을 수 있는 충분한 수의 친족이 있다.

결론적으로 악의든 이타주의든 모두 결코 순수하게 칭송할 만하거나 혐오스러운 것이 아니다. 그럴 것으로 기대해서도 안 된다. 다른 진화적 힘과 마찬가지로 혈연 선택도 목표나 목적 없이 맹목적으로 작용하기 때문이다. 사자, 코끼리와 같은 종의 협력적인 사회적 관계는 조기 사망과 노화의 고통을 유발하는 동일한 압력에 의해 형성된다. 마찬가지로 꿀벌 군집에서 볼 수 있듯이 막시류 초유기체^{super-organism}의 '하나된 사고'는 우리에게 협력, 근면, 조직체의 기적 같은 그럴듯한 모습을 보여주기도 하지만 자살 공격과 노예화를 초래하기도 한다. 또한 사회적 종의 아늑하면서 잔인한 세계 곳곳에는 자신의 목적을 위해 다른 이들의 이타적 행동을 기꺼이 조작할 수 있는 사기꾼들이 항상 존재하고 있음을 암시하기도 한다.

문제는 여기서 끝이 아니다. 다음 장에서는 최악의 기만과 부정행위가 적이 아닌, 가장 가깝고 소중한 이들에게 어떻게 적용될 수 있는지 살펴본다.

Flaws of Nature

7장

잔인한 타협

자연세계에서 확인되는 수많은 자식 살해 행위는
현재와 미래 투자 사이의 절충안일지 모른다.

그리스 신화에는 살인, 마법, 근친상간, 고문 등 각종 초현실적인 공포감이 존재한다. 그중에서도 태양신 헬리오스^{Helios}의 손녀 메데이아에게는 무언가 특별히 사람을 불안하게 하는 것이 있다. 그것은 단지 메데이아가 황금 양모를 훔치도록 도운 그녀의 새 남편 제이슨과 함께 콜키스에서 탈출하기 위해 남동생을 죽인 데서 기인하지 않으며, 나중에 제이슨이 새 아내를 맞이했을 때 복수에 대한 맹렬한 욕망으로 그녀와 시아버지를 독살한 데서 기인하지도 않는다. 그것은 제이슨이 슬픔에 빠질 것을 알고 자신이 직접 낳은 아이 다섯을 죽일 정도로 깊었던 제이슨에 대한 분노에서 기인한다. 부끄러움을 모르는 그녀는 황금 마차를 타고 아테네를 떠나며 그를 조롱한다. 시인 에우리피데스에 따르면 그 내용은 이렇다.

'아이들의 시신을 넘길 수 없노라. 그들은 내가 헤라의 성역에 묻어줄 것이니. 내게 그 모든 사악함을 행한 그대는, 사악하게 죽으리라.'

메데이아는 자식을 죽였고, 그녀의 죄는 21세기 서구 사회에서 가장 큰 금기 중 하나에 속한다. 에우리피데스의 연극 「메데이아」가 처음 공연된 기원전 5세기 그리스의 상황이 약간 달랐다는 것은 인정한다. 당시 아버지들에게는 자신의 아이를 법적으로 살해할 권리가 있었다. 하지만 어머니가 죄를 저질렀다는 것, 게다가 순수한 복수심에서 기인한 살해라는 것이 여전히 충격적이었다는 것을 짐작할 수 있다. 물론 오늘날에도 자식 살해는 일어나고 있지만, 현대의 산업화된 국가에서 이는 압도적으로 절망이나 정신 질환(또는 둘 다)에서 비롯되는 범죄이며, 시간이 흐름에 따라 자식 살해율은 살인이 아닌 자살률을 따라간다. 더욱이 메데이아는 실존 인물이 아니라는 점을 고려하면 생물학자가 아닌 고전주의자들에게만 교훈적인 가치가 있다. 그렇다고 자연 선택이 결코 자기 자손을 죽이는 것을 선호하지 않는다는 뜻은 아니다. 특히 생물학적 메커니즘을 완전히 압도할 수 있는 문화적 힘을 고려할 때, 우리는 진화생물학[1]에서 어떤 교훈을 취할지 매우 신중해야 하지만, 그럼에도 이해할 만한 자식 살해의 논리가 존재한다. 인간이 아닌 다양한 종에서 발생하는 형제 살해, 존속 살해, 강간도 마찬가지다. 여기에서 문제를 일으키는 장본인은 절망도 질병도 아닌 단순한 유전적 편의다.

적응도 광신자

이쯤 되면 적응도를 극대화하는 모든 행동이 처음에는 아무리 말도 안 되게 보일지 몰라도, 자연 선택에 의해 선호될 수 있다는 사실에 놀라지 않아야 한다. 이와 관련하여 이해할 수 없는 사례로 매우 사회성이 강한 조류 중 하나인 회색모자멧새^{grey-capped weaver}를 들 수 있는데, 이 새는 이따금 알을 둥지 밖으로 집어 던진다. 생물학자들이 '알 던지기^{egg tossing}'로 부르는 이 행동은 적어도 공동으로 둥지를 트는 새들에게는 사실 드문 일이 아니다. 많은 종이 이웃보다 더 큰 이득을 얻기 위해 이런 종류의 간사한 꾀를 쓴다. 하지만 이 새들이 내던지는 것은 자신의 알이 아니다. 그에 반해, 회색모자멧새는 자기가 낳은 알을 버린다.

이 과에 속한 다른 새들과 마찬가지로 이 핀치새만 한 새는 복잡한 모양으로 둥지를 지으며, 대개 같은 나무 안에 수백 마리가

---

1 우리의 도덕적 행동이 진화생물학으로 얼마나 설명될 수 있는가는 이 책의 마지막 장에서 주요하게 다룬다.

모여 사는 군집을 이룬다. 이러한 군집은 어느 정도 특정 포식자의 공격을 피할 수 있게 해주지만, 다른 포식자들을 끌어들이는 자석 역할을 하기도 한다. 알을 먹는 뱀은 특히 중요한 위협이다. 뱀은 일단 점령에 성공한 둥지에서 알을 먹으면 곧 같은 장소로 돌아와 다른 알을 먹으려고 하기 때문이다. 이러한 이유로 이미 알을 잃은 둥지에서 알을 잃을 위험은 아직 발견되지 않은 둥지에서 알을 잃을 위험보다 크다. 이러한 조건이 갖춰지면 포괄 적합도가 계산되기 시작한다.

부모의 관점에서 약탈당한 둥지에 남아있는 알은 (뱀이 이제 알의 위치를 알고 있다는 것을 고려하면) 부화할 때까지 생존할 가능성이 더 낮으므로 약탈당하지 않은 둥지에 있는 같은 수의 알보다 '가치'가 덜하다. 부모는 생존하지 못할지도 모르는 한배의 알에 계속 시간과 노력을 투자하거나, 아니면 같은 포식 위험에 노출되지 않는 새로운 한배의 알로 다시 시작할 수도 있다. 다시 시작하는 것은 더 많은 알을 낳는 에너지 비용을 수반하지만, 포식 위험 감소로 예상되는 이득이 더 크다면 이는 더 나은 선택이 될 것이다. 사실 보통은 다시 시작하는 것이 더 쉬운 선택이다. 뱀이 다녀간 둥지는 상당히 명백한 이유에서 그렇지 않은 둥지보다 평균적으로 알의 수가 더 적을 것이다. 알이 하나밖에 남지 않았을 때는 결정이 더 쉬워지고, 이 단계에서 알은 보통 밖으로 내던져진다.

이쯤 되면 여러분은 왜 알을 그냥 내버려 두지 않고 굳이 밖으로 버리는지 궁금할 것이다. 멧새에게 둥지는 상당히 귀중한 자산이며 짓는 데 시간이 오래 걸리기 때문에 '둥지를 옮기는 것'은 좋은 선택이 아니다. 새들은 있는 둥지를 재사용해야 한다. 이러한 행동은 좀 무의미해 보일 수 있다. 어쨌든 뱀이 아직 둥지의 위치를 알고, 다음 한배의 알 또한 방금 부모가 버린 알 한 개와 마찬가지로 증가한 포식의 위험에 노출될 것이기 때문이다. 그러나 실제로는 그 증가한 위험이 사라지는데, 이는 알을 던지고 난 후 다음 알을 낳기까지의 시차 때문인 것으로 보인다. 뱀은 대체로 오랫동안 기억을 간직하는 동물이 아니므로, 알이 있는 둥지를 처음 발견한 직후에만 그 둥지를 다시 찾을 것이다. 만약 그곳에서 아무것도 발견하지 못하면 뱀이 번식기 이후에 다시 나타날 확률은 무작위적인 확률 외에는 거의 없다. 그러므로 알 던지기는 이 과정에서 필수적인 부분이다.

암사자 또한 비슷한 이유로 새끼 사자를 버리는 것으로 알려져 있다. 새끼를 돌보는 것과 관련된 주요 비용은 시간이다. 새끼를 기르는 데는 대략 2년이라는 시간이 걸리고, 이 기간에 암사자는 임신할 수 없기 때문에 미래의 새끼에게서 얻을 수 있는 이득을 놓친다. 이 비용은 새끼를 한 마리 키우든 세 마리 키우든 같으므로, 암사자는 새끼 한 마리를 희생하여 세 마리의 새끼로 대체하면 첫 번째 새끼를 독립할 때까지 키워야 할 때보다 좀 더 빨리 전반적인 적응도를 개선할 수 있다. 이 장에 나오는 거의 모든 사례

(그리고 이 책의 다른 곳에 나오는 대부분의 행동 사례)와 마찬가지로, 암사자는 이러한 결정을 명시적으로 내리지 않으며 잠시 멈춰 새끼 한 마리를 키우는 것의 장단점을 따져보지 않는다. 그러는 대신, 암사자는 새끼 한 마리를 키우기보다 (제멋대로) 버릴 확률이 높은 유전자를 가진 사자 계통의 후손이다. 그러한 개체들은 새끼 한 마리를 계속 키운 사자보다 더 잘 살았고, 그에 따라 더 우세하게 되었다.

이와 관련된 현상이 생쥐와 다른 많은 설치류에서도 확인되는데, 이유는 다르다. 어린 새끼가 있는 암컷을 만난 수컷 쥐는 가능하다면 대체로 그 새끼들을 죽인다. 이유는 간단하다. 새끼가 자신의 핏줄이 아니므로 (새끼를 살려둠으로써) 새끼를 키우는 데 도움을 주어도 얻는 것이 없기 때문이다. 새끼를 빨리 없앨수록 어미가 더 빨리 성적 수용성을 회복하여 자신의 새끼를 가질 기회가 생길 것이다. 많은 독자가 야생 다큐멘터리에서 우두머리 수컷의 자리를 막 빼앗은 수컷 사자가 찾아낼 수 있는 모든 새끼 사자에게 똑같은 짓을 하는 모습을 본 적이 있을 것이다. 암사자들은 할 수 있는 일이 거의 없다. 그러나 암컷 쥐는 그에 대한 반응을 진화시켰다. 새끼를 낳은 후가 아닌 임신했을 때만 적용되는 반응이긴 하지만 말이다.

암컷 쥐는 일반적으로 이전 짝보다 우수하다고 판단되는 수컷의 존재를 감지하지 않는 한 임신했을 때 수컷을 피한다. 우월한 짝은 우월한 자손을 의미하고, 우월한 자손은 살아남아 번식할 가능성이 크기 때문에 암컷에게 우월한 짝을 찾는 것은 득이 된다. 그러나 암컷은 일반적으로 새끼를 낳아야 하고, 이는 암컷이 다시 임신할 기회를 지연시킨다. 이것은 시간 낭비이다. 나중에 새로운 수컷이 새끼를 죽일 가능성이 크기 때문에 암컷은 새끼를 뱃속에 품고 있는 데 든 에너지도 낭비하게 된다. 가능하다면, 그리고 새로운 수컷이 충분히 우수하다면, 암컷은 태어나지 않은 새끼에게 투자한 모든 자원을 포기하고 대신 짧은 여생을 다른 우수한 새끼를 키우는 데 투자할 수 있다. 몰인정해 보이지만, 가장 대가를 적게 치르는 해결책은 임신을 중단하는 것이다. 그리고 정확히 그러한 일이 일어나고 있다.

영국의 생물학자 힐다 브루스[Hilda Bruce]가 이 행동을 처음 설명했다. 그녀는 임신한 실험용 쥐가 낯선 수컷의 냄새에 노출되면 자발적으로 유산하는 것을 관찰했다. 이후 일부 영장류를 포함한 수많은 포유류에서 관찰된 이 '브루스 효과'는 암컷이 수컷을 보거나 들을 수 없는 환경에서 냄새만 맡아도 발생할 수 있다. 수컷의 정체 역시 중요하지 않다. 심지어 질이 좋지 않은 수컷의 냄새도 이 효과를 촉발할 수 있기 때문에 이미 질 좋은 수컷과 짝짓기를 한 야생의 암컷은 실수로 유산시키는 일이 없도록 전적으로 모든 수컷을 피한다.

조건부 사랑

알 던지기, 유산, 그리고 자연 세계에서 확인되는 다른 수많은 자식 살해 행위는 현재와 미래 투자 사이의 절충안으로 생각할 수 있다. 어느 절충안과 마찬가지로 가장 적당한 균형점은 흔히 외부 환경에 의해 결정된다. 어미가 돌보기를 그만두기로 결정하는 조건부 특성은, 어미의 돌봄이 흔히 확인되지만 보편적이지는 않은 곤충인 집게벌레에 관한 연구에서 잘 설명된다. 아직 다 자라지 않은 집게벌레는 성체가 되기 전까지 적어도 어느 정도 독립적일 수 있으나, 몸단장, 포식자로부터의 보호, 게워낸 먹이 공급 등 어미의 보살핌을 받는다. 어미는 부모의 도움 없이도 살아남을 수 있는 자손들로부터 직접 적응도를 얻고, 돌봄을 제공함으로써 추가로 간접 적응도를 얻는다. 그러나 그 돌봄의 비용은 가변적이다. 독일 요하네스 구텐베르크대학교^{Johannes Gutenberg University}의 조스 크레이머^{Jos Kramer}와 동료들의 실험 연구에 따르면, 먹이가 부족할 때 집게벌레 어미는 새끼와 경쟁하며 새끼를 희생해가면서까지 몸무게를 늘렸다. 어미가 없는 대조군과 비교했을 때, 어미는 오히려 새끼의 생존에 부정적인 영향을 미쳤다. 또 어미들은 산란기에 몸무게가 줄어들면 자신의 몸무게를 더욱더 최대한 늘리고자 했다. 이 암컷 집게벌레들은 분명히 돌봄에 드는 비용에 따라 달라지는 조건부 전략을 사용하고 있었다. 가용 자원이 제한적인 상황에서는 기존 새끼의 생존율이 줄어드는 비용을 치르더라도 자신과 미래의 번식 시도에 투자하는 것이 이득이었다.

이러한 어미의 결정이 일반적으로 새끼의 이익과 상충한다는 것은 두말할 필요도 없다. 우리는 일반적으로 부모의 보살핌이 있는 종은 새끼가 독립할 수 있을 때까지 먹이를 제공한다고 말하지만, 이런 식의 설명은 모호할 수 있다. 좀 더 자명한 표현은 결국 독립은 부모가 먹이기를 중단할 때 시작된다는 것이다. 게다가 자손이 독립할 수 있는 때가 정확히 언제인지에 대한 의견이 일치하지 않을 가능성이 크다. 새끼 여우에게 최적의 양육 기간은 2년 정도이다. 이는 건강하게 자라고 계절에 따라 생존하는 방법을 배우기에 충분한 시간이지만, 새끼 여우로서는 자기 짝을 찾고 가족을 꾸리는 데 어미가 실제로 방해가 될 만큼 긴 시간은 아니다. 어미는 새끼의 생존에 (유전적 의미에서) 관심을 두긴 하지만, 어미의 시각에서 최적의 양육 기간은 몇 개월 정도로 상당히 짧다. 어미가 1년 이상 계속해서 도움을 제공한다면 다른 새끼로부터 얻을 수 있는 적응도 이득을 놓치게 되며, 이는 치를 가치가 없는 대가이다. 이해가 상충하는 것이 즉시 분명해진다. 여우의 경우, 그 결과 또한 상당히 분명하지만(어미는 정확히 자신의 방식대로 한다), 상황이 항상 그렇게 간단하진 않다.

둥지 안의 작은 새들

외동이 아닌 사람은 누구든 경험을 통해서 알겠지만, 형제자매는 부모가 나눠주는 관심의 정도에 대해 서로 의견이 다를 수 있다. 이는 인간이 아닌 동물도 마찬가지다. 예를 들어 어미 새가 먹이를 물고 둥지에 나타날 때 어린 새들이 먹이를 달라고 날카로운 소리로 운다. 겉보기에 이 애걸 행위는 이상하리만큼 과해 보인다. 어쨌든 부모가 가져온 벌레를 새끼 중 하나의 입안에 넣는 것 말고 다른 무엇을 할 수 있겠는가? 음, 아무것도 할 수 없다. 포식자를 끌어들일 수 있기에 소리 내어 우는 행위는 위험하기까지 하다. 하지만 새끼에게는 그럴 만한 가치가 있을 수 있다.

새끼는 얼마간은 포식자와 소리 지를 때 드는 에너지를 절약하는 데 신경 쓰지만, 대개는 벌레가 어느 입으로 들어가는지에 신경 쓴다. 따라서 애걸은 형제자매간 경쟁의 표현이다. 이는 일반적으로는 새끼가 조용하고 안전하게 있길 바라고, 적어도 필요에 따라 똑같이 먹이를 주려고 하는 부모에게 이득이 되는 일이 아니다. 부모는 각 새끼에 대해 동등한 이해관계가 있는 반면, 새끼는 자신에 대해 높은 이해관계가 있고 형제자매에 대해서는 절반의 이해관계만 있다.

다시 말하지만, 애걸은 부모에게 일반적으로는 이득이 되지 않는다. 애걸은 때로 새끼가 지닌 이기심의 한 형태로 보일 수 있다.

그러나 때때로 그 울음소리의 강도는 영양적 필요의 정직한 지표로 기능하므로 최대한 많은 새끼가 독립할 때까지 살아남기를 바라는 부모에게 유용한 정보가 될 수 있다는 것이 밝혀졌다. 그런데도 정직한 애걸에 대한 부모의 반응은 상황에 따라 달라질 가능성이 크다. 먹이가 풍부할 때 필요에 따라 먹이를 나눠주는 것은 최선의 전략일 수 있다. 그러나 먹이가 풍부하지 않을 땐 너무 많은 새끼에게 너무 적은 양을 나눠주느라 한 마리도 독립할 때까지 키우지 못할 수 있다. 그런 위험을 감수하느니 가장 큰 새끼의 생존을 보장하는 것이 더 합리적이다(먹이가 정말로 더 많이 필요한 더 작은 형제자매가 희생될 수도 있다). 검독수리의 번식 생태에 관한 다큐멘터리를 봤다면 알겠지만, 형제자매간 경쟁은 빈번히 형제 살해[2]로까지 번진다. 하지만 부모는 각각의 새끼를 똑같이 소중하게 여겨야 함에도 결코 이러한 일에 개입하지 않는다. 집게벌레와 마찬가지로 검독수리의 부모는 애초에 위험을 방지한다. 크레이머의 연구에서 집게벌레는 현재의 새끼와 자신의 생존(그리고 미래의 새끼)을 맞바꾼 반면, 독수리는 한 마리의 새끼를 잘 키워낼 가능성(높다)과 두 마리의 새끼를 키워낼 가능성(낮다)을 맞바꾼다.

그러나 이러한 결정에서 부모와 자식 간의 갈등은 처음에 보이는 것만큼 명확하지 않다. 이들의 잠재적인 간접 적응도 중 적어

---

2   흔히 '카인과 아벨 증후군' 또는 간단히 '카이니즘(Cainism)'으로도 불린다.

도 일부가 겹치기 때문이다. 이미 언급했듯이 형제자매는 서로에 대해 절반의 이해관계[3]가 있으므로 어느 한 개체가 부모의 관심과 자원을 독점하려는 데에는 한계가 있다. 한 둥지에 독수리 두 마리가 있다고 가정해보자. 한 마리가 다른 한 마리보다 조금 더 크다. 두 마리의 독수리 모두 생존을 '원하지만', 먹이 공급의 불확실성을 고려하면 생존할 가능성은 같지 않다. 이들은 또한 자신의 생존을 원하는 정도의 정확히 절반 정도로 서로의 생존을 원하기도 한다. 간접 적응도를 얻을 수 있기 때문이다. 따라서 어느 정도 먹이가 공급되면, 몸집이 더 큰 형제는 독점보다는 공유를 통해 포괄 적합도를 극대화할 수 있다. 생존할 확률이 어느 정도 있다면, 형제에게서 훔칠 수도 있는 여분의 먹이는 형제에게 투자되는 편이 좋을 것이다. 물론 그 확률이 일정 수준 이하이면, 더 큰 새는 둘 다 살아남을 가능성이 적은 쪽을 택하기보다 자신의 생존을 보장하는 편이 낫다.

더 나아가, 일정 수준 이하로 먹이가 공급될 때 더 작은 독수리가 할 수 있는 최선의 조치는 (상당히 고통스럽겠지만) 애걸을 그만두는 것이다. 그러한 행동으로 얻을지 모를 먹이는 형제에게 투자되는 편이 더 낫기 때문이다. 특히 더 큰 독수리의 생존 가능성이 작은 독수리의 생존 가능성의 두 배를 넘어서는 순간, 미래의 먹이

3　　각 부모가 공유한 것(친형제자매로 가정할 때).

공급 가능성을 고려하면 자발적인 굶주림은 포괄 적합도의 면에서 더 이로운 선택이 된다(새끼 독수리가 실제로 이렇게 하는지는 증명하기 어렵지만, 경험적으로 확인된다면 많은 진사회성 곤충의 자살적 집단 방어 행동보다 더 놀랄 일은 아니다).

위의 이야기는 형제 살해가 선택적인 종, 즉 둥지의 형제를 직접 죽이거나 굶겨 죽이는 것이 필연적인 것이 아니라 먹이 가용성에 따라 선택이 달라지는 종에 해당한다. 다시 말해, 모든 종에 해당하는 이야기가 아니다. 어떤 종은 무조건 형제를 죽인다. 그중에서도 나스카부비새^{Nazca boobies}, 바위뛰기펭귄^{rockhopper penguin}, 넓적부리황새^{shoebill stork}, 흰허리독수리^{Verreaux's eagles}, 대부분의 펠리컨 종은 두 마리의 새끼가 부화하면 항상 더 큰 새끼가 더 작은 새끼를 죽인다. 선택적으로 형제를 살해하는 종과 달리, 공격의 기준은 먹이 공급과 전혀 관련이 없는데도 부모는 절대 개입하지 않는다. 여기에는 부모와 자식 간의 충돌이라고 할 것이 없다. 대부분의 경우 첫 번째 새끼가 부화한 지 며칠 후 (때로 매우 낮은 함량의 난황을 가지고) 부화하는 더 어린 새끼를 구할 수 있는 먹이가 없고, 그에 따라 더 어린 새끼가 이기기를 바랄 수 없는 불공정한 경쟁이 거의 확실시되기 때문에 두 마리 모두 생존할 것이라는 기대가 없는 것 같다.

더 일찍 태어난 새끼가 얻는 이점은 분명하지만(어쩔 수 없이 둥지의 형제에게서 얻을 수 있는 간접 적응도를 잃는다 해도), 부모를 고려하면 상황은 좀 애매해 보인다. 둘째가 절대 살아남지 못한다면 왜 알을 두 개나 낳는 걸까? 노스캐롤라이나에 있는 웨이크포레스트대학교^{Wake Forest University}의 레슬리 클리포드와 데이브 앤더슨^{Dave Anderson}은 간단한 실험적 조작을 통해 나스카부비새가 늘 두 개가 아닌 한 개의 알을 낳는 것이 과연 더 나은지 실험해보았다. 갈라파고스 제도의 한 번식지에서 연구진은 하나의 알(보통 먹이가 부족할 때 낳는다)을 낳는 표본 집단에 알 한 개를 추가하고, 두 개의 알을 낳는 표본 집단에서 알 한 개를 제거한 다음, 그와 동시에 조작하지 않은 하나의 알을 낳는 대조군과 두 개의 알을 낳는 대조군을 관찰했다.

그 결과는 분명했다. 평균적으로 새끼가 날 수 있을 때까지 자랄 확률은 조작하지 않은 하나의 알을 낳는 대조군보다 알이 추가된 하나의 알을 낳는 표본 집단에서 높았다. 그리고 알을 하나로 줄인 두 개의 알을 낳는 표본 집단보다 조작하지 않은 두 개의 알을 낳는 대조군에서 더 높게 나타났다. 분명히 하자면, 두 마리의 새끼가 태어난 둥지는 없었지만, 두 개의 알로 시작한 둥지는 한 개의 알로 시작한 둥지보다 한 마리의 새끼가 날 수 있을 때까지 자랄 확률이 높았다. 두 번째 알은 첫 번째 알이 이따금 실패할 경우를 대비해 보험 목적으로 존재하는 것으로 보이며, 두 마리의 새끼가 태어나지 않는다 해도 두 번째 알을 낳는 것은 암컷에게 득이 된다.[4]

부모의 덫

1977년 이스라엘의 생물학자 아모츠 자하비^{Amotz Zahavi}는 새끼 새의 애걸 행동에 대해 다소 다른 설명을 제안했다. 그의 견해에 따르면, 부모 새가 가장 시끄러운 새에게 보상하는 이유는 가장 시끄러운 울음소리가 가장 큰 필요를 나타낸다고 생각하도록 속아서가 아니라 일종의 입막음을 해야 하기 때문이다. 앞서 말했듯이 먹이를 달라고 조르는 소리는 위험하며, 소리가 클수록 그 위험은 더욱 커진다. 이 이론에 따르면, 어린 새들은 먹이 기회가 확실히 더 늘어날 수 있다면 포식자를 작은 가능성으로 끌어들일 만하다는 계산 아래 자신들을 입 다물게 하도록 부모 새를 협박한다. 시끄러운 새끼를 마주한 부모 새는 먹이 공급률을 높일 뿐만 아니라, 가장 소리가 큰 새끼에게 먹이를 독점하도록 하여 가장 시끄러운 입을 먼저 다물게 해야 한다. 물론, 그 독점권을 놓고 벌어지는 형제간의 경쟁은 울음소리를 더욱 커지게 할 것이다.

정말 이게 맞을까? 새들이 일부러 포식자를 끌어들여 자신의 목

4　엄밀히 말하면, 두 번째 알의 비용이 아닌 이득만 측정되었기 때문에 이 실험 결과는 결정적이라기보다는 암시적이다. 자원이 제한된 상황에서 하나의 알만 낳는다는 사실은 암컷이 전략적 방식으로 알을 낳는 데 투자한다는 것을 의미한다. 실험 결과는 필연적으로 두 번째 알의 적합도 이득을 과대평가하지만, 반드시 그 결론을 무효로 만들 만큼은 아니다.

숨을 담보로 부모를 궁지로 몰아넣는 것일까? 색다른 해석을 선호하는 사람들은 아쉽겠지만 그 대답은 '아마도 아닐 것'이다. 리처드 도킨스가 지적했듯이, 이것은 엄청난 도박이다. 새끼 한 마리의 경우를 생각해보자. 새끼 자신의 목숨이 자신에게 한 단위의 가치가 있다면, 각 부모에게는 반 단위만큼만 가치가 있으므로, 새끼는 큰 내기를 걸 힘이 거의 없다. 새끼가 많아지면 부모는 더 큰 이해관계를 갖게 되는데, 그 점은 소리를 내 우는 각각의 새끼도 마찬가지다. 이들도 각 형제에 대해 절반의 이해관계(일부일처제라 가정)가 있기 때문이다. 어쨌든 새끼의 시끄러운 협박이 먹이 공급률을 높일 것이라는 생각은 부모 새가 둥지에 도착했을 때만 소리를 지르기 시작하고 떠나는 즉시 조용히 하는 야생의 대부분 새끼 새를 자세히 살피지 않은 데서 나온 것이다. 부모 새가 먹이를 가지고 둥지에 더 자주 오게 압박하려면, 새끼 새는 부모 새가 없을 때 울어야 할 것이다. 상식적으로 예상할 수 있겠지만, 새끼들은 그렇게 하지 않는다.

이러한 형태의 협박이 가진 또 다른 주요한 문제는 신빙성이 없다는 것이다. 만약 부모 새가 새끼들의 계산을 눈치챘다면 어떻게 될까? 새끼들은 포식의 위험을 무릅쓰고도 아무것도 얻지 못할 것이기 때문에 협박을 계속하는 것은 의미가 없다. 더 중요한 것은, 새끼는 부모 새가 실제로 자신의 소리를 들을 수 있는 거리에 있는지 알 방법이 없으므로, 시끄러운 새끼가 보장된 보상 없이 자신의 안전을 위태롭게 한다는 것이다. 결론적으로, 자연 선택은 즉각적인 관심을 받지 못하면 더는 울지 않는 계통을 선호한다. 당연히 이는 부모에게 아주 좋을 것이다.

협박이 통하게 하려면 허세라고 할 수 없을 정도로 완전히 모든 것을 쏟아부은, 스스로 초래한 비용이 발생해야 한다(행동을 되돌릴 순 없기 때문에 비용을 치러야 한다). 그러한 전략이 실제로 있는지는 분명하지 않지만, 몇 가지 수학적 모델을 통해 적어도 실현 가능하다는 것은 입증된 바 있다. 이러한 종류의 친족 협박(특히 이타적 행위의 장래 수혜자가 행위자에게 자손의 양육을 돕도록 강요하는 행동)은 여러 다양한 상황에서 발생할 수 있다. 쌍살벌^{paper wasp, *Belonogaster juncea*}이 그 예로, 늘 그런 것은 아니지만 암컷들은 보통 소규모의 팀을 이루어 벌집을 짓고, 유지하고, 방어하는 다양한 임무를 수행한다. 그렇더라도 대체로 보면 한 마리의 암컷이 번식량을 독점한다. 암컷들은 때로 혼자서 둥지를 틀기도 하지만, 둥지를 트는 데 성공할 확률은 성체의 수와 상관관계가 있기 때문에 (대개 번식의 우선권을 갖는) 우두머리 암컷으로서는 분명히 성체의 수가 많을수록 좋다. 하지만 원칙적으로 누구라도 자신의 둥지를 마련해 자신의 새끼를 키울 수 있다는 점을 고려하면, 과연 어느 잠재적 조력자가 이 암컷의 둥지에 합류하는 데 동의할지는 분명하지 않다. 협박은 이러한 상황에서 생겨날 수 있다. 우두머리 암컷은 혼자서 쉽게 키울 수 있는 적은 양의 알을 낳을 수도 있고(먹이를 찾으러 간 동안 포식의 위험이 커지긴 하겠지만), 돌이킬 수 없을 정도로 상당한 자원이 필요하며 도움을 받지 못하면 틀림없이 빼앗기게 될 훨씬 더 많은 양의 알을 낳을 수도 있다. 잠재적 조력자 중 일부가 자매라고 가정할 때, 암컷은 도움을 받지 못하면 죽게 될 알을 낳음으로써 그 일부 조력자들의 간접 적응도를 볼모로 사실상 그들을 궁지로 몰아넣는다. 하지만 암컷의 무모함은 그들에게 투자를 아낄 수 있는 '기회'를 제공한다.

또 다른 시나리오는 성별 간에 내재된 갈등 속에 있다. 만약 모든 개별 유기체가 자체 적합도를 최적화하도록 설계된 기계라는 사실을 출발점으로 삼는다면, 유기체로서 이상적인 결과는 노력 대비 번식량을 최대화하는 것이다. 이러한 가정 하에서 진화한 개체의 성배는 노력 없이 무한 번식하는 것이다. 뻐꾸기는 그 목표를 향해 기꺼이 나아가 누군가 기르게 될 알을 낳는다. 만약 다른 종들도 그렇게 할 수 있다면 할 것이다. 뻐꾸기는 공짜로 무언가를 얻고자 하는 욕망을 가장 잘 드러내 보일 뿐이며, 그 목표는 거의 모든 유성 생식하는 종의 갈등을 뒷받침한다.

기생하는 사기꾼의 방해 없이 행복하게 사는 개개비 한 쌍을 생각해보자. 이들은 무엇을 원할까? 물론 가능한 많은 개개비를 낳는 것이다. 이를 공동의 목표로 여긴다면 좋겠지만, 상황은 그렇게 균형적이지 않다. 각각의 개개비로서는 상대방이 양육에 더 많이 참여하는 것이 좋다. 자신이 양육에 참여하지 않더라도 그 '보상'은 반드시 공유되기 때문이다. 양육에 덜 참여한다는 것은 다른 곳에서 더 번식할 수 있는 더 많은 기회를 의미하기도 한다. 일부일처제를 유지하고 짝과 함께 친자식을 양육하는 것이 아마도 최선인 인간의 경우에도,[5] 남성이 다른 여성과 많은 수의 자녀를 낳음으로써 얻을 수 있는 적응도 보상은 엄청나다. 그러한 여성들이 자녀 양육에 드는 비용을 혼자 부담하도록 설득될 수만 있다면 말이다. 이는 뻐꾸기가 사용하는 것과 아주 약간만 다른[6] 일종의 거저먹기고, 일반적으로 남성에게만 가능한 전략이지만(특유의 생물학적 차이로 인해), 항상 그런 것은 아니다. 4장에서 살펴보았던 발도요를 떠올려보라. 암컷은 여러 번 한배의 알을 낳고 여러 수컷에게 알을 돌보도록 맡긴다. 이는 비정상적인 몰인정한 모성이 아닌 암컷이 취할 수 있는 최고의 방법일 뿐이며, 다른 종의 암컷도 그렇게 할 수 있다면 할 것이다.

---

5 논쟁의 여지가 있지만, 두 가지는 언급할 만하다. (1) 수많은 문화적, 환경적 조건이 각 성별의 '이상적인' 번식 전략에 영향을 미칠 것이고, (2) 가장 큰 유전적 유산으로 이어지는 전략은 개인에게 가장 사적인 만족을 주는 전략이 아닐 수도 있다. 유전자가 신경을 쓸 수 있다면, 오직 자신들만 신경 쓸 것이라는 점을 기억하라. 다시 말해, 바람둥이가 되는 것은 특정 상황에서 자연 선택에 의해 선호될 수 있지만, 그렇다고 그것이 행복해질 수 있다는 의미는 아니다. 적응도와 행복은 단순히 같은 것이 아니다.

6 주요 차이점은 뻐꾸기 숙주는 뻐꾸기를 키워도 아무 이득을 얻지 못하지만, 여성은 혼자 새끼를 길러도 이득을 얻는다는 것이다(단지 대가를 두 배로 치를 뿐이다). 하지만 무임승차자(자리를 비운 남성과 뻐꾸기)의 경우, 비용 편익 비율은 거의 같다. 혹은 알에 투자할 필요조차 없는 자리를 비운 남성이 약간 더 좋다.

이처럼 성별 간에는 이해관계의 충돌이 존재한다. 곧 그 결과에 대해 더 살펴보겠지만, 먼저 암컷이 수컷의 무임승차를 막기 위해 사용할 수 있는 한 가지 전술은 협박이라는 점을 이야기하고 싶다. 암컷 개개비는 알을 낳을 때 알을 수정시킨 수컷이 자신을 버릴 수도 있다는 가능성에 직면한다. 암컷이 분명히 스스로 알을 돌볼 수 있다면, 이는 확실히 수컷의 최고 전략이 될 것이다. 수컷은 암컷 발도요처럼 가능한 한 많은 알을 남기고 다수의 짝이 자신을 위해 알을 키우도록 '해야' 한다. 하지만 중요한 '가정'이 필요하다. 만약, 수컷의 이탈로 알이 모두 부화하지 못하게 된다면 어떻게 될까? 그럴 경우, 최소한이긴 하지만 수컷의 투자는 낭비될 것이다. 또한 수컷은 많은 암컷과 짝짓기할 순 있어도 자손을 얻진 못할 것이다. 암컷에게 좋은 전략은 혼자서는 감당하지 못할 정도로 알(투자)의 규모를 크게 키우는 것이다. 암컷이 이러한 접근 방식을 취하면 수컷으로서는 곁에 남아 양육을 돕는 것이 이익 면에서 훨씬 더 낫다. 그리고 다시 말하지만, 애걸하는 새끼 새와 달리 암컷은 수컷이 엄포를 놓는다 해도 덜 위험한 도박으로 돌아갈 수 없기 때문에(암컷은 완전히 모든 것을 쏟아부었다) 수컷에게는 협상의 여지가 없다.

쌍살벌의 경우와 마찬가지로, 이러한 형태의 협박이 실제로 야생 어딘가에서 벌어지고 있는지는 알 수 없지만, 이론적으로는 모든 곳에서 벌어질 수 있다. 브리스톨대학교^{University of Bristol}의 패트릭

케네디[Patrick Kennedy]와 앤디 래드포드[Andy Radford]는 이 전략이 성공적이었다면, 우리는 그 증거를 찾을 수 없을지도 모른다는 역설을 지적했다. 전략의 억제력은 행위자가 수혜자에게 엄포를 놓는 것을 막을 만큼 항상 충분했기 때문이다. 예를 들어, 수컷 개개비가 여섯 개의 알이 있는 둥지를 버림으로써 적응도 비용에 직면하는 것을 우리가 볼 수 없는 이유는 그 특정 수컷의 전략이 이미 오래전에 유전자 풀에서 삭제되었기 때문이다. 협박은 승리의 빛에 가려진 채 계속될 것이다.

일부 독자는 성별 간의 협박, 특히 자신의 자손을 키우기 위해 협력하는 두 개체 간의 협박이 다소 불쾌하게 느껴질 수 있다. 그렇다면 그 불쾌함은 더욱 커질 수 있다. 사실, 성적 갈등에 관한 문헌을 샅샅이 살펴보면, 짝의 이익을 좌절시키려는 동기보다 더 큰 진화적 창의성의 원동력은 없다는 인상을 쉽게 받게 된다.

7장

비열한 놈들

다 큰 연어 한 마리를 상상해보라. 건장한 근골과 우아함의 대명사이며 지칠 줄 모르는 기운을 가진 이 동물은 수백 마일의 바다를 건너 조상의 강어귀에 도달해 중력과 가능성과 상식에 도전하듯 폭포와 폭포를 힘차게 뛰어오른다. 이러한 엄청난 노력에 걸맞게 연어가 회귀하는 데 드는 비용도 엄청나다. 태평양에 서식하는 여섯 종의 연어는 평생 단 한 번만 회귀하는데, 이들은 몸이 회복이 안 될 정도로 이 유일한 번식 행위에 막대한 투자를 한다. 산란을 앞둔 연어는 장기와 피부, 심지어 눈까지 망가뜨려 가며 이동뿐만 아니라 산란(암컷)과 싸움(수컷끼리의 싸움, 그리고 암컷과 열등한 수컷의 싸움)에 에너지를 들인다. 연어는 유전적 유산을 위해 궁극적 희생을 치르지만, 수년 전 태어난 강의 하류에서 지쳐 죽어갈 때, 심장을 쿵쾅거리게 하고 피를 끓어오르게 하는 활력이 마침내 사라질 때, 독수리가 동료들의 퍼덕거리는 몸통을 쪼아댈 때, 사체가 햇빛에 썩기 시작할 때, 적어도 모든 것이 소용없진 않았다는 사실에 안도감을 느낀다. 가끔을 제외하곤 말이다.

연어가 처음 나타난 강의 하류를 자세히 살펴보면, 모든 것이 보이는 것과 같진 않다. 연어는 대개 소하성 어류로, 민물에서 알을 깨고 나오면 바다로 이동해 성체로 자라고, 바닷물에서 몇 년을 보낸 후 산란을 위해 태어난 하천으로 돌아가는 단 한 번의 마지막 여행을 한다. 초기에 민물에서 보내는 기간은 몇 년 정도인데, 이때 치어(부화한 지 얼마 안 되는 어린 물고기)는 자갈이 깔린 둥지 가까이에 머물며 몸무게의 70%까지 나갈 수 있는 난황 주머니에서 영양분을 얻는다. 난황이 완전히 고갈되면 치어는 위험을 무릅쓰고 밖으로 나와 먹이를 먹기 시작하면서 후기 치어^{fry}가 되고, 측면에 줄무늬가 있는 새끼 연어^{parr}로 자란다. 그런 다음 하류로 내려갈 준비가 되면 은빛이 처음 나타나는 2년생 연어^{smolt}로 다시 한 번 변하고, 바다에 도달한 후 몇 년에 걸쳐 서서히 성체가 된다. 이때서야 성적으로 성숙해지는 연어는 다시 긴 여행을 떠난다.

표준적인 수명 주기는 이렇지만, 꼭 다 이 주기를 따르는 것은 아니다. 일부 새끼 연어는 줄무늬가 없어지지 않고, 은빛으로 변하지 않으며, 2년생 연어가 되지 않고, 바다로 나가지 않는다. 이들은 정확히 제 자리에 머물며 기다린다.

여기에서 중요한 사실은 연어가 교미하지 않는다는 것이다.[7] 대신 암컷 연어는 하천 바닥에 만든 움푹 팬 둥지에 수정되지 않은 알을 한 번에 낳은 다음에 자격이 있다고 판단되는 수컷이 그 위에 정자(또는 이리[8])를 뿌리게 한다. 그리고 나면 수컷은 경쟁자에

---

7   사실 연골어류가 아닌 어류(즉, 상어류와 그 친척 이외의 어류)가 암컷의 체내에서 수정할 수 있는 생식 기관을 가진 경우는 매우 드물다. 지느러미가 변형되어 이 기능을 수행할 수 있는 소수의 종은 아주 예외적인 경우다.

8   이리수컷 물고기의 배 속에 있는 정액 덩어리. ― 옮긴이

게서 그 알을 공격적으로 보호한다. 그런데 바닷속에서 연어가 되는 수년간의 영웅적 여정을 마치고 이제 막 돌아온, 호르몬으로 혈관이 요동치는 이 수컷들은 이 특별한 임무를 수행하기 위해 얼마 전부터 생리학적으로 급격하고 심오한 변화를 겪어왔다. 몸 색깔이 붉어졌고, 일부 종의 경우에는 등에 큰 혹이 생겼으며, 위턱이 갈고리 모양으로 심하게 구부러지고 다른 수컷을 공격하는 송곳니 형태의 이빨이 생겼다.

그러니까 공격이 필요한 이유는 테스토스테론과 거품의 소용돌이 속, 그 모든 몸부림과 고통 가운데에 바다로 나가지 않은 새끼 연어가 있기 때문이다(하지만 아마 서로를 물어뜯는 50킬로그램의 거대한 바다 생물 쪽에서 약간 떨어져 있을 것이다). 생물학자들은 이러한 개체를 '조숙한 새끼 연어' 또는 다른 동물의 맥락에서 '비겁자 수컷sneaker males'이라고 부른다.[9] 이 새끼 연어는 성적으로는 성숙하지만, 위협적이지 않은 어린 연어의 모든 외적인 징후를 나타낸다는 점에서 조숙하다. 활개 치는 이 수컷들은 자신들이 경쟁 구도를 만들고 있다는 사실을 전혀 알지 못한다. 비겁자 수컷은 이름에서 알 수 있듯이 적당한 기회가 있을 때마다 몰래 알을 수정시킨다.

조숙한 새끼 연어가 암컷의 알을 수정시키는 일은 흔하진 않지

---

9   또는 '비열한 놈들(sneaky f**kers)'로도 불린다. 말 그대로 설명적인 용어지만 과학잡지에 실리기는 어렵다.

만, 확실히 어느 정도는 규칙적으로 발생하며, 이러한 수컷이 다음 세대 생성에 기여하는 비율은 빈번히 20%를 넘는다. 조숙함의 이점은 노력 대 보상의 관점에서 보면 분명하지만, 이들이 확실히 모든 것을 마음대로 할 수 있는 것은 아니다. 많은 조숙한 새끼 연어가 번식기에 전혀 알을 수정시키지 못하는데, 지배적인 수컷들에게 난타당하고 그들을 알아보는 암컷들에게도 마찬가지로 비슷한 취급을 당하기 때문이다. 조숙함은 몇 년 동안 바다에 나가 있는 것처럼 해마다 그리고 상황에 따라 달라지는 비용과 이득이 있는 전략일 뿐이다.

암컷과 지배적인 수컷은 모두 조숙한 새끼 연어에게 속는다. 조숙한 새끼 연어의 행동은 아무것도 모르는 암컷에게 원치 않는 유전자를 강제하고 수컷에게는 자신이 성공적으로 알을 수정시켰다고 생각하게 만든다. 눈에 띄지 않는 이 교묘한 속임수는 사실상 암컷의 성적 선호도를 뒤엎는, 즉 암컷의 성적 선호도를 훼손해가며 자신의 유전적 목적을 달성하는 하나의 방법이다. 하지만 이런 방법만 있는 것은 아니다. 셀 수 없이 많은 방법이 다른 경우에서도 진화해왔다.

성별 간의 갈등은 크게 두 가지로 분류되는데, 첫 번째는 개개비의 예가 보여주었듯이 부모의 투자이고, 두 번째는 짝짓기와 수정이다(이 장이 끝나기 전에 한두 가지 좀 더 가벼운 전투에 대해 다룰 것이다). 짝짓기와 수정은 명백하게 암컷과 수컷이 갈등을 일으키는 영역이 아닐 수 있지만, 갈등이 생기는 이유는 부모의 투자와 거의 같다. 암컷은 수컷보다 각 번식 활동에 더 많은 자원을 투자해야 하기 때문에 투자 가치의 비대칭성이 발생한다. 암컷은 누구에게 자신의 알을 수정하도록 허용할 것인지에 대해 신중해야 하지만, 수컷은 좀 더 무심해질 수 있는 여유가 있다. 이전 장에서 언급한 바다코끼리와 같은 대형 포유류를 생각해보라. 암컷이 죽기 전에 낳을 수 있는 새끼의 수는 엄격히 제한되어 있다(아마 20마리 정도). 따라서 암컷의 평생 적응도를 최대화하는 방법은 가능한 한 많은 수의 새끼가 성적으로 성숙해지게 하는 것이며, 그 비율은 100%에 가까울수록 좋다. 이를 달성하기 위한 한 가지 방법은 짝짓기할 수 있는 수컷 중 최고를 선택하는 것이다. 그에 반해 수컷은 분명한 한계가 없다. 수컷은 이론적으로 짝짓기 기회가 허락하는 한 많은 새끼(확실히 수백 마리까지)를 낳을 수 있으므로, 수컷이 적응도를 극대화하는 방법은 최대한 많은 새끼를 낳는 것이다. 이처럼 적응도의 서로 다른 한계는 암컷이 확률 게임을 하는 동안 수컷은 숫자 게임을 한다는 것을 의미한다. 이 두 게임은 좀처럼 잘 어울리지 않는다. 이 기본적인 역학에서 많은 속임수와 잔인함, 고통이 비롯된다.

비밀 작전

2018년 보존 유전학자인 헬렌 테일러[Helen Taylor]는 뉴질랜드의 희귀 조류인 히히[hihi][10]를 보호하기 위한 보존 및 연구 활동을 지원하기 위해 새로운 형태의 모금 행사를 기획했다. 근친교배가 정자의 질에 미치는 영향에 관심이 많았던 테일러는 정자의 운동성과 기능을 비교하기 위해 128마리의 수컷으로부터 표본을 확보한 후, 빠르게 대중을 이 일에 참여시킬 수도 있겠다는 아이디어를 떠올렸다. 그를 비롯한 연구진은 어느 수컷의 정자가 가장 빠를 것인가를 두고 각각의 수컷에 $10NZ를 걸 수 있는 웹사이트를 만들었다. '위대한 히히 정자 경주'는 수십 개에 달하는 언론사에 보도되고, 17개 국가가 참여하고, 히히 보존에 쓰일 11,000달러 이상의 기금을 확보하는 등 국제적인 관심을 끌었다.

테일러 박사는 정자 경주 행사가 성공할 수 있었던 주된 이유로 참신함을 꼽았지만, 여기에서 진지하게 들여다봐야 할 점은 이것이다. 정자의 유영속도가 정말로 중요한 이유는 수컷 간의 경쟁이 짝짓기 시점에 끝나지 않기 때문이다. 실제로 암컷은 짝짓기 후 바로 다른 수컷을 찾아 짝짓기하는 것이 가능하므로, 새끼의 친자 여부는 모두 운에 달리며, 그 위험을 조심하지 않는 수컷

10　울음소리가 '스티치'와 비슷해 스티치버드(stitchbird, *Notiomystis cincta*)로도 불린다.

은 많은 후손을 남기지 못하게 된다. 수컷의 일반적인 첫 번째 방어선은 짝짓기 후 다른 수컷이 끼어들지 못하도록 그저 암컷을 감시하는 것이다. 소위 짝 보호는 때로 거의 사랑스러워 보이기까지 할 수 있는데, 암컷이 분명히 첫 번째 수컷을 선택했다면 상황은 암컷에게 매우 편리할 수 있다. 그러나 암컷은 나중에 더 질 좋은 성적 파트너를 만나면 그 파트너가 난자를 수정시킬 수 있는 선택지를 계속 보유하길 원할 것이다. 첫 번째 수컷은 이러한 일이 일어나지 않도록 선택 압력을 받는 반면, 암컷은 그에 상응해 자신의 힘을 유지하기 위한 압력을 받는다. 그러나 여기에서의 갈등은 교미가 일어나기 전에 수컷들이 서로 싸웠던 것과 마찬가지로 일반적인 종류의 갈등이다. 말하자면, 총이 발사될 때까지 드라마는 실제로 시작되지 않는다.

정자 경쟁은 수컷이 암컷에게 접근하기 위해 경쟁하는 성선택의 한 줄기로, 전투는 오로지 교미 후 내부에서만 일어난다. 두 수사슴이 암컷의 후방에 접근하기 위해 서로 뿔을 맞대는 대신, 암컷의 생식 기관 안에서 서로 싸울 정자 군대를 보낸다고 상상해 보라(사실적인 그림은 아니지만 그래도 정확한 그림일 것이다). 정자의 이동 속도, 수, 에너지 보유량을 늘리는 것과 같은 그다지 놀랄 일이 아닌 기본적 수준의 전술들이 있지만, 정자 기반의 군비 경쟁은 수백만 년 동안 계속되어왔으며, 단순히 보병을 더 잘 준비시키는 것보다 훨씬 더 정교해졌다. 이 모든 것의 중심에는 두 가지 싸움,

즉 수컷 경쟁자끼리의 싸움, 그리고 암컷과 암컷이 자신의 난자와 수정되지 않았으면 하는 수컷 정자 간의 싸움이 있다.

수컷이 순전히 기계적인 방법으로 자신의 지분을 늘릴 방법은 정자가 난자에 최대한 가깝게 놓이게 하는 것으로, 이는 정교한 삽입 기관의 진화를 촉진한다(그렇다, 나는 지금 음경과 같은 것의 크기와 모양에 관해 이야기하고 있다). 물론, 이러한 조치는 수컷끼리의 군비 경쟁과 암컷의 역적응을 초래해 남근이[11] 자신의 몸길이보다 약간 더 긴 42.5cm에 달하는 아르헨티나푸른부리오리$^{lake\ duck}$[12]와 같은 진기한 동물을 만들어내기도 한다. 이 남근은 코르크 마개를 뽑는 기구처럼 나선형으로 되어 있는데, 틀림없이 암컷의 나선형 질에 대한 반응으로 진화된 것이 분명하다. 쉐필드대학교$^{University\ of\ Sheffield}$의 패트리샤 브레넌$^{Patricia\ Brennan}$이 이끄는 연구진은 오리와 거위 종에서 생식기의 복잡성과 강제 교미율 사이의 억압적 관계를 발견했다. 질관은 수컷에게서 원치 않는 관심을 받는 횟수가 많을수록 길이와 모양이 확대되었을 뿐만 아니라, 정자가 통과되지 못하게

---

11 오리의 생식 기관은 다른 진화적 경로를 통해 몸의 다른 부위에서 파생된 것이므로, 엄밀히 말하면 음경이 아니다. 사실 이러한 생식기를 가진 조류는 아주 드물며 수백만 년 전에 사라졌지만, 오리 등이 이를 다시 진화시킨 것으로 보인다. 따라서 이들이 다른 척추동물의 음경과 다른 발달상의 기원을 가졌다는 것은 놀랄 일이 아니다. 이 교묘함과 음경 이외의 많은 기관(예를 들면 거미의 촉지)이 정자 전달에 사용될 수 있다는 사실을 반영하기 위해 여기서부터는 '남근'이라는 단어를 쓰겠다.

12 옥시우라 비타타(*Oxyura vittata*)

하는 막다른 공간이 발달하는 등 더 정교해졌다. 데이비드 애튼버러[David Attenborough][13]는 아직 이에 대해 다루지 않은 것 같다.

남근의 적응 형태는 길이나 곡률이 증가하는 것으로 끝나지 않는다. 미늘과 갈고리 형태도 빈번히 확인되는데, 이러한 형태는 암컷과 수컷이 맞물려 있는 시간을 최대화해 정자가 암컷에게 완전히 전달되도록 한다. 남근 끝이 암컷의 생식관에 이미 있는 다른 수컷의 정자를 없앨 수 있는 구조로 장식된 경우도 많다. 이를테면, 앞서 언급한 아르헨티나푸른부리오리의 남근은 끝이 붓처럼 생긴 반면, 실잠자리의 남근은 털이 뒤쪽을 향하는, 구부러진 국자 모양의 부속물로 장식되어 있다.

분명 남근의 형태가 진화하는 것보다 더 효과적인 것은 성적 갈등이 이끄는 일련의 화학적 적응 형태일 것이다. 이 중에서 특히 교묘한 것은 짝짓기 후 난자에 대한 추가적 접근을 차단해 사실상 암컷에게 순결을 강요하는 응고된 부속선 분비물로 만들어진 교미 '플러그'이다. 이러한 플러그는 뱀, 도마뱀, 영장류, 설치류, 사향고양이,[14] 게, 나비 등 많은 종에서 널리 발견된다(일부 거미와 파리의 경우 플러그는 단순히 잘려나간 삽입 기관으로, 진화적 정교함이라고 할 만한 것이 많이 필요하지 않다).

---

13   영국의 유명 동물학자이자 방송인. — 옮긴이
14   사향고양잇과의 일종, 주로 시벳속과 제넷속으로 구성되는 육식성 포유류.

이러한 진화가 약간 일방적으로 들릴 경우를 대비해 설명하자면, 암컷은 이에 대응해 복잡한 내부 구조 훨씬 이상의 것을 발달시킨다. 짝짓기 중이나 후에 작동하는, 특정 수컷의 정자에 수정이 편향되도록 암컷에 의해 조정된 많은 메커니즘이 있다. 실제로 이른바 '암컷의 비밀스러운 선택'은 현대 생물학에서 가장 다채롭고 매혹적인 주제 중 하나이다. 그러한 선택은 짝짓기 중에 시작되는데, 이때 암컷은 일부 수컷의 사정을 최소화하고 다른 수컷의 사정을 최대화하는 시점에 교미를 끝낼 수도 있다. 예를 들어, 암컷 소금쟁이는 길고 굴곡진 등판이 있어 수컷이 교미에 필요한 정확한 자세를 잡기 힘들게 함으로써 어느 정도 통제력을 확보한다.

수컷이 가까스로 사정에 성공하고, 이후 정자를 쓸어버릴 다른 수컷이 나타나지 않는다 해도, 수컷은 결코 성공을 확신할 수 없다. 많은 종의 암컷이 다른 수컷의 정자를 분리하여 선택적으로 버릴 수 있는 방법을 갖고 있기 때문이다. 또한, 정자는 일상적으로 식균되거나(면역 시스템의 공격을 받거나), 소화되거나, 살정자제에 의해 불활성화된다. 심지어 암컷은 정자와 난자 간 만남의 과정도 중재할 수 있다. 가령, 성계의 난자는 '바인딘bindin'이라는 그들 자신의 것과 유사한 표면 단백질 변이를 가진 정자를 선택적으로 받아들인다.

유독한 남성성

그러나 이러한 역적응 형태 중 어느 것도 암컷을 둘러싼 정자 경쟁의 부정적 영향을 완전히 없앨 수는 없으며, 그러한 영향의 진화적 의미는 여전히 논쟁의 주제가 된다. 짝 보호, 공격적 교미, 경쟁자의 정자 제거, 교미 플러그와 같은 적응 형태는 정도는 다를지라도 모두 수정에 대한 선택지를 제한함으로써 암컷의 적응도를 감소시키는 부수적 효과가 있다. 이는 암컷에게 상당히 불리하지만, 정자 경쟁의 다른 산물은 이보다 훨씬 더 나쁘다. 실험 대상으로 매우 인기 있는 노랑초파리humble fruit fly, *Drosophila melanogaster*의 정액이 그 대표적인 예이다. 정액 안에 든 단백질은 다른 수컷들의 정자를 파괴하고 암컷이 난자를 배출하도록 유도하며, 추가 짝짓기에 대한 암컷의 수용성을 감소시키는 등 여러 가지 영향을 미친다. 이것만으로도 충분히 나쁘지만, 실험적 증거에 따르면 이 정액은 그야말로 독성이 강하기 때문에 암컷 노랑초파리에게 짝짓기는 위험하다.

그리고 더 있다. 알고 보니 인간만이 여성 할례를 행하는 유일한 종은 아니었다. 콩바구미bean weevil, *Callosobruchus maculatus*의 남근은 교미할 때 튀어나오는 경화된 가시털로 암컷의 생식기를 훼손하는데, 실험 결과에 따르면 수컷끼리의 경쟁이 치열해지는 경우 수컷은 암컷에게 더 큰 해를 입히도록 진화한다. 모든 것을 자기 방식대로 하는 것처럼 보이는 암컷도 교미 중에 고통을 겪을 수 있다. 암컷이 수컷을 잡아먹는 경우가 흔한 몇몇 황금눈뜨개거미^(orb-weaving spider) 종의 수컷은 암컷 외부 생식기의 필수 결합 구조인 '돌출된 관'을 끊어 암컷이 다시는 짝짓기할 수 없게 한다. 나중에 수컷을 잡아먹을 수 있다는 사실이 추가적인 짝짓기 기회를 잃은 데 대한 위로가 되진 않겠지만, 이 암컷 거미는 그래도 암컷 빈대보다는 운이 좋은 편에 속할 것이다. 빈대 속에 속하는 두 종의 수컷은 '외상성 수정', 즉 암컷의 복부에 뚫은 구멍에 정자를 직접 주입하는 방법을 사용한다. 이 과정은 정확히 들리는 것처럼 잔인하고 기계적이다. 그렇다고 이 불행한 암컷들에게 수컷이 전통적인 방식으로 수정시킬 수 있는 쓸 만한 생식 기관이 없는 것은 아니다 (어쨌든 난자는 어딘가에서 나와야 한다). 수컷은 단순히 그 사실을 무시하는 쪽을 택한다. 감염이 흔하게 발생하고, 암컷의 생존율은 짝짓기 과정에서 감소하는데, 짝짓기는 최적인 암컷 번식 적응도의 20배로 추정되는 빈도로 발생한다.[15]

암컷이 치르는 비용은 분명하다. 하기야 수컷이 치르는 비용도 분명하긴 마찬가지다. 결과적으로 보면, 이 비신사적 행위에 관한 긴 이야기에서 지금까지 언급된 종 중에 어느 종에서도 수컷

---

15 외상성 수정은 하파테아 사디스티카(*Harpactea sadistica*) 거미를 포함한 소수의 다른 절지동물 종에서도 발견된다.

은 부모가 되는 계획에 정자 외에는 아무것도 기여하지 않는다(궁극적 대가를 치르는 매우 예외적인 수컷 거미들을 제외하면). 따라서 건강한 새끼를 낳고 때로 키울 것으로 기대되는 개체를 해치는 것이 적어도 약간의 역효과를 낳을 수 있음은 당연하다. 물론 진화생물학의 다른 모든 것과 마찬가지로 우리는 비용과 이익이 서로 상쇄될 것으로 예상할 수 있다. 자손의 어미를 해치는 것은 단지 '손실' 열의 또 다른 항목일 뿐이며, 이는 암컷이 다른 이의 어미가 아닌 자기 자손의 어미라는 사실에 의해 쉽게 상쇄될 수 있다. 일부 생물학자들은 더 나아가 암컷을 해치는 행위가 사실 특정 상황에서는 '이득' 항목에 있을 수 있다고 주장하는데, 이는 곧 그 손실이 선택을 통해 선호될 수 있고 따라서 고의적일 수 있음을 의미한다.

이 개념에 대한 경험적 증거는 아직 없지만, 수학적 모델에 따르면 이른바 '적응적 손해$^{\text{adaptive harm}}$'는 (가령 암컷이 피해로 인해 번식 투자 패턴을 바꾸는 경우) 원칙적으로 진화할 수 있다. 이 장의 다른 곳에서 이미 논의했듯이, 암컷은 언제든 현재의 자손과 잠재적 미래의 자손 사이에서 최적의 균형을 찾는 식으로 번식 노력에 투자할 것이며, 새끼가 한 마리뿐인 암사자처럼 자원을 절약하여 나중에 더 생산적인 노력에 투입하기 위해 현재의 단기적 투자를 줄이는 쪽을 택할 것이다. 그러나 암컷이 현재의 번식 주기 이후 생존 가능성이 거의 없다면, 지금 모든 것을 투자하는 것이 가장 합리적이다. 따라서 수컷이 가한 피해는 암컷이 미래를 위해 아무것도 남기지 않고 가장 최근에 짝짓기한 짝의 자손에게 모든 것을 투자하게 만들 수 있다. 암컷이 부족한 상황에서 수컷이 나중에 암컷과 다시 짝짓기하기를 원한다면, 이는 분명히 수컷에게 좋지 않은 전략이 될 것이다. 물론, 암컷의 관점에서 수컷이 암컷에게 해를 끼치는 것을 (부수적 피해를 단순히 감당할 만한 비용으로서 받아들이기보다) '선호'할지는 어쨌든 피해가 발생한다면 문제가 될 것이다.

한 가지 확실한 것은 여기에서의 역학이 4장에서 다룬 성선택의 형태가 만들어낸 것과 비슷하다는 점이다. 바꿔 말하면, 종은 전체적으로 시간이 지남에 따라 더 나은 방향으로 진화하는 것이 아니라, 더 나쁜 방향으로 진화하는 것처럼 보일 수 있다. 수컷 개체의 이득은 명확하다. 수컷은 공격적인 짝짓기 전술로 친자 관계를 확보해 유전적 계통의 수명을 늘릴 수 있다. 심지어 암컷도 운 나쁜 짝에게 차례로 같은 속임수를 쓰게 될 아들들의 높아진 성공률을 통해 간접 적응도를 얻을 것이다. 하지만 누군가 요술 지팡이를 휘둘러 수컷이 암컷에게 해를 끼치지 않고 번식 성과를 똑같이 나눠 갖는 데 동의할 수 있는 다른 메커니즘을 주입할 수 있다면, 평균적으로 종의 개체의 건강과 적응도는 의심할 여지 없이 더 좋아질 것이다.

유성 생식에 수반되는 비용은 이 책의 핵심을 관통하는 주제, 즉 동물은 환경에 항상 더 잘 적응하는 방향으로 이끄는 과정을 통해 진화하지만, 결코 큰 진전을 이루진 못하는 것 같다는 것을 잘 보여준다. 이러한 실패는 앞서 살펴보았듯이 종 간 및 개체 간(1장, 2장, 3장), 가족 간(6장), 성적 파트너 간(4장, 7장)에 발생하는 갈등에서 기인한다고 볼 수 있다. 유전자와 그 유전자를 운반하는 개체 간에 존재하는 또 다른 갈등(5장 등)도 있지만, 이는 패권적 다툼으로 더 잘 특징지어지며, 단 한 종(우리)만이 유전자의 횡포를 상당한 정도로 약화할 수 있었다.

이 책을 마무리하기 전 남은 두 장에서는 진화적 한계의 다소 다른 측면, 즉 변화하는 환경을 알아차리지 못할 때 발생하는 양상에 주목할 것이다. 이는 유기체 간의 승자와 패자, 또는 개체를 희생시켜 이득을 얻는 유전자의 경우가 아니라, 외부의 힘든 현실에 부딪히는 유전자의 경우이다. 그러한 현실 중 첫 번째는 미래를 예측할 수 없다는 것이다. 유전자의 이득은 언제나 선호되지만, 그러한 변화가 어디에서 나타날지, 반대편에서 어떤 조건이 발견될지 앞을 내다보고 알 수 있는 유전자는 없기 때문이다. 그 결과 유기체의 몸에서 확인되는 일련의 물리적 설계는 늘 약간 구식이다.

8장

함정에 빠진
진화

모든 동물은 항상 구식이며
태어날 때부터 시대착오적이다.

6장에서 포니 익스프레스에 닥친 운명에 대해 살펴보았다. 포니 익스프레스가 최초의 우편 가방을 서쪽으로 보낸 지 겨우 10주 만에 미국 의회는 동부와 서부를 연결하는 전신 시설의 보조금 지급을 승인했다. 캘리포니아의 오버랜드 전신 회사^{Overland Telegraph Company}와 네브래스카의 퍼시픽 전신 회사^{Pacific Telegraph Company}의 부상은 곧 포니 익스프레스의 몰락이었다. 불과 1세기 후에는 전신의 자리를 빼앗은 전화에도 비슷한 재앙이 닥쳤다. 알렉산더 그레이엄 벨이 '전신 개선'으로 미국 특허를 받은 지 겨우 5년 만에 베를린에 최초의 공중전화가 설치되었고, 1999년에는 미국에만 약 200만 대의 공중전화가 있었던 것으로 추정된다. 하지만 공중전화는 휴대전화로 인해 거의 쓸모가 없어지면서 2018년 기준 약 5%만이 운영되고 있다.

동물에게도 똑같은 일이 벌어지고 있다.

품질 유지 기한

사소한 의미에서 모든 동물은 항상 구식이며 태어날 때부터 시대착오적이다. 1장에 소개한 얼룩무늬물범의 이빨은 많은 세대를 거치는 동안 구할 수 있는 먹이가 어떻게 변화하느냐에 따라 반응했을 것이다. 즉 크릴이 풍부할 때는 더 정교하고 갈라진 이빨이, 펭귄과 물범이 흔할 때는 더 튼튼하고 억센 이빨이 발달했을 것이다. 지금까지는 아주 좋다. 환경이 변하면 물범도 새로운 어려움에 적응한다. 이것은 자연 선택의 핵심이다. 하지만 여기에는 문제가 있다. 동물은 즉각 적응할 수 없으며, 늘 뒤떨어진다.

여섯 번째 생일(대부분 물범이 성적으로 성숙해지는 때)이 다가오는 한 세대의 물범을 생각해보라. 이 시기는 포식 적응이 가장 필요한 시기로, 암컷은 새끼에게 젖을 빨리기 위해 여분의 영양분을 준비해야 하고 수컷은 최고의 암컷을 유인하기 위해 최상의 상태를 유지해야 한다. 그러나 이 집단의 이빨 유형은 처음에 부모 세대의 번식이 성공하면서 결정되었는데, 이는 지금이 아니라 6년 전의 먹이 가용성이 반영된 이빨이다. 하지만 그 몇 년 사이 상황은 바뀌었을 수 있다. 상황이 바뀌었을 경우 해당 집단은 현재 가장 적합한 도구 대신 과거에는 이상적이었지만 더는 그렇지 않은 이빨을 갖고 살게 될 것이다.

앞서 사소하다고 말한 이유는 이러한 반응 지연의 정도가 아주 중요하진 않을 것 같기 때문이다. 어떤 동물이든 최대로 뒤처져봤자 한 세대 정도가 뒤처질 뿐이며, 대다수 종에게 이는 외부 변화가 거의 없는 아주 짧은 기간이다. 문제는 세대 간 간격이 매우 다른 종 사이에 적대적 상호 작용(인간처럼 오래 사는 척추동물과 결핵균처럼 짧게 사는 병원체 간의 군비 경쟁을 떠올려보라)이 있는 경우, 또는 진화적 시차가 오히려 한 세대보다 더 긴 매우 드문 경우에만 발생한다. 후자의 시나리오는 괌에 있던 새들이 너무 오랫동안 뱀이 없는 곳에서 진화하다 수천 년 후에야 뱀을 다시 만나고 직면하게 된 문제를 잘 설명한다. 하지만 가끔, 아주 가끔 상황은 실제로 매우 빠르게 변하며, 이러한 역사의 결정적인 순간에 그 종 전체가 잊힐 수 있다.

스텔러와 바다 괴물들

해우목은 그 조상들이 고래목(돌고래, 고래, 알락돌고래)의 조상과 비슷한 경로를 따라 육지 생활을 포기하고 바다로 돌아간 작은 해양 포유류 집단이다. 오늘날 이들은 4종(듀공과 바다소로도 불리는 해우 3종)으로 나타난다. 유전적 분석 결과, 육지에 사는 이들과 가장 가까운 친척은 코끼리인 것으로 밝혀졌지만, 해우목은 코끼리와는 확연히 다르다. 현존하는 종은 불룩한 통 모양의 몸체와 짧고 길쭉한 지느러미발처럼 생긴 앞다리가 있는 완전한 수생 동물이다. 뒷다리는 완전히 사라졌으며, 꼬리에 달린 타원형의(바다소) 혹은 갈라진(듀공) 큰 지느러미를 이용해 이동한다. 얼굴은 크고 뭉툭하고 입술은 수생 식물을 물고 뜯어 먹기에 적합하며, 어금니가 유일한 이빨이다. 이 동물을 아무리 멀리서 흘깃 봤다고 하더라도 인어로 오인하기는 어려울 것이다. 그렇지만 이러한 유사함 때문에 이들은 해우류(사이레니아^{Sirenia})라는 이름을 갖게 되었다.[1] 종마다 크기는 다양하지만, 듀공은 웬만해선 4미터를 넘지 않는 반면에 가장 큰 바다소는 5미터에 달할 수 있다. 그러나 1740년 독일의 동물학자이자 의사인 게오르그 스텔러$^{Georg\ Steller}$가 10년에 걸쳐 제2차 캄차카 원정의 일부로 세인트피터$^{Saint\ Peter}$호를 타고 베링해를 건널 때, 거기에 훨씬, 훨씬 더 큰 또 다른 해우류가 있었다.

1741년 가을 즈음, 세인트피터호의 선원들은 괴혈병과 기타 질환에 시달리며 겨우 배를 조작했다. 11월, 그들은 나중에 베링섬$^{Bering\ Island}$(코만도르스키예 제도 중 가장 큰 섬)으로 알려지게 된 곳에서 조난해, 선장과 28명의 선원이 결국 사망에 이르렀다. 스텔러는 가까스로 살아남아 섬에서 열 달 동안 식물, 동물, 지질을 세심하게 관찰할 수 있었다. 그러나 얕은 해안가에서 켈프를 뜯어먹고

---

1 사이레니아는 그리스 신화의 사이렌을 가리키는데, 오디세우스는 사이렌의 매혹적인 소리에 유혹되어 죽지 않도록 자신을 배의 돛대에 묶어 두어야 했다.

있는 10톤짜리 해양 괴물을 발견하는 데는 많은 과학적 세심함이 필요하지 않았다.

곧 스텔러바다소^{Steller's sea cow}로 알려진 이 동물은 듀공과 가장 밀접한 관련이 있었고 듀공처럼 갈라진 꼬리를 갖고 있었지만, 엄청나게 큰 크기(성체의 경우 길이가 8~9미터에 달했다)를 비롯하여 몇 가지 눈에 띄는 차이점이 있었다. 우선 이빨이 전혀 없는 대신 각질로 된 납작한 판으로 먹이를 씹었고, 몸은 비슷한 지역에 서식하는 고래 종의 그것과 유사한 매우 두꺼운 지방층으로 둘러싸여 있었다. 결정적으로 스텔러바다소는 부력이 강해 매우 어렵게 잠수할 수 있었기 때문에, 잠수하지 않고 해조류를 먹을 수 있는 얕은 물에만 주로 머물렀다. 이 사실은 얕은 물에서 몸을 끊임없이 긁는 바위와 얼음과 씨름하느라 엄청나게 튼튼해진 피부를 설명했다. 또한, 역사가 스텔러바다소에게 치명적 덫을 놓게 했다.

이 덫은 나그네비둘기부터 태즈메이니아호랑이^{Tasmanian tiger}, 도도새와 큰바다오리에 이르기까지 셀 수 없이 많은 종을 굴러떨어지게 한 익숙한 함정이다. 인간이 살지 않았던 엄청난 구간의 지질학적 시간 동안 이러한 동물들은 특정 환경에서 생존할 수 있는 형태로 진화했다. 하지만 인간이 등장했을 때 세상은 변했고 일부 종은 이에 대처하지 못했다. 스텔러의 거대한 해우류도 그중 하나였다. 원조 격의 동물학자와 굶주린 선원들이 처음으로 바다소를 발견했을 때 이미 바다소는 희귀한 동물이었다. 이 종의 홍적

세 유적은 일본과 바하칼리포르니아$^{Baja\ California}$2처럼 멀리 떨어진 곳에서 발견되었다. 그러나 현대의 코만도르스키에 제도 바깥에 독자 생존이 가능한 개체군이 있었는지 믿을 만한 증거는 거의 찾기 어렵다. 때 이른 개체 수 감소의 책임이 인간에게 있는지 아닌지는 불분명하지만, 인간이 결정적 역할을 했다는 데는 논쟁의 여지가 없다. 스텔러가 기술할 당시 생존해 있었던 것으로 추정되는 1,500~2,000마리의 바다소 중 1768년 말까지 살아남은 개체는 단한 마리도 없었기 때문이다.

이 거대하고 무거운 동물은 인간에 대해 무방비상태였기 때문에, 누구라도 피부를 뚫을 작살과 물에서 끌어 올릴 수단만 있다면 이들을 잡을 수 있었다. 사냥꾼들은 실제로 그렇게 했지만, 그들이 주로 관심을 둔 것은 사실 바다소가 아니었다. 스텔러와 살아남은 선원들이 베링섬에 머무는 동안 식량을 얻기 위해 사냥한 많은 동물 중에는 거의 1,000마리에 달하는 해달이 있었다. 이 동물의 털은 포유류 중 가장 밀도가 높은데, 세인트피터호의 선원들이 귀환했을 때 알게 된 것처럼 그 가죽은 매우 귀했다. 시베리아를 통한 러시아의 확장은 거의 예외 없이 흑담비(족제빗과 동물3의 일종) 무역으로 자금을 조달받았는데, 해달 가죽은 흑담비 가죽 가격

2　멕시코 북서부에 있는 주. — 옮긴이
3　담비, 족제비, 수달, 오소리와 같은 동물들이 포함된다.

의 20배에 팔렸다. 모피 사냥꾼들은 지체하지 않고 코만도르스키에 제도를 향했고, 그 결과 해달은 빠르게 자취를 감추었다.

세기에 걸친 '위대한 사냥'이 시작되고 끝날 때까지 가죽을 얻기 위해 약 100만 마리의 해달이 죽임을 당했을 것이다. 베링의 탐험대는 러시아와 아메리카 대륙 사이에 지상으로 연결된 길은 없지만 항해가 가능하다는 것과 알래스카 남부 해안에 모피를 얻을 수 있는 동물이 풍부하다는 것을 확인시켜주었다. 그 후 20년 동안 러시아의 모피 사냥꾼들은 알류샨열도를 따라 꾸준히 동쪽으로 이동하여 1760년대에 알래스카에 도달했다. 그 과정에서 처음에 그들은 섬의 원주민들과 무역했지만, 다음에는 그들을 노예 삼아 해달을 사냥하도록 강요했다.

한편 코만도르스키에 제도에서는 해달이 사라지면서 이미 생태계의 재앙이 시작되었다. 해달은 수중의 켈프 숲에서 먹이를 구하는데, 그중 이들이 선호하는 먹잇감은 켈프를 먹는 성게이다. 켈프는 공기가 부족해 해달이 안전하게 도달할 수 없는 심해에서는 성게와 다른 초식 동물들의 섭식을 제한하는 보호적 화학 물질을 만든다. 이 화학 물질이 없다면 켈프는 거의 모두 먹혀 없어질 것이다. 그러나 얕은 바다에서는 해달이 성게의 개체 수를 통제하기 때문에 켈프의 엽상체가 보호 독소를 만드는 것은 에너지 낭비이다. 따라서 독소는 만들어지지 않는다. 문제는 해달이 없어지면 성게가 급증하게 되고 켈프를 먹고 사는 다른 모든 종도 가세하여 수면 근처의 켈프가 모두 사라지게 된다는 것이다.

이제 부력이 강해 얕은 해안가에서 켈프를 먹고 사는 스텔러바다소를 떠올려보라. 해달은 켈프를 보호했지만, 모피 사냥꾼들이 해달을 사냥하자 불안정한 생태계는 무너져버렸다. 역사의 자비로움은 바다소를 속였다. 바다소는 유럽인이 발견한 뒤 겨우 27년간만 지속되었을 뿐이다.

최초의 해우류는 약 5000만 년 전에 육지에서 등을 돌렸다. 그때부터 1700년대 초까지 자연 선택은 서서히 북태평양 연안의 얕은 바다에서 잘 먹고 살 수 있는 거대하고 육중한 동물을 만들었다. 바다소의 조상들은 일방통행로를 따라 여행하면서 필요하지 않은 장비를 없애고 여분의 장비를 챙기는 데 소홀했다. 뛰어난 회전 속도나 불쾌한 독소로 가득 찬 몸 등 방어적 특성을 필요하게 만드는 포식자가 없었으므로 그러한 특성은 진화하지 않았다. 또 얕은 바다에서 항상 켈프를 먹을 수 있었기 때문에 다른 무언가를 찾아 더 깊은 물 속으로 들어갈 수 있는 능력과 부력이 있는 따뜻한 지방층을 맞바꿀 필요가 없었다. 환경에 더 잘 적응할수록 다른 환경에서는 더 취약해진 것이다. 정확히 비유적으로 표현하자면, 바다소는 속아서 부당한 확신에 빠진 상태, 즉 배를 탄 인간이 도착하면서 빠르고 결정적으로 무너져 버린 상태가 되었다.

그러나 빠른 환경 변화의 주체는 인간만이 아니다. 이러한 종류의 대변동은 실제로 매우 긴 역사를 갖고 있다.

실패할 수 없는 거대함

인류가 등장하기 6500만 년도 더 전에, 전 세계에 있는 거의 모든 거대 육상 동물에게 운명적 위기가 찾아왔다. 그중에는 코에서 꼬리까지의 길이가 26미터에 달하고, 무게는 30~50톤에 달할 것으로 추정되는 초식 공룡 드레드노투스슈라니^{Dreadnoughtus schrani}도 있었다. 드레드노투스슈라니는 용각류라는 다양하고 성공적인 무리에 속했는데, 여기에는 브라키오사우루스^{Brachiosaurus}, 디플로도쿠스^{Diplodocus}, 브론토사우루스^{Brontosaurus}와 같이 우리에게 좀 더 익숙한 공룡들이 포함된다.[4] 이들은 모두 머리가 작고 목이 길고 꼬리가 길었으며 다리가 네 개였다. 많은 용각류가 그들 전후의 다른 육상 동물들보다 훨씬 크게 자랐으며, 가장 큰 용각류의 무게는 100톤(230인승 보잉 737기의 이륙 시 무게보다 훨씬 더 무거운 무게)이 넘었을 것으로 추정된다. 비교하자면, 가장 무거운 비용각류 공룡인 산퉁고사우루스기간테우스^{Shantungosaurus giganteus}의 무게는 20톤 정도(가장 무거운 육상 포유류였던 멸종된 코끼리 팔라에올록소돈나마디쿠스^{Palaeoloxodon namadicus}[5]와 비슷한 크기)였다.

---

4 세세한 것에 얽매이는 독자들은 오랫동안 아파토사우루스의 일종으로 여겨져온 브론토사우루스가 속으로 인정받았다는 것을 확실히 하길 바랄 것이다. 2015년의 한 연구에 따르면, 이 둘은 별도의 속이 되기에 충분히 다르다고 한다.
5 오늘날 아프리카코끼리의 몸무게는 기껏해야 7톤 정도이다.

용각류가 왜 그처럼 거대해졌는지는 수많은 연구와 논쟁의 주제였다. 대부분의 고생물학자는 몸집이 클수록 유리하다는 가정에서 시작한다. 초식 동물로서는 몸집이 클수록 소화 면에서 좀 더 효율적일 수 있고(먹이가 몸에 잔류하는 시간이 길어지기 때문에 적어도 이론상으로는 그렇다), 포식자에 직면할 위험이 줄어든다는 것이다. 그렇다면 수수께끼는 '왜'보다는 '어떻게' 그렇게 커졌는지에 초점이 맞춰진다. 그 전후의 어떤 육상 동물도 그들만큼 크진 않았기 때문이다. 큰 덩치에는 두 가지 분명한 제약 사항이 있다(두 가지 제약 사항 모두 고래와 같은 수생 동물에게는 적용되지 않는다. 일부 고래는 가장 큰 용각류보다 더 크게 자랐다).

첫째, 큰 몸집은 그냥 돌아다니기만 해도 높은 에너지 비용이 든다(물에서 생기는 부력은 고래에게 중력의 부담을 크게 덜어준다). 둘째, 거대한 원통형의 몸은 열을 발산하기 어렵다(물에서는 문제가 되지 않는다). 셋째, 용각류를 성체로만이 아니라 어린 시절까지 전체적으로 보면 좀 더 분명해지는데, 성장 속도가 매우 빨라야 하고 그에 따라 신진대사율이 매우 높아야 한다. 그렇지 않으면 거대함의 이점은 크게 훼손된다. 굶주린 티라노사우루스와 마주친 상대적으로 작은 어린 용각류에게, 40년 후에는 덩치가 너무 커져서 공격받지 않을 거라는 생각은 별 위로가 되지 않는다. 용각류는 거대함이라는 성배를 얻기 위해 이 모든 문제를 해결해야 했다. 그리고 그 해결책은 매우 독특한 특성의 조합이었던 것으로 보인다.

대부분의 대형 초식 동물은 먹이를 잘게 부수기 위해, 갈아내는 판 역할을 하는 어금니를 갖고 있다. 그러나 용각류는 뜯는 데는 적합하지만 씹는 데는 적합하지 않은 작은 이빨만 있었다. 먹이를 잘 씹지 않고 삼켰을 것이 분명하므로 이는 위장에 큰 부담이 되었지만(먹이 입자가 클수록 분해 속도가 느려지므로), 덕분에 머리는 작게 유지될 수 있었기 때문에 이들은 큰 지렛대 힘을 만들어내지 않고도 목의 길이를 늘일 수 있었다. 길고 움직이는 목은 용각류의 성공에 필수적이었을 것이다. 그러한 목 덕분에 용각류는 더 작은 경쟁자들이 접근할 수 없는 식물에 접근할 수 있었을 뿐만 아니라, 움직이지 않고도 방대한 범위의 식물을 뜯어 먹을 수 있었기 때문에 상당한 에너지를 절약할 수 있었다. 한편, 그냥 먹은 것을 오랫동안 몸에 갖고만 있어도 소화는 진행되었다(덩치가 거대하다면 이는 문제가 되지 않는다). 그렇게 작은 머리 덕분에 목은 길어질 수 있었고, 이는 거대한 몸의 비용을 상쇄하는 데 도움이 되었으며, 결과적으로 씹지 못해 발생하는 소화 문제에 대처할 수 있었다. 그러나 목의 길이는 그 자체적인 문제를 가져왔다. 다시 말해 이들은 공기가 폐에 도달하게 하려면 엄청난 양의 공기를 들이마셔야 했다. 이 제약은 몸 크기 대비 목 길이의 비율을 제한해야 했지만, 용각류에게는 해결책이 있었다.

포유류는 들숨에 공기가 폐로 들어왔다가 날숨에 같은 경로를 통해 빠져나가는 이른바 '조수^{tidal}' 방식으로 호흡한다. 새의 호흡 방식은 다르다. 새의 폐는 비교적 고정된 상태로, 호흡 주기 동안 부피가 크게 변하지 않으며 한 방향의 공기 흐름만 허용한다. 새에게는 또한 공기를 이동시키는 풀무 역할을 하는 최대 11개의 기낭이 있다. 기낭은 폐의 앞쪽 또는 뒤쪽에 있으며 기관지와 판막의 배열은 들숨에 기관을 따라 들어온 공기, 즉 산소가 가득한 '신선한' 공기가 두 개의 다른 곳으로 이동하게끔 되어 있다. 공기 중 대략 절반은 폐를 통과하면서 탈산소화되고 앞쪽 기낭으로 들어간다. 나머지 절반은 폐를 우회하여 뒤쪽에 있는 기낭으로 들어간다. 날숨에 두 기낭 모두에서 공기가 배출되지만, 앞쪽 기낭의 공기가 직접 기관을 따라 밖으로 배출되는 반면, 뒤쪽 기낭의 공기는 폐를 통과해 밖으로 배출된다.

이 방식은 매우 효율적이다. 산소가 함유된 공기가 (기관으로부터의) 들숨과 (뒤쪽 기낭으로부터의) 날숨에 모두 폐를 통과하기 때문에 혈액에 지속적으로 산소가 공급된다. 포유류에서는 이러한 가스 교환이 들숨에만 일어난다. 또 다른 장점은 기낭이 비행에 동력을 공급하는 가슴 근육을 식히는 데 필수적인 열 발산을 크게 개선한다는 것이다.

이쯤 되면 이 모든 것이 어디로 향하는지 짐작할 수 있을지도 모르겠다. 이 혁신적인 호흡법은 새들에게서만 나타난 것이 아닌 것으로 보인다. 용각류는 척추골에 기낭이 있었다. 비골격 기낭의 존재를 절대적으로 확신할 순 없지만, 조류와의 비교 형태학상 연구에서 나온 증거는 용각류에게도 그러한 기낭이 있었음을 시사한다. 이는 용각류가 가진 비장의 카드였다. 조류와 같은 호흡법을 사용하면 이들은 훨씬 더 효율적인 가스 교환을 통해 문제를 완화할 수 있었다. 또한, 빠른 성장에 필요한 신진대사를 촉진하는 동시에 그로 인한 잠재적 과열을 피할 수도 있었다. 현미경을 이용한 용각류 뼈 연구에서 나온 증거에 따르면, 실제로 이들의 성장 속도는 경이로울 정도였다. 가장 덩치가 큰 종의 개체는 20년 만에 네 자릿수 차[6]에 해당하는 만큼 체중이 늘 수 있었다. 오늘날 이러한 신진대사 활동에 근접할 수 있는 파충류는 어디에도 없다.

거대한 용각류는 당연히 식욕이 엄청났을 것이다. 가장 큰 개체는 매일 약 200킬로그램에 달하는 식물성 먹이를 먹었을 것으로 짐작된다(이 수치가 놀랍지 않을 경우를 대비해 덧붙이자면, 1년으로 쳤을 때 73톤에 해당하는 양이다). 1억 년 동안 이는 문제가 되지 않았다. 식물은 풍부했고, 용각류는 기다란 목 덕분에 크게 자란 모든 식물에 접근할 수 있었을 뿐만 아니라(한 걸음도 움직이지 않고 많은 양을 먹을 수 있었다), 포식자를 경계할 필요 없이 오랫동안 먹이를 먹을 수 있을 만큼 충분히 컸기 때문이다(성체일 때). 하지만 6600만 년 전, 드레드노투스 슈라니가 현존하는 가장 거대한 육상 동물로 전성기

---

6 즉, 태어날 때 10킬로그램이던 몸무게가 20년 만에 10만 킬로그램으로 늘 수 있었다.

를 맞았을 때, 세상은 바뀌었다.

구체적으로 말하자면, 폭이 11킬로미터가 넘는 소행성이 현재 멕시코의 유카탄반도 바로 북쪽에 떨어졌다. 그 충격은 1945년 연합군이 히로시마에 투하한 원자폭탄의 그것보다 수십억 배나 더 컸다. 그로 인해 직경 180킬로미터, 깊이 20킬로미터가 넘는 큰 구멍이 생겼고, 주변 바다가 끓어 올랐으며, 지구 대기를 벗어나기에 충분한 속도로 수 톤의 바윗덩어리가 폭파되었다. 이렇게 방출된 물질들은 재진입 시 고온발광하고 전 세계적인 열 파동을 생성하며 불이 붙을 수 있는 발사체들을 숲에 퍼부었을 것이다. 한편, 거대한 충격파가 지각을 흔들며 지구 전체에 지진과 쓰나미를 일으키고 있었다. 다음 24시간 동안 500킬로미터 이내의 육상 생물이 살아남을 가능성은 거의 없었지만, 아직 최악의 상황은 아니었다. 이 충돌로 10년간 태양을 차단할 수 있을 만큼의 먼지와 그을음, 화학 에어로졸이 배출되었고, 지구 기온은 10도나 떨어졌다. 식물과 플랑크톤은 광합성에 어려움을 겪었고, 이에 의존하던 동물들은 곧 굶어 죽었다.

가장 큰 동물은 회복력이 가장 나빴다.

스텔러바다소와 마찬가지로 드레드노투스 슈라니도 속았다. 이들은 모든 알을 거대함이라는 바구니에 넣었지만, 이는 확실히 예측이 가능한 환경에서만 좋은 전략이다. 풍요로운 시대가 끝났을 때 연간 73톤의 먹이를 해치우던 습관은 치명적인 부담이 되었고, 작은 동물, 특히 무엇이든 먹을 수 있는 부식성 생물이 모든 패를 쥐게 되었다. 수백만 년의 안정된 삶이 놓은 덫에서 벗어나 백악기의 잔해로부터 성공적으로 기어 올라올 수 있었던 이들은 몸무게 25킬로그램 미만의 작은 동물들이 거의[7] 유일했다.

행동 방식의 방해

바다소와 용각류, 기타 여러 멸종 집단은 자기 몸의 방해를 받았지만, 자기 행동(더 구체적으로 행동이 진화한 방식)의 방해를 받는 집단에는 더 교묘한 함정이 기다리고 있다. 이 과정은 불꽃이나 전구 주위를 도는 우리에게 친숙한 나방으로 가장 잘 설명될 수 있다. 이는 특정한 규칙을 따르는 진화된 습관에서 비롯되었다. 나방은 달을 기준으로 방향을 잡고 이동하는데, 지구에서 멀리 떨어진 달을 이동 방향과 고정 각도로 유지하면서 날면 직선으로 나아갈 수 있다. 매우 유용한 방법이지만, 이는 달이 밤하늘에서 유일

---

7   일부 악어와 바다거북은 예외다. 이들은 (대부분 육지 및 해양 생태계의 근간을 이루는) 광합성 활동에 의존하지 않는 하구 환경에서 살아남았을 것이다. 강은 포식자 망을 지원하는 부식성 생물에 의해 분해된 엄청난 양의 썩은 식물을 갖고 운반했을 가능성이 크다. 이러한 먹이 그물이 하구로 흘러 들어갔을 것이다.

하게 밝은 물체일 때만 가능하다.

인간이 만든 광원은 두 가지 면에서 문제가 된다. 첫째, 너무 많은 광원이 모든 방향에서 나타날 수 있다. 둘째, 달보다 너무 가까운 곳에 있다. 이 중에서 더 중요한 것은 두 번째 문제다. 달은 물리학자들이 '광학적 무한대'라고 부르는 곳에 있을 만큼 매우 멀리 떨어져 있지만 차고 앞의 방범등은 그렇지 않다. 그러한 불빛을 기준으로 이동 방향과 고정된 각도로 유지하면서 나는 나방은 틀림없이 불빛을 향해 나선형으로 나아갈 수밖에 없다. 결과적으로 나방은 유리에 부딪히거나, 그것이 말 그대로의 '불'빛이라면 스스로 불에 타 죽을 것이다. 나방은 환경의 변화로 곤궁에 처해 있다.

하루살이도 마찬가지다. (아마도 수년 동안) 수중에서 포식성 유충으로 살다가 입이 퇴화하고 번식을 위해서만 존재하는 성충이 된 후 며칠 만에 죽는 곤충이다. 대부분 종의 암컷이 연못과 호수, 기타 민물 수원지의 표면에 알을 낳는데, 여기에서 알은 바닥으로 가라앉고 발달이 완료된다. 하지만 하루살이는 물에 대해 잘 알지 못한다. 대신, 이들은 다른 곳에서는 쉽게 발견되지 않는 물의 한 가지 특징, 즉 편광에 집중한다. 수역의 표면은 받는 빛을 모두 반사하지 않고 제한된 수면 내에서 진동하는 광파만 반사한다.[8]

---

8   일부 선글라스가 같은 원리를 적용해 제한된 면의 광파만 통과시킨다. 편광 렌즈 두 개를 겹친 후 하나를 90도 돌리면 빛을 완전히 차단할 수 있다.

하루살이는 편광을 이용해 무리를 짓고, 짝짓기하고, 알을 낳을 곳을 식별한다(즉 물을 찾는다). 이 방법은 공룡 시대 훨씬 이전부터 적절히 사용되어왔다.[9] 하지만 지금은 아스팔트, 농지의 검은 비닐, 자동차 앞 유리 등 편광을 반사하는 인공 표면이 수없이 많다. 매년 수백만 마리의 하루살이들이 개울 옆의 마른 도로 표면에 모여 알을 낳는다. 당연히 알은 부화하지 않는다.

생물학자들은 이와 관련된 제반 현상을 '진화적 함정'이라고 부르는데, 이는 과거에는 적응적이고 진화적이었던 행동이 새로운 조건에서 부적응적인 행동이 되는 상황으로 정의될 수 있다. 이러한 유용한 행동에는 일반적으로 사용할 수 있는 간접적 단서(편광과 같은 것)가 필요하다. 그리고 그러한 새로운 조건은 보통 인간이 환경을 바꿈으로써 발생한다. 관련된 예는 무수히 많은데, 그중 일부는 의도적인 것들이다. 예를 들어, 송어에게 수면에서 버둥거리는 작은 곤충들을 잡아먹는 습성이 없다면, 그리고 곤충의 유충, 올챙이, 치어와 같은 작은 수중 생물만 먹는다면 제물낚시가 흔한 강과 호수에서 훨씬 더 안전할 것이다. 그러나 낚시꾼들은 송어가 이러한 사실을 전혀 모르고 있다는 것에 기뻐한다. 대규모의 하루살이 알 희생과 같은 사례는 우발적이고 순전히 비극적인 경우이다. 바다거북도 비슷하게 안타까운 사례이다. 이 파충류들

---

9   하루살이는 약 3억 년 전에 끝난 석탄기 때 등장한 것으로 알려져 있다.

은 먹이인 해파리를 맛이나 냄새로 식별하지 않고(특히 후각은 육지보다 수중에서 덜 효과적이기 때문에) 시각에만 의존하므로 비닐봉지를 먹고 죽는 경우가 많다.

인류 역시 문명을 향한 여정이 만들어낸 함정에서 벗어날 수 없다. 잘 알려진 것 중에 제2형 당뇨병, 심장병, 기타 여러 건강 문제를 유발하는 단 음식의 과다 섭취가 있다. 대부분의 인류 역사에서 먹을 것은 보통 귀했기 때문에, 운 좋게 벌집의 꿀과 같은 고열량 먹거리를 발견했을 때 재빨리 먹어치우는 것은 좋은 생각이었다. 상습적으로 게걸스럽게 먹는 행동을 피하기 위한 선택 압력은 없었다. 그러한 행동이 가능한 상황에 있는 사람이 거의 없었기 때문이다. 하지만 현대에 들어서면서 사람들은 값싸고 당도 높은 음식을 쉽게 구할 수 있게 되었고, 이러한 음식을 실컷 먹고자 하는 신체의 자연적인 성향은 심각한 문제가 되었다. 임상적 비만이 생식 능력 감소와 관련되어 있다는 점을 고려하면 시간이 지남에 따라 얼마간의 인구가 비만에서 벗어날 가능성이 있긴 하지만, 이는 유용한 시간 내에 일어나진 않을 것이다. 그때까지 전설적인 젖과 꿀이 흐르는 땅은 피해야 할 곳이 될 것이다.

인류의 번영은 또한 다른 종인 쿠퍼매Cooper's hawk에게 매혹적인 (잠재적) 먹이 함정을 만들었다. 이 작은 포식자는 몇 가지 이유로 도시 환경을 좋아하는데, 특히 더 크고 경계해야 하는 포식자가 없어 비교적 안전하고, 둥지를 틀 수 있는 곳도 있기 때문이다. 그러나 이들을 끌어들이는 가장 큰 매력은 먹이다. 도시에는 비둘기가 가득하다. 애리조나주의 투손^{Tucson}도 예외는 아니다. 1990년대 후반, 애리조나대학교의 클린트 보알$^{Clint\ Boal}$과 윌리엄 매넌$^{William\ Mannan}$은 투손과 주 남동부의 많은 시골 지역에서 매의 번식 성과를 추적했다. 그들은 지역과 상관없이 약 80%의 지역에서 새끼가 있는 둥지를 발견했고, 둥지당 새끼의 수가 비슷하다는 것을 알게되었다. 그러나 새가 독립할 확률, 즉 다 자라 둥지를 떠날 수 있는 확률은 지역마다 크게 달랐다. 시골에서는 95%의 새가 독립에 성공한 반면, 도시에서는 그 확률이 49%에 그쳤다. 도시에서의 삶이 어린 매들을 죽이고 있었다.

그 이유를 알고 싶었던 보알과 매넌은 매들이 둥지로 가져온 먹이를 조사한 결과 답을 찾을 수 있었다. 시골에서 비둘기는 먹이의 5분의 1을 차지할 뿐이었지만, 도시에서 비둘기는 먹이의 5분의 4 이상을 차지했다. 그 자체는 놀랄 일도, 걱정할 일도 아니었다. 전반적으로 새의 종류가 다양하지 않은 도시에서 비둘기는 매우 흔했기 때문이다. 비둘기는 쿠퍼매가 안전하게 잡을 수 있는 가장 큰 먹잇감 중 하나였으므로 이 포식자들이 비둘기를 목표로 삼은 것은 당연한 일이었다.

그러나 불행히도 비둘기는 조류트리코모나스증$^{avian\ trichomoniasis}$이라는 병을 옮긴다. 이 병은 트리코모나스갈리나에$^{Trichomonas\ gallinae}$라는 단세포 생물에 의해 발생하며 전염성이 높다. 비둘기 애호가들은 이 병을 '캥커^{canker}'라고 부르는데, 이 병은 비둘기들만 걸리는 것이 아니다. 이 병을 '프라운스^{frounce}'라고 부르는 매 사냥꾼들은 이 사실을 수 세기 동안 알고 있었다. 병에 걸린 매들은 치료하지 않으면 매우 빠르게 죽는다. 심지어 티라노사우루스가 트리코모나스 감염으로 병변을 겪었다는 증거도 있다. 이제 우리 대부분이 알고 있듯이 감염은 밀도가 높은 개체군에서 더 빨리 진행되므로, 시골에 있는 비둘기보다 도시에 있는 비둘기가 더 많이 병에 걸렸을 것이다. 투손의 매는 평소보다 더 자주 비둘기를 잡아먹었고, 잡아먹은 각각의 비둘기는 병을 옮길 가능성도 컸다. 그리 놀랄 것도 없이 보알과 매넌은 도시에서의 압도적인 새끼 사망이 조류 트리코모나스증 때문이라는 결론에 도달했다.

이 사례는 진화적 함정[10]의 모든 특징을 갖고 있으며, 인간의 단음식을 향한 위험한 편애와 놀라울 정도로 유사하다. 쿠퍼매는 '먹이가 많은 곳에 둥지를 튼다'라는 이전의 신뢰할 수 있는 규칙을 따르다, 비정상적으로 증가한 먹이 가용성이 실제로 질병을 유발하는 환경에서 건강의 위협을 받는다. 그러나 이 작은 이야기의 서두에서 이것이 잠재적 먹이 함정일 뿐이라고 말했던 것을 기억하라. 매넌과 보알은 이 도시의 사냥꾼들을 지속적으로 연구했

---

10 더 구체적으로 말하자면 '생태학적 함정'이다. 이는 진화적 함정의 하위 집합으로, 특히 서식지 선택 행동이 부적응적 방향을 향하게 되는 함정이다. 생태학적 함정에 빠진 동물들은 의도적으로 잘못된 지역에 살게 된다.

다. 그리고 10년 후, 투손의 매 개체 수가 실제로 안정적이라는 사실을 발견했다. 게다가 매는 외부에서 유입되지도 않았다. 무선 원격 측정기를 이용해 몇몇 개체를 추적하고 다리에 색깔 밴드를 매단 더 많은 개체를 관찰한 결과, 그들은 주변의 시골에서 매가 유입되지 않았다는 사실을 알게 되었다. 투손의 쿠퍼매는 자급자족하고 있었다. 하지만 어떻게 하고 있었을까?

답은 다시 비둘기다. 도시에서 새끼들이 독립할 수 있는 확률은 여전히 매우 낮았지만, 일단 매가 둥지를 떠나 사냥을 시작할 수 있게 되면 삶은 실제로 매우 편안해졌다. 비둘기들은 계속 그곳에 있었고, 트리코모나스증에 감염되었다가 살아남은 경우엔 다시 살아남을 수 있었다. 거의 절반에 이르는 새끼가 둥지를 떠나지 못했지만, 둥지를 떠나는 데 성공한 도시 매의 생존율은 이례적으로 높았다. 아마도 쉽게 얻을 수 있는 먹이가 지천에 널렸기 때문이었을 것이다. 알고 보니 함정은 함정이 아닌 절충안에 더 가까운 것이었다. 도시는 삶의 한 단계에서 더 높은 사망률을, 다른 단계에서는 더 높은 생존율을 의미했다. 이러한 장단점은 대략 서로 상쇄된 것이다. 어느 정도 면역력이 있는 개체라면(또는 좋은 운과 영양이 따라준다면), 젖과 꿀이 흐르는 땅은 정확히 알려진 대로였다.

스텔러바다소, 드레드노투스 슈라니, 투손의 쿠퍼매는 진화의 역사가 미처 준비하지 못한 상황과 맞닥뜨렸다. 앞의 두 동물은 준비 부족이 치명적이었음을 보여주었고, 멸종이라는 대가를 치렀다. 매의 경우, 총알은 비켜 갔을지 모르지만 예상한 것과 부딪친 것 사이의 불일치로 인한 위협은 아직 남아있으며, 다른 시대와 장소에서는 도태될 수도 있다. 하지만 불충분한 적응으로 인해 이러한 처벌을 받는다는 것은 굉장히 가혹하다. 모든 종은, 겉으로 봤을 때 번성하는 종이라도 결함을 갖고 있다. 그들은 단지 '그런대로 괜찮을' 뿐이며, 진화적 기벽, 태만, 서투른 솜씨 등 여러 잠재적 결함 중 하나 이상을 갖고 있다. 다음 장에서는 그중 엄선된 사례들을 살펴본다.

9장

썩 괜찮은
약점

고래가 수중 생물로 진화한 것은
수백만 년 전에 있었던 일이다.

그런데 왜 고래는 아직도
물속에서 숨을 쉬지 못하는가.

자연의 모든 것이 완벽하다고 여겨지던 시절이 있었다. 실제로 중세 신학자들은 각자 역할에 아주 걸맞게 만들어진 동물들의 모습에 감탄하며 그 빼어난 솜씨를 신의 존재에 대한 핵심 증거로 여겼다. 가령 물고기의 몸에서 발견한 '부레'에 경이로워하는 헨리 모어$^{Henry More}$의 글을 살펴보자.

'누가 우연이라 말할 수 있겠는가. 부레는 더 쉬운 헤엄을 위해 고안되었다. 핀과 바늘처럼 길고 가느다란 다수의 연골질 뼈와 보다 정확한 움직임을 가능케 하고 그 자체를 노처럼 얇고 납작하게 만드는 일종의 피부로 구성된 지느러미처럼 말이다. 기술과 정확성은 완벽하지 않을지 몰라도, 부레가 있는 덕분에 물고기는 물속에서 위아래로 쉽게 이동할 수 있다.'

이 감격스러운 찬사는 여러 장에 걸쳐 이 주제를 반복적으로 다룬 모어의 1653년 저서 『무신론 해독제$^{An\ Antidote\ to\ Atheism}$』에서 찾을 수 있다. 저서에는 물고기의 부레, 수탉의 며느리발톱[1], 두더지의 발톱, 백조의 물갈퀴와 같은 경이로운 대상에 대한 적절한 해석은 물론, 그것들이 창조주에 의해 세심하게 설계되었다는 내용이 담겨 있다. 모어의 견해는 그가 살던 시대 훨씬 이전부터 19세기까지 서구 지식인 사회의 전형적인 견해였다. 당시 무엇보다 지배적이었던 종교적 신념은 불변의 진리로 남았다. 초기 그리스, 로마, 중국의 사상가들은 그러한 생각을 '진화'로 부르진 않았지만(찰스 다윈도 그렇게 부르진 않았다), 그 원리는 처음부터 있었다. 동물과 식물이 공통된 특성에 따라 자연스러워 보이는 집단으로 분류될 수 있다는 사실은 조상과 혈통의 패턴을 시사하는 것처럼 보였다.

다윈의 1859년 저서 『종의 기원』은 세상에 처음으로, 그리고 지금까지 유일하게 혈통을 통한 진화의 그럴듯한 메커니즘을 선보였다. 다윈에게 진화의 완벽함은 고려되지 않았고, 그가 아는 한 존재하지도 않았다. 오히려 설계의 부재가 그의 이단적이며 혁명적인 진화론적 사고를 자극했다. 다윈은 만약 설계자가 단 한 명이라면, 그 창조주는 왜 같은 일에 수십 가지 다른 방법을 만든 것인지 궁금했다. 새(깃털)와 박쥐(발가락 사이에 채워진 피부)는 매우 다

---

1   새 수컷의 다리 뒤쪽에 있는 돌기. — 옮긴이

른 구조로 거의 같은 재주(비행)를 부린다. 또한, 기본적으로 같은 구조가 매우 다른 용도로 쓰이는 반대의 경우도 많았다. 예를 들어, 인간의 팔에서 발견되는 뼈의 배열은 돌고래의 앞지느러미, 늑대의 앞다리, 익룡의 화석화된 날개에서도 발견된다. 동물의 해부학적 구조가 삶에서 필요한 사항만을 반영한다면, 신체 부위의 그러한 '상동성'은 거의 의미가 없었다. 이 다른 동물들이 혈통으로 연결된 경우에만, 즉 조상으로부터 그러한 골격 구조가 생겨나 점차 변화한 경우에만 그 모든 것은 서로 연결되었다.

다윈이 옳았다. 상동성은 구성원들이 서로 분명히 닮은 데가 거의 없는 종의 집단 내에서 조상을 공유한다는 것을 보여주는 주요 단서이다. 상동성은 또한 매우 다른 식으로 설계되었더라도, 같은 신체적 기능을 발휘할 수 있음을 보여주기도 한다. 이를테면, 벌새의 날개는 모든 조류의 공통 조상으로부터 진화했기 때문에 독수리부터 타조까지 모든 조류에서 발견되는 평범한 조류의 뼈 구조로되어 있다. 반면, 겉으로 보기에 벌새와 비슷해 보이는 매나방^{hawk-moth}은 뼈가 없다. 새와의 마지막 공통 조상이 지구상에 최초의 척추동물이 나타나기 전에 살았기 때문이다. 따라서 벌새와 벌새 매나방의 날개는 구조상으로 완전히 다르지만, 어느 쪽 동물의 날개가 다른 쪽 동물의 날개보다 더 낫다고 말하기는 어려울 것이다.

벌새는 어류, 양서류, 파충류를 거친 계통을 통해 윙윙거리고 날아다니며 꿀을 먹는 작은 새로 진화했지만, 코끼리와 거북이에게도 맞아야 하는 조상의 체제$^{body plan}$2에 얽매이진 않은 것으로 보인다. 하지만 늘 이런 식인 것은 아니다. 때로 조상의 체제는 후손에게 심각한 부담이 된다. 가장 끔찍한 사례 중 일부는 우리에게 너무나 익숙하여 거의 알아보기도 힘들 정도다.

작전명 돌파구

보퍼트해$^{Beaufort Sea}$(다소 임의로 규정된 북극해의 일부)는 미국 알래스카주, 캐나다 북서부의 유콘 준주, 노스웨스트 준주의 북쪽 해안과 닿아있는 수역이다. 정확히 말하면 여름철에는 해안과 닿아있고 나머지 기간에는 얼음으로 덮여 있는데, 바로 그 때문에 이곳은 인구가 수백 명만 넘어도 '주요 인간 거주지'가 되는 곳이다. 로이 아마오각$^{Roy Ahmaogak}$이라는 이름의 이누이트 족 사냥꾼이 거대한 유빙 안에 갇힌 고래들을 발견한 곳이 바로 이곳이었다. 1988년 10월 7일, 북극의 겨울이 한창이던 때였다. 아마오각은 탐사차 외출한 참이었다.

그는 북극고래를 찾고 있었다. 이 거대한 동물들은 북극에 특화된 동물들로 1년 내내 이 바다에서 지내는데 이누이트 족이 생계

---

2 생물체 구조의 일반적, 기본적인 형식. — 옮긴이

를 위해 이들을 매년 몇 마리씩 사냥한다. 북극고래는 북극의 겨울에 적응하기 위해 고래 중에서 가장 두꺼운 지방층(최대 0.5미터)과 열을 보존하는 데 도움이 되는 매우 튼튼한 배럴 형의 몸체를 진화시켰다. 그중에서 가장 눈에 띄는 특징은 거대한 머리다. 이 고래는 지구상에 존재하는 모든 동물 중 가장 입이 큰데 그 크기가 무려 몸길이의 3분의 1을 차지할 정도다. 다 자란 북극고래의 경우 수염판(수염고래[3]류에게 이빨 대신 입의 양쪽에 있는, 털로 된 판 형태의 조직[4])의 길이는 4미터에 달할 수도 있다. 머리는 클 뿐만 아니라 엄청나게 튼튼하기도 한데, 이는 북극고래의 가장 중요한 생리적 측면일 것이다. 고래들이 이 머리를 이용해 얼음을 부수고 숨 쉴 수 있는 구멍을 만들기 때문이다. 북극고래에게 등지느러미가 없는 것은 들쭉날쭉한 얼음 바로 밑에서 헤엄치며 살아야 하는 생활에 적응하기 위한 것일지 모르지만 확실하진 않다.

확실히 말할 수 있는 것은 10월에 보퍼트해 근처에 있어야 할 대형 고래가 북극고래뿐이라는 것이다. 그러나 사냥꾼 아마오각이 배설물을 따라가다 발견한 고래는 북극고래가 아니라 작은 얼음 구멍 하나를 통해 차례로 숨을 쉬는 세 마리의 귀신고래였다.

---

3 고래는 대왕고래, 혹등고래, 참고래, 귀신고래가 포함되는 수염고래류와 거두고래, 범고래, 향유고래와 같은 더 큰 종과 모든 돌고래가 포함되는 이빨고래류로 분류된다.

4 바다의 무척추동물과 작은 물고기를 가두는 데 사용한다.

놀라운 일이었다. 귀신고래는 매년 바하칼리포르니아로 이동하기 때문에 그때쯤이면 남쪽으로 수백 마일 떨어진 곳에 있어야 했다. 크고 강력한 머리가 있는 북극고래와 달리, 귀신고래는 얇은 얼음이 아니면 얼음을 뚫고 앞으로 나아갈 수가 없었다. 실제로 이들은 얼음을 피하기 위해 이동한다. 하지만 이 세 마리의 고래들은 너무 늦게 길을 떠난 바람에 얼음 안에 갇혀버린 것이다.

그 고래 사냥꾼은 고래들을 돕기로 했다. 기온이 떨어지면 구멍이 점점 더 얼어붙으면서 고래들이 익사할 수 있었으므로 아마오각은 마을에서 사람들을 불러모아 함께 체인톱으로 구멍을 넓히기 시작했다. 그러나 전망이 별로 좋지 않아 보였다. 구멍을 넓히는 것은 일시적인 해결책일 뿐이었고, 얼음이 없는 가장 가까운 바다는 8킬로미터나 떨어져 있었기 때문이다.

며칠이 지나고 이누이트 사냥꾼들이 해안에서 설상차로 45분 거리인 얼음판 위에서 고군분투하는 동안, 이들의 구조 노력에 대한 소문이 퍼지기 시작했다. 관련 소식이 1주일 안에 남쪽으로 1,000킬로미터 이상 떨어진 앵커리지^{Anchorage}에 전해지면서 국립해양대기청^{National Oceanic and Atmospheric Administration}이 생물학자들을 보냈고, 이들은 이 가슴 따뜻한 이야기를 전하고 싶어 하는 기자들과 함께 현장에 도착했다. 곧 온 나라가 오도 가도 못 하게 된 고래 이야기와 사냥꾼, 과학자, 환경 보호 활동가 사이에 형성되기 시작한 민기 힘든 협력에 관한 이야기로 떠들썩해졌다. 미네소타의 한 형제는 곤경에 처한 고래 소식을 듣고 물을 휘저어 어는 것을 막을 수 있는 발전기 구동형 제빙 장치를 갖고 나타나기도 했다. 고래 구조자들이 '고래 자쿠지'라는 애칭으로 부른 이 펌프들은 있는 구멍을 잘 유지하는 데는 효율적이었지만, 고래들이 넓은 바다로 가기 위해서는 분명히 훨씬 더 근본적인 개입이 필요했다.

  그린피스 직원들과 운동가들이 미국 해안 경비대와 미 해군에 연락했다. 두 기관 모두 비교적 가까운 곳에 쇄빙선을 보유하고 있었지만, 어느 쪽도 쇄빙선을 내줄 수 없거나 내주려 하지 않았다. 그때 예상치 못하게도 한 석유 회사가 프루드호^{Prudhoe}만 인근에 있던 호버 바지선을 이용하자고 나서면서 해당 수륙양용선은 때맞춰 서쪽으로 이동하기 시작했다. 그러나 선박은 이론적으로는 얼음을 뚫고 길을 만들거나 적어도 다른 호버크래프트^{hovercraft}[5]처럼 얼음 위를 달릴 수 있었지만, 포인트 배로우에 도착하기도 전에 얼음 속에 갇히고 말았다.

  더 극적인 아이디어가 나왔다. 주 방위군(미군 예비군의 일부)이 5톤짜리 콘크리트 공을 권양기에 매단 '스카이크레인^{skycrane}' 헬리콥터를 보냈다. 헬리콥터는 공을 떨어뜨렸다 올렸다 하기를 반복하면서 비교적 쉽게 얼음에 큰 구멍을 뚫을 수 있었지만, 잔해물을

---

5 배의 아래쪽으로 압축한 공기를 세차게 내뿜어 쿠션을 만듦으로써 그 힘으로 무게를 지탱해 수면과 거의 같은 높이로 항주하는 수송수단. ─ 옮긴이

치울 방법이 없어 고래들은 수면 위로 올라올 공간을 찾지 못했다.

좌초된 거대 동물들에게 남은 시간이 별로 없었다. 고래들은 이미 얼음에 헛되이 머리를 부딪쳐 상처와 멍이 가득했고, 그중 한마리는 폐렴 증세를 보이고 있었다. 그러나 가장 예상치 못한 곳에서 곧 도움의 손길이 도착했다. 놀랍게도 당시 냉전 중이었던 미국과 소련이 이 환경 문제를 함께 해결하는 데 합의한 것이다. 모스크바에 사무실을 차리려고 했던 한 그린피스 직원을 통해 소련과 연락이 닿았고, 이어 두 개의 쇄빙선을 보내주겠다는 제안이 빠르게 왔다. 미국 정부는 처음에 잠시 망설였지만 결국 제안을 받아들였고, 거대한 선박은 포인트 배로우까지 200킬로미터의 여정을 시작했다.

이때까지 미군은 체인톱을 가득 실은 화물 헬리콥터를 현장으로 보냈고, 구조대는 그것들을 이용해 35미터 간격으로 1마일(약 1.6킬로미터)에 걸쳐 연달아 숨구멍을 뚫었다. 사람들은 스피커로 미리 녹음된 고래의 노랫소리를 틀어놓고 고래들을 한 구멍에서 다음 구멍으로 유인하며 해안에서 더 멀고 안전한 곳으로 데리고 갔다. 고래들이 이동할 때마다 구조팀은 고래들이 다시 돌아가지 못하도록 빈 구멍을 플라스틱판으로 덮었고, 고래들은 톱질이 끝나기도 전에 새 구멍에 와 있을 정도로 열성을 보였다. 그러나 구조대원들의 환희는 곧 실망으로 바뀌고 말았다. 세 마리의 고래 중에서 생후 9개월로 추정되는 가장 작은 고래가 수면 위로 떠오르지 못한 것이다. 이 고래는 발견 2주 후인 10월 21일에 끝내 익사했다.

나머지 두 마리는 1주일 후 쇄빙선이 수평선에 모습을 드러낸 후에야 자유가 될 수 있었다. 쇄빙선 중 하나에는 성조기와 나란히 구소련의 국기가 휘날리고 있었다. 고래들은 마지막 구멍을 떠나고 400미터 동안 얼음 속에서 자취를 감추고 있다가 소련 선박들의 뒤에서 다시 나타났다. 얼마 지나지 않아 고래들은 사라졌고, '돌파구 작전'은 성공을 선언했다. 동화적 요소를 완성하기 위해 이 이야기는 후에 드류 배리모어와 존 크래신스키 주연의 영화 「빅 미라클」로 각색되었다.

자신이 사는 환경에 갇힌 세 마리의 야생 동물, 고래를 구하기로 한 고래 사냥꾼, 총 100만 달러가량의 구조 비용, 냉전의 일시적 해빙, 모든 국가에서 각기 다른 배경을 가진 사람들이 공동의 대의를 위해 함께 모여 힘을 합친 것. 이 이야기 안에는 흥미를 끄는 여러 가지 놀라운 지점들이 존재한다. 물론 이 임무가 행복한 결말[6]로 끝났다는 사실도 나쁘지 않다.

하지만 당신이 외부와 접촉해본 적 없는 아마존의 부족 출신이라고 잠시 상상해보자. 고래에 대해서는 물론 물 펌프, 체인톱, 제빙기, 그리고 소련에 대해서도 들어본 적이 없다면 이 이야기에서 어떤 부분이 가장 놀라울까? 동물에 대한 인간의 연민? 아니다.

당신은 10대 때 재규어런디를 키우다 죽었을 때 종일 운 적이 있기 때문이다. 바다 위를 떠다니는 무겁고 하얀 물질이 이상해 보이는데, 이것이 물의 한 형태라는 사실은 배운 적 없으므로 조금 놀랄 수 있다. 귀신고래에 대해서는 어떨까? 귀신고래는 무게가 거의 0.5톤까지 나가는 거대한 민물고기인 피라루쿠의 큰 버전과 약간 비슷해 보이지만 둘 사이에는 아주 분명한 차이가 있으며, 그 차이는 엄청나다. 눈에 보이는 것을 제외하고 고래에 대해 아무것도 모르는 사람이라면, 이 이야기에서 가장 놀라운 정보는 이 완전한 수생 동물이 물속에서 숨을 쉴 수 없다는 것이다. 그것은 말도 안 되기 때문이다.

물론 당신은 아마존 부족이 아니며, 고래에 대해 이미 알고 있다. 또한, 고래가 포유류이고 육지에서 숨을 쉰 조상의 후손으로서 안전한 육지를 완전히 등질 때까지 점차 수중 생물로 진화했다는 사실도 알고 있을 것이다. 하지만 잠시 생각해보라. 이는 수백만 년 전에 있었던 일이다. 왜 진화는 그사이에 고래에게 아가

---

6 음, 아마도 그럴 것이다. 원래는 고래에 무선 태그를 장착해 이후의 상황을 추적할 계획이었지만, 마침내 길이 뚫렸을 때 이미 고래가 너무 많은 트라우마를 겪었다고 판단되어 계획은 중단되었다. 고래들은 북쪽으로 수백 마일이나 떨어진 곳에 있었고, 다쳤고, 굶주렸고, 지쳐 있었으며, 장기적 면에서 생존 전망도 좋지 않았을 것이다. 이 비용은 다른 고래 관련 프로젝트에 더 잘 쓰였을 수도 있지만, 이 이야기는 고래 보호에 대한 국제적 인식을 높이는 데 상당한 도움이 되었을 가능성이 크다. 이러한 일은 좀처럼 간단하지 않다.

미를 제공하지 않은 걸까? 진화는 고래를 위해 다른 많은 일을 해왔다. 예를 들어, 고래에게는 척추에 붙어 있지도 않고 이동을 위해 쓰이지도 않는 뒷다리의 아주 작은 흔적만 있다(그러한 흔적이 있는 고래 종을 말한다). 그리고 추위로부터 몸을 보호하고 물속을 효율적으로 헤엄치기 좋게 몸의 모양을 매끈하게 만들어주는 엄청나게 두꺼운 지방층도 있으며, 또 추진력을 위한 강력한 꼬리지느러미도 있다. 또한 깊게 공명하는 울음소리를 통해 수백 킬로미터의 바다를 가로질러 소통할 수도 있다. 하지만 진화는 호흡이라는 기본적인 기능에 한하여 귀신고래와 그 친척을 간과한 것 같다.

특이한 일회성 사건을 내가 너무 과하게 해석한다고 생각할지도 모르겠다. 이 고래들은 익사할 위험에 처해 있었지만, 그것은 확실히 비극적인 실수였으며 정상적인 과정이 아니었다고 말이다. 그 생각은 틀렸다. 당시 그린피스의 고래 살리기 운동 코디네이터였던 캠벨 플로든Campbell Plowden은 그해 10월 14일 라디오에서 보퍼트해의 얼음에 갇힌 세 마리의 고래에 관한 소식을 처음 들었을 때, 그린피스가 어떤 대응에 나서리라고는 전혀 생각하지 못했다고 한다. 그의 주요 관심사는 여전히 대규모 포경에 몰두하는 아이슬란드 및 기타 국가의 제품에 대해 조직적 불매 운동을 벌이는 것이었다. 그는 나중에 할리우드 영화 개봉과 동시에 쓴 글에서 다음과 같이 회상했다.

'나는 고래를 굉장히 아끼기 때문에 그 소식을 듣고 무척 안타까웠지만, 당시에는 우리가 무엇을 할 수 있거나 해야 한다고 생각하지 못했던 자연스러운 사건이었다.'

　그는 워싱턴 D.C에 있는 사무실에 도착해 그린피스가 어떻게 도울 것인지 묻는 대중의 서신 더미를 건네받고 나서야 이 특별한 소식을 무시할 수 없다는 것을 깨달았던 것이다. 사실 돌고래를 포함한 다른 고래류가 익사하는 것은 특별히 드문 일이 아니다. 앞서 본 것처럼 고래는 얼음 밑에 갇힐 수도 있고, 헤엄치기에는 너무 얕지만 분수공을 막을 만큼 깊은 물에서는 빠질 수도 있다. 더욱이 범고래가 먹잇감이 수면 위로 올라오지 못하도록 조직적으로 움직이면 아무리 큰 종의 새끼라도 범고래에게 죽임을 당할 수 있다. 그러므로 위의 이야기에서 고래가 처했던 곤경은 특별한 일이 아니었다. 오히려 인간의 반응이 더 특별했다.

　신기할 정도로 취약한 것은 고래류만이 아니다. 포유류 중에는 바다소와 듀공(이전에는 애석하게도 스텔러바다소)이 있으며, 수생 포유류만 그런 것도 아니다. 대부분 물속에서 사는 바다뱀, 거북이, 일부 테라핀[7] 등 아가미 없는 파충류도 취약하다. 선사시대 바다에

7　북아메리카의 강과 호수에 사는 작은 거북. — 옮긴이

는 이크티오사우루스, 모사사우루스, 플레시오사우루스가 살았다. 모두 육지에 좌초되었다면 죽었을 해양 파충류지만, 바다에서도 익사할 가능성은 충분했다. 만약 공기를 들이마신다는 정체 불명의 파충류인 네스호의 괴물이 정말 존재한다면 한 시간에 여러 번 수면 위로 올라와야 할 것이다. 심지어 주로 물속에서 사는 거미도 있다. 오로지 물속에서만 사는 거미로는 물거미diving bell spider가 있는데, 우리는 그 이름을 통해[8] 거미가 산소를 얻는 방법을 짐작할 수 있다. 이 작은 거미류는 윤기 나는 막으로 둘러싸인 공기주머니를 만들고 유지하는데, 다리와 복부에 공기 방울을 매달아 와 공기주머니에 공기를 보충한다. 모기 유충도 물속에 사는 또다른 곤충 유충이다. 이 유충은 고여 있는 물의 표면에 거꾸로 매달려 살며 호흡관을 통해 위쪽의 공기를 들이마신다. 유충 위로 손을 흔들면 이들은 미친 듯이 아래쪽으로 움직여 위험에서 벗어나지만, 곧 다시 위로 올라와야 한다. 그렇지 않으면 물에 빠져 죽을 것이다.

더 이야기할 수도 있지만 잠시 멈춰보자. 우리는 고래, 거북이, 수중 거미, 모기 유충, 네스호의 괴물을 여러 관점에서 생각해볼 수 있다. 나는 이들의 불완전성에 정당한 이유가 없다고 조심스레 생각한다. 이 동물들은 명백한 약점을 안고 살고 있다. 하지만 이

---

8   diving bell은 잠수 기구를 의미한다. — 옮긴이

러한 가정은 단순히 내 무지에서 나온 것일 수도 있다. 수생 동물에게 아가미는 중요하지 않을지도 모른다. 고래와 그 부류의 존재 자체가 이러한 견해를 강력히 뒷받침한다고 볼 수 있지 않을까?

그렇기도 하고 아니기도 하다. 아가미는 수생 동물에게 꼭 필요한 것은 아니다. 실제로 고래는 주요 해부학적 문제에 대한 많은 보상적 적응 형태를 진화시켜왔다. 예를 들어, 콧구멍은 머리 꼭대기에 있으며(분수공을 형성) 꽉 닫힐 수 있다. 또한, 폐는 공기에서 산소를 추출하는 데 있어 인간보다 약 네 배 더 효율적이며, 나머지 몸체에는 잠수와 관련된 압력 변화에 대처하기 위한 수많은 메커니즘이 있다.[9] 하지만 이러한 발달이 별 위안이 되진 않는 것 같다. 지구상의 모든 생명체를 만든 신성한 창조주가 존재한다면, 물고기를 설계하기 전에 고래와 그 친척을 먼저 설계한 것이 분명하다. 이미 돌묵상어, 청새치, 연어를 만든 이가 나중에 돌고래에 폐를 넣진 않았을 것이기 때문이다. 이와 비슷하게 물거미는 분리 가능한 공기주머니를 만드는 꽤 놀라운 능력을 진화시켰지만, 이 작은 사냥꾼이 게, 랍스터, 가재와 같은 그 친척들처럼 처음부터 물속에서 숨을 쉴 수 있는 것이 더 낫지 않을 거라고 주장하기는 어렵다. 그것은 성가신 임시방편일 뿐, 성공적인 해결책은 아니다.

---

9 가령, 고래류는 모든 포유류와 마찬가지로 혈액과 폐에 산소를 저장할 뿐만 아니라, 근육에도 저장한다. 수압이 폐 조직을 완전히 압박하는 깊은 곳에 잠수할 때는 여분의 산소가 필수적이다.

대체 무슨 일이 벌어지고 있는 것일까?

이미 가본 길

지금 벌어지고 있는 일은 내가 지금 편향적으로 고래만 지목하고 있다는 것이다. 모든 동물, 모든 생명과 마찬가지로 고래는 과거의 흔적을 지니고 있으며, 고래의 현재 상태는 그 진화적 역사에 따라 결정된다.

생각해보라. 이 책은 내가 스스로 쓰기로 한 것이지만 책의 스타일과 배치는 어렸을 때부터 읽었던 논픽션 책들과 비슷하고, 부모님이 사용하는 언어인 영어로 쓰였다. 마찬가지로 글이 왼쪽에서 오른쪽으로 읽히는 것은 우리 가족이 오랫동안 몰입해온 문화 때문이다. 또 내가 문자 언어에 익숙한 것은 1만여 년 전 농업의 출현으로 잉여물이 발생하면서 수확량, 지급금, 물론 세금 등을 기록할 수 있는 교육받은 관료 계급이 생겨났기 때문이다. 내가 물리적으로 타이핑할 수 있는 것은 오스트랄로피테쿠스가 이족보행을 하면서 자유로워진 손으로 도구를 만들고 사용했기 때문이며, 내가 타이핑하면서 숨 쉴 수 있는 것은 데본기[10]의 물고기가 일찍

---

[10] 대략 4억 2000만 년에서 3억 6000만 년 전의 기간이다. 최초의 척추동물이 육지에 나타난 것은 데본기 후기였다.

이 뻣뻣한 사지로 헐떡거리며 강어귀의 진흙 위로 기어오르기를 좋아했기 때문이다.

이러한 단계 사이에는 셀 수 없이 많은 중간 단계가 있었고, 각 단계를 지날 때마다 나는 어느 정도의 자유를 잃었다. '다른 식으로' 가능했을지 모를 능력들은 태어나기도 전부터 계속해서 제한되고 억눌려졌다. 비슷한 맥락에서 경제학자들은 '경로 의존성^{path} $_{dependency}$'이라는 용어를 사용하여 기업과 시장 행동을 결정하는 점진적인 제약을 설명한다. 경로에서 갈림길이 나올 때마다 어떤 결정이 내려지는데, 이 결정은 다른 경로를 택했을 때만 발생할 수 있는 모든 선택지를 필연적으로 차단한다. 산업은 그러한 여러 갈림길을 따라 움직이므로 시간이 지날수록 관리자, 디자이너, 엔지니어의 창의적 자유가 점점 더 제한된다. 예를 들어, 여러분이 전원을 연결하는 데 4구 콘센트가 필요한 멋진 새 전기 주전자를 만들었다고 상상해보자. 주전자는 가장 가까운 경쟁 제품보다 훨씬 더 효율적이고 생산 비용도 같은 양을 기준으로 했을 때 더 저렴할 수 있지만, 여러분은 주전자를 단 한 대도 팔 수 없을 것이다. 수십 년 전, 산업 표준 콘센트는 4구가 아니라 2구 또는 3구짜리로 채택되어 4구 콘센트가 필요한 가전제품의 길은 완전히 막혔기 때문이다.

동물도 마찬가지다. 동물은 수십억 년 동안 축적된 진화의 혜택을 누리고 살지만, 그 혜택과 함께 미래에 대한 선택의 폭은 좁아지고 있다. 보퍼트해에 좌초된 귀신고래의 폐는 수억 년에 걸친 육상 진화가 남긴 확실히 도움이 되지 않는 유산이다. 고래의 머나먼 조상에는 물고기가 존재하지만 비교적 최근에는 육지에 사는 네발 달린 생물로부터 진화했다. 그리고 다시 물로 돌아갈 때 고래는 마지막으로 물을 떠났을 때보다 물에 적응이 덜 되어 있는 상태였다. 아주 오래전에 아가미를 버렸기 때문이다. 여기에서 우리는 '고래는 왜 아가미를 다시 진화시키지 않을까?'라는 다소 당연한 물음을 던질 수 있다(물론 여기서 만족하면 안 된다). 어쨌든 물고기 조상은 아가미로 시작했지만 후손 중 일부는 어느 시점에서 폐를 진화시킨 것이 분명하다. 그렇다면 반대로 어느 시점에서는 아가미를 진화시킬 수 있지 않았을까?

그럴 수도 있다. 그러나 상황은 그들에게 불리했다. 첫 어류 계통이 물에서 뭍으로 이동했을 때 이들의 몸에는 이미 장에서 자라난 공기주머니의 형태로 폐 기능을 하는 전구체가 있었다. 물고기는 물에 단단히 묶여 있는 동안에도 비교적 산소가 결핍되어 있던 데본기 환경에서 충분한 산소를 얻기 위해 공기를 삼켰고, 이후 공기주머니는 부력을 제공하는 것(현재 부레로 알려진 것)으로 더욱 특화되었다. 현대의 많은 어류에서 이 주머니는 소화 기관과의 연관성은 사라졌지만, 송어, 청어, 메기, 뱀장어 등 다른 어류에서 호흡 기관을 통해 그 연관성이 유지되고 있는데[11] 이 호흡 기관은 이들이 공기를 삼켜 부레를 조절하고 때에 따라 호흡도 할 수 있게 한다. 심지어 폐어는 물론 전기뱀장어[12]를 포함한 일부 어류는 공기 호흡으로 산소 대부분을 얻기도 한다.

반면, 아가미를 잃은 지 수억 년 만에 다시 물로 돌아간 육상 포유류는 수면 아래에서 호흡을 시도할 때 공기에서 비롯되는 산소를 보충할 수 있는 수단이 없었다. 복잡한 적응은 아주 작은 단계들을 통해 서서히 진행되며, 그 각각의 단계는 점진적인 경로를 따라 적응도를 늘리는 방향으로 이어져야 한다는 것을 이해하는 것이 중요하다. 그렇지 않으면 그 단계는 자연 선택에 의해 선호될 수 없고, 그에 따라 다음 단계로 이어질 수 없기 때문이다. 어떤 동물이 먹이에서 에너지를 얻는 효율을 두 배로 늘리는 놀라운 대사 혁신을 이룬다고 상상해보라. 이러한 적응은 놀라우리만치 유용하고 확실히 번식 성공률을 높일 것이다. 그러나 완전한 개선 과정에 세 가지의 순차적 변화가 필요하다면, 첫 번째와 두 번째 변화가 자체적으로 그 동물을 동료보다 더 낫게 만들 때만 가능하다. 만약 두 가지 변화 중 하나가 실제로 동물의 대사에 지장을 준다면, 마지막 단계가 엄청난 이점을 가져다줄 수 있다는 사실은 별 의미가 없을 것이다. 이처럼 도움이 안 되는 돌연변이를 가진

---

11 성체가 되어 그 연관성을 잃은 많은 물고기가 어린 시절에는 갖고 있기 때문에, 조상이 살던 환경에서는 이 둘이 연결되어 있었다고 꽤 확신할 수 있다. 어릴 때 없다가 자라서 생기는 경우는 발생하지 않는다.

12 전기뱀장어에는 3종이 있는데, 모두 장어가 아닌 칼고기(knifefish)과에 속한다.

개체는 전혀 변화하지 않은 개체에 의해 경쟁에서 밀리기 때문에, 세 번째 돌연변이가 발생할 기회조차 얻지 못할 것이다(진화생물학자인 제리 코인Jerry Coyne은 이러한 상황을 미국 운전자들이 도로 공사가 진행 중일 때 보게 되는 표지판 '일시적 불편, 영구 개선'[13]에 비유했다. 계획된 기반 시설 구축 프로젝트에서는 이런 일이 일어날 수 있지만, 자연 선택과 같은 맹목적이고 방향성 없는 과정에서는 일어날 수 없다).

아가미와 같이 효과적으로 작동하는 완전히 새로운 시스템의 진화는 일련의 중간 단계들을 통해 일어나야 하며, 각 단계는 해당 동물에게 이점을 부여한다. 아가미가 완성된 산물로서 유용하다는 사실만으로는 충분치 않다. 여기서부터는 추측에 의존할 수밖에 없는데, 아마도 바다로 간 포유류는 첫 번째로 (물고기가 공기를 가지고 했듯) 바닷물에서 산소를 끌어들이는 데 도움이 될 내장 기관을 발달시켜야 했을 것이다. 하지만 여기에는 불행히도 공기와 바닷물의 상대적 산소 함량이라는 방해 요소가 있었다. 산소가 가장 풍부한 수면이라 해도, 바닷물에 포함된 산소는 바로 위에 있는 공기에 함유된 산소의 약 3분의 1에 불과하다. 따라서 바다로 간 포유류는 물고기가 1리터의 공기를 마셨을 때 얻을 수 있었던 것과 같은 산소를 얻으려면 3리터의 물을 마셔야 했을 것이

---

13 영국에서는 이런 표지판을 본 적이 없다. 아마도 이처럼 직설적이고 합리적인 메시지를 받아들이기엔 우리가 너무 냉소적인가 보다.

다.[14] 그에 따라 물에서 산소를 추출하는 데 도움이 되도록 장에서 무언가 자라나게 하는 돌연변이는 선사시대의 물고기보다 포유류에게 훨씬 적은 이점을 부여했을 것이다. 게다가 바닷물의 염분은 먹으면 실제로 유독하게 작용했다. 일부 해양 포유류는 이따금 바닷물을 마시기도 하지만, 호흡에 도움이 되려면 많은 양의 물을 마셔야 하므로, 그로 인한 이득은 (체온보다 훨씬 낮을) 바닷물을 담수화하고 데우는 데 드는 에너지 비용보다 더 작았을 것이다. 최초의 공기 호흡 어류는 이러한 문제가 없었다. 들이마신 공기는 유독하지 않았고 데우는 것도 어렵지 않았기 때문이다. 이후 초기의 해양 포유류는 아가미를 발달시키는 대신, 수중 환경에서 공기 호흡을 더 쉽게 할 수 있는 돌연변이를 축적하여 호흡을 더 잘하는 데 전념했다.

　경로 의존성은 또한 어류와 수생 포유류 사이의 좀 더 자의적인 일부 차이점을 설명한다. 그중 하나는 몸이 휘는 방향이다. 추진력을 얻기 위해 어류는 좌우로 움직이고, 고래류와 돌고래류는 꼬리를 상하로 흔든다. 먼저 나타난 것은 어류(또는 역시 물속에 살았던 이들의 무척추동물 조상)인데, 이들에게는 어느 동작이든 비슷비슷했을 것이다. 물은 헤엄치는 동물을 모든 방향에서 감싸기 때문에,

---

14　3리터의 물은 1리터의 공기보다 단위 체적당 표면적 비율이 더 낮아서(내장 기관의 표면이 단순하고 매끄럽다고 가정할 때) 산소 추출을 더욱 방해하기 때문에 실제로 상황은 이보다 더 나쁘다.

어느 방향으로 압력이 가해져 저항을 받느냐는 중요하지 않다. 어류는 우연히 좌우로 움직이는 데 정착하게 되었다. 그러나 육지에서는 저항력이 있는 매체가 항상 아래쪽에 있기 때문에 가장 효율적인 이동 형태는 부분적으로 아래쪽을 누르는 동작과 관련된다.[15] 따라서 최초의 포유류가 다시 물로 돌아가길 바라며 애정 어린 눈으로 물을 바라볼 때쯤에는 상하로 매우 강력하게 휘는 등뼈가 이미 갖추어져 있었다. 일단 물로 돌아오자 이 단계에서 이들은 지느러미발을 휘두르는 수밖에 없었다. 좌우로는 아니었다.

등뼈가 휘는 이러한 차이가 자의적이라 말한 것은 벌새와 매나방의 날개처럼 그 기능은 매우 비슷하기 때문이다. 상어의 아가미와 돌고래의 폐도 마찬가지다. 물속에 사는 동물에게 하나는 다른 하나보다 확실히 더 유용하다. 그래도 (앞서 언급했듯이) 돌고래가 존재한다는 사실은 폐가 해양 생물에게 완벽하진 않더라도 적어도 그런대로 괜찮다는 것을 나타낸다. 그리고 앞으로 보게 되겠지만, 그런대로 괜찮은 설계는 알고 보니 매우 일반적인 것이었다.

---

15 많은 육상 파충류와 양서류가 어류와 같이 지금도 좌우로 움직이는데, 결과적으로 비슷한 크기의 포유류보다 더 느리다.

희귀한 적과 더 희귀한 친구

우리는 어떤 형질을 진화시키기 위한 선택 압력이 그러한 형질이 없을 때 치러야 하는 적응도 비용과 어떤 상관관계가 있는지 지금껏 살펴봤다. 여기에는 많은 시사점이 있는데, 특히 포식자와 먹잇감, 숙주와 기생자 간 상호 작용의 기저를 이루는 '목숨/식사 원리'와 '건강/서식지 원리'가 그것이다. 또 다른 일반적인 결과는 상황이 계속 개선되면 진화적 변화가 느려진다는 것이다. 즉 동물의 상황이 '나아지게' 될수록 더 이상의 개선을 위한 의욕은 줄어든다. 그러면 완벽은 지평선 위의 희미한 빛으로 물러나, 가까이 갈수록 점점 더 작아지고 희미해진다.

이처럼 적응이라는 과업을 완전히 끝낼 의욕이 줄어들면, '희귀한 적 효과^{Rare Enemy effect}'라는 제목으로 함께 묶일 수 있는 일련의 무관한 현상들이 발생하는데, 이는 자연 선택이 대개는 그런대로 괜찮은 형질을 만들어내지만, 아주 드물게만 일어나는 상황을 늘 고려하진 않기 때문에 발생한다. 희귀한 적 효과는 목숨/식사 원리가 뒤집힌 것으로 생각할 수 있다. 목숨/식사 원리에서 목숨을 구해야 한다는 압박은 먹이를 구해야 한다는 압박보다 크므로 자연적 이득을 보는 쪽은 먹이가 되는 종이다. 하지만 먹잇감이 선택적 우위를 유지하려면, 목숨을 잃게 될 경우의 비용뿐만 아니라 목숨을 잃을 가능성도 커야 한다.

건강 및 안전 평가 양식을 작성해본 사람은 '위험도^{hazard}'와 '위험성^{risk}'의 개념에 익숙할 것이다. 위험도는 실제로 어떤 사건이 발생할 때 그 결과가 얼마나 나쁠지에 관한 것이고, 위험성은 실제로 어떤 사건이 일어날 가능성에 관한 것이다. 그리고 그 사건이 지니는 위협은 위험도와 위험성을 곱한 값이 된다. 가령 스코틀랜드의 산악 지역을 여행한다면, 물집으로 인한 위험도는 그리 높지 않지만 위험성은 크기 때문에 물집 반창고를 몇 개 사서 휴대하는 것이 좋다. 반면, 지역 야생 동물 공원에서 곰이 탈출한다면, 위험도는 상당히 높지만, 그런 일은 곰에게 뿌릴 스프레이를 사는 것이 돈 낭비일 정도로 일어날 확률이 낮다. 알래스카의 상황은 다르다. 곰이 공격하는 경우의 위험도는 동일하지만, 그런 일이 일어날 위험성은 수천 배 크기 때문에 곰 스프레이는 좋은 투자가된다.

선택 압력도 같은 방식으로 작동한다. 가젤에게 치타의 위험도와 위험성은 모두 높기 때문에 치타보다 더 빨리 달리려는 선택 압력도 높게 유지된다. 하지만 치타가 사라져 흔치 않게 되면(즉, 희귀한 적이 되면) 치타의 공격이 지니는 위험도가 변하지 않아도 위험성은 최소화될 것이고, 그에 따라 진화된 치타 방어 능력에 자원을 투입할 동기가 약해질 것이다. 근육계에 덜 투자하고 소화 효율에 더 많은 투자를 하게 하는 유전자를 갖게 된 개체들은 한 번도 만난 적이 없는 포식자보다 여전히 더 빨리 달릴 수 있는 개체들을 능가하기 시작할 것이다. 다시 말해, 자연 선택은 치타의 위협을 '알아차리기'를 멈추고 더는 치타를 피할 수단을 선호하지 않게 된다.

이제부터 희귀한 적의 관점에서 동일한 시나리오를 살펴보도록 하자. 먹이를 잡으려고 하는 동기는 변함이 없기 때문에 먹잇감의 방어책을 넘어서기 위한 선택 압력 역시 변함이 없다. 따라서 희귀한 적은 유리한 위치에 서게 된다. 아귀를 예로 들어보자. 아귀는 쥐덫과 같은 기괴한 턱을 벌리고서 아무 눈치도 채지 못하는 먹이를 기다리는 포식성 어류이다. 아귀는 종에 따라 바다 밑바닥에서 숨어 지내거나 심해의 어둠 속을 무기력하게 떠다니는 등 대체로 활동적이지 않지만, 사냥에 완전히 소극적인 것은 아니다. 아귀의 등지느러미에 있는 첫 번째 지느러미 줄기$^{\text{fin ray}}$16는 나머지 다른 부분과 떨어져 있고, 보통은 그 사이에 있는 피부와 연결되어 있지 않으며, 끝에 '에스카^{esca}'라는 작은 구형의 돌기가 있다. 이 가시 뼈는 움직이기 때문에, 아귀는 에스카를 입 앞에서 흔들어 어류, 갑각류, 다른 해양 생물을 쉽게 닿을 수 있는 거리로 유인한다. 심해 종은 에스카에 발광 박테리아를 채워 가시성을 높일 수도 있다.

---

16 지느러미 줄기는 소위 '조기류'에서 지느러미 조직으로 기능하는 가시 뼈이다. 대다수 물고기가 조기류에 속한다. 다른 주요 군으로는 총기류가 있는데, 전형적인 예로 지느러미에 뼈가 있는 실러캔스가 있다.

아무것도 모르는 먹잇감은 에스카를 위험이 아닌 먹이 기회로 본다. 아귀는 (확실히 꾸물거리는 먹잇감에 비해) 상대적으로 희귀하기 때문에 에스카의 위험도에도 불구하고 먹이와 에스카를 구분해야 한다는 압력은 여전히 낮다. 아귀의 머리 위에서 깜박이는 미끼는 희귀한 적을 피하기 위해 먹잇감이 받는 압력은 매우 낮지만, 놀랍도록 교활한 함정 무기를 자유롭게 진화시킨 공격자는 그렇지 않다는 사실을 증명한다. 말하자면, 아귀는 스코틀랜드의 산악에서 탈출한 곰이다. 매우 위험하지만 그에 대비할 만큼 흔하게 만날 수 있는 것은 아니다.

희소성 덕분에 적이 먹잇감에 중대한 진화적 반응을 일으키게 하지 않는다면, 희생양을 쫓는 데 드는 비용과 대응책을 진화시켜야 한다는 압력이 훨씬 줄어든다. 그러므로 치명적 피해를 일으키는 희귀한 적은 더 큰 보상을 얻을 수 있을 것이다. 이 책은 주로 동물(바이러스도 사실상 명예 동물 지위를 부여받았다)을 다루고 있지만, 번식에 관한 한 어떤 기회도 없는 식물인 둥근잎태생초^{roundleaved} ^{birthwort, *Aristolochia rotunda*}의 사례는 꼭 살펴봐야겠다.

쥐방울덩굴속의 이 식물은 겉에서 보면 잎이 분비액을 함유한 깔때기 덫(곤충을 유인해 녹인다)으로 바뀌는 벌레잡이풀과 비슷하지만, '깔때기'가 꽃의 꽃받침으로 만들어지며 육식 성향이 없어서 소화액도 없다. 그러나 주위에 곤충이 없는 것은 아니다. 많은 꽃과 마찬가지로 이들도 수분을 위해 곤충에 의존하기 때문이다. 둥근잎태생초는 주로 노랑굴파리에 의존하며, 몇몇 종은 다른 곤충의 사체를 먹고 산다. 노랑굴파리는 특히 절지동물 포식자의 공격을 받은 장님노린재가 방출하는 휘발성 화학 물질에 끌린다. 이 다소 특별한 습성이 태생초의 세 단계로 구성된 화분 매개자 포획 시스템의 첫 번째 단계를 촉발해왔다. 그 첫 번째 단계는 꽃이 정확히 다친 장님노린재가 내뿜는 화학 물질을 내뿜는 것이다. 두 번째 단계는 꽃 깔때기 안쪽을 따라 늘어선, 뒤쪽을 향해 나 있는 털을 이용해 먹이를 찾아 안으로 들어오는 파리의 탈출을 막는 것이다. 세 번째 단계는 암술머리와 꽃밥 바로 뒤의 꽃벽을 얇게 만들어 빛이 파리를 정확히 필요한 곳으로 유인하는 '창'을 만드는 것이다.

간힌 파리는 꽃 속을 돌아다니며 절망적으로 탈출구를 찾고, 꽃가루를 품고 있는 꽃밥에 반복적으로 빠지게 된다. 적당한 시간이 지나면 파리는 깔때기의 털이 약해지면서 풀려나 자유로워지지만, 곧 다시 다른 태생초 안에 갇히면서 그 태생초의 암술머리(암꽃 생식 기관의 일부)는 먼젓번 태생초의 꽃가루를 얻게 된다. 이러한 과정은 식물에 필수적이지만, 파리는 아주 소소한 비용만 치를 뿐이다. 비용의 불균형은 희생양이 어떠한 종류의 쓸만한 반응도 진화시킬 기회가 없는 일방적 다툼으로 이어진다.

그렇다면 희귀한 적은 식물일 수도 있고 동물일 수도 있으며 무생물일 수도 있다. 예를 들어, 우리는 공룡을 쫓아낸 운석도 희귀한 적이라 주장할 수 있다. 운석은 떨어지면 치명적이지만, 그런 일은 전혀 예상할 수 없을 정도로 일어날 가능성이 매우 작기 때문이다. 덜 극적인 예도 있다. 현재 로스앤젤레스 한복판에 있는 핸콕 파크Hancock Park에는 원유가 지표면으로 스머들어 형성된 '타르 구덩이'가 있었다(지금도 일부는 존재한다). 타르는 보다 가벼운 성분이 공기 중에 노출되어 증발함에 따라 더욱 짙어지고 빽빽해졌다. 이처럼 끈적이는 웅덩이에서 동물들은 오랫동안 되는 대로 돌아다니다가 갇히게 되었고, 결국 화석화되었다. 핸콕 파크의 라브레아La Brea 타르 구덩이를 발굴하는 과정에서 약 3만 8000년 전으로 거슬러 올라가는 수백 종의 수천 마리에 이르는 동물 유해가 발견되었다. 이리, 아메리카 치타, 아메리카 사자, 검치호랑이, 컬럼비아 매머드Columbian mammoth, 퍼시픽 마스토돈Pacific mastodon, 땅 나무늘보 3종, 말 2종[17]을 포함해 많은 동물이 현재 멸종한 동물이었다(과도한 타르와 관련된 죽음 때문은 아니지만). 타르 구덩이는 가령, 원유 냄새에 대한 회피 반응과 같은 진화적 대응을 유발할 만큼 흔한 문제가 아니었다.

희귀한 적이 있다면, 그 상대로 희귀한 친구도 있을 것이다. 희귀한 친구는 관련 돌연변이에 대한 큰 선택 압력이 생기기에는 너

---

17 두 가지 말 모두 마지막 빙하기가 오기 전에 멸종했다. 현대 북미 평원의 생활에서 필수적인 부분을 차지하는 말은 16세기 이후 유럽인들이 데려온 것이다.

무 드물어서 놓친 적응도 획득 기회로 정의될 수 있다. 이를 잘 보여주는 사례로 먹을 수 없는 무언가로 위장한 먹잇감(보통 그 먹잇감이 축적한 적응적 진화의 결과)을 들 수 있다.

예를 들어, 많은 곤충이 나뭇잎이나 나뭇가지와 같은 식물을 닮는 방향으로 진화했지만, 내가 이야기하려는 곤충은 바로 새똥거미bird dung spider, *Phrynarachne ceylonica*이다. 새똥거미는 그 이름 그대로 새의 배설물과 매우 비슷하게 생겼는데, 이러한 위장술은 포식자가 그 차이를 구분할 수 없게 만들기 때문에 자신을 보호하는 데 도움이 된다. 물론 더 나은 분별력을 진화시킨 포식자에게는 이점이 있겠지만, 거미가 새의 배설물보다 훨씬 더 희귀하다는 사실은 이러한 이점과 관련 돌연변이를 위한 선택 압력이 거의 무시할 수 있을 정도로 작을 것임을 의미한다. 따라서 새똥거미는 그것의 잠재적 포식자에게 희귀한 친구이다. 먹히길 기다리는 맛 좋은 먹잇감이지만 자연 선택이 '알아볼' 만큼 흔하진 않다. 그리고 재미있게도, 이 거미는 희귀한 적이기도 하다. 이들은 새똥을 닮은 외모와 함께 새똥 같은 냄새를 통해 특정 곤충을 유인한 후 공격하는 것으로 알려져 있다.

텅 빈 은행

이 장의 마지막은 인간에게만 존재하는, 다른 은하계에서 온 외계인 방문객이 보면 당황할 수도 있는 좀 다른 종류의 희귀한 친구로 마무리하고자 한다. 자, 주변에 있는 정자은행을 보자. 은행 바깥까지 줄을 서 있는 남성들은 볼 수 없다. 게다가 실제로 남성들이 나타나게 하려면 현금으로 그러한 행동을 장려까지 해야 한다. 왜일까? 우리의 유전자가 무언가 '원하는 것'을 말할 수 있다면, 유전자 사본을 만들라고 할 것이다. 결국, 오늘날 존재하는 유전자는 필연적으로 그들이 머무는 개체가 자기 복제를 하도록 만드는 데 뛰어난 유전자일 것이다. 따라서 남성이 정자 외에는 아무런 투자가 필요 없는 유전자 전달 기회를 낭비해선 안 된다는 것은 누가 봐도 분명하다. 바람을 피우는 남편과 달리, 정자 기증자는 사회적 비난을 받지 않으므로 더 많은 자녀의 아빠가 되는 이점을 상쇄할 비용도 없다. 그것은 단지 자유로운 유전적 확산일 뿐이다. 그럼에도 왜 남성들은 블록을 돌아 줄을 서지 않는 걸까?

정자은행은 궁극적으로 희귀한 친구이다. 정자은행은 번식 성공률을 높일 굉장한 기회임에도 불구하고 일반적으로 무시되고 있다. 하지만 정확히 왜 그럴까? 그렇다. 정자은행은 희귀하다. 하지만 잠재적인 유전적 이점이 엄청나므로 남성들이 정자은행에 가는 것을 빠르게 선호하게 되리란 것은 당연한 이치이다. 이는 새똥거미와 새 배설물의 경우와는 다르다. 거미와 배설물을 정확하게 구분함으로써 얻을 수 있는 이득은 미미하기 때문이다. 하지만 정자은행을 선호하는 유전자는 역사상 가장 성공적인 인간 유전자가 될 수 있다.

그러나 어떤 새로운 돌연변이가 남성들이 정자은행을 더 자주 방문하게 할지 상상하기란 매우 어렵다. 휴지 대신 컵에 자위하는 것을 좋아하는 돌연변이?[18] 믿기 어려워 보이지만, 지금의 상황은 외계인이 보면 혼란스러울 수 있다. 그들 자신의 진화가 어떻게 진행됐는지에 따라 다르겠지만, 추가적인 유전적 확산을 가져올 절호의 기회를 알아보지 못하는 남성들에게 뭔가 문제가 있다고 생각할 수 있기 때문이다. 인간은 결국 의식적인 존재다. 이 (가상적인) 혼란의 기저에는 '프락시 선택selection by proxy'[19]이라 부를 수 있는 과정이 있다. 알고 있듯이 자연 선택은 아무런 사전 고려나 목적 없이 맹목적으로 작동하는데, 이는 자연 선택이 실제로 어떻게 이뤄지는지와 상관없이 번식 성공률을 높이기만 한다면 어떤 형질(신체적 혹은 행동적)이든 선호한다는 것을 의미한다. 자연 선택은 번식을 촉진하는 가장 직접적이고 일반적인 수단을 우선시하지 않으며, 그렇게 한다 해도 그것은 우연에 불과하다. 예를 들어, 단 음식

18　또는 미국 코미디대로라면, 스포츠 양말일 수도 있다.

19　프락시에는 대리, 대용물, 대리인, 대리 행동 등의 뜻이 있다. 여기에서는 프락시로 통일한다. ― 옮긴이

에 대한 인간의 유전적 편애는 그러한 성향이 있는 사람에게 이득을 제공했기 때문에 선택되었다. 꿀이 가득한 벌집과 같은 영양적 횡재를 잘 이용한 사람들은 이를 무시한 사람들보다 더 많은 후손을 남기곤 했다. 그러나 인간은 전략적으로 영양을 생각해서 꿀을 먹은 것이 아니라, 맛이 좋아서 먹었을 뿐이다. 다시 말해, 자연 선택은 행동 자체보다 유용한 행동의 프락시를 선호할 수 있다.

대체로 이는 문제없이 작동하지만, 앞서 우리는 다른 이들이 프락시와 바랐던 결과 사이의 차이를 이용할 수 있는 사례들을 보았다. 새들은 '둥지 내에 있는 존재'를 자손 식별의 프락시로 사용하고, 뻐꾸기는 휘파람새 둥지에 있는 것과 휘파람새의 유전자가 휘파람새로 하여금 실제로 기르게 '하고 싶은' 것 사이에 완전한 상관관계가 없다는 점에서 이득을 얻는다. 이와 비슷하게 하루살이의 유전자는 하루살이가 알의 발달에 가장 적합한 장소에 알을 낳기를 원하지만, 직접 하루살이가 그러한 곳에 알을 낳도록 하는 것이 아니라, 알을 낳기에 적합한 장소의 프락시 역할을 하는 편광을 이용해 적합한 표면에 알을 낳게 한다. 편광은 인간이 와서 도로를 건설하기까지는 실제 목표와 매우 잘 연결된다.

마찬가지로 정말로 그 자신을 복제하고 싶어서 성적인 관계를 맺는 동물은 없다. 동물은 성관계가 즐거워서 성관계하며, 성관계가 존재했던 수십억 년 동안 이는 번식을 위한 확실한 경로였다(인간이 의식적으로 번식을 위해 성관계하는 일은 드물지만, 이는 오로지 번식에 대한 또 다른 프락시 충동, 즉 가족으로서 자녀를 키우고 싶은 욕구를 충족시키기 위한 것이다. 특정 유전자의 사본을 만들려는 목적으로만 성관계하는 경우는 없다).[20] 수백만 종 중 한 종에서 성관계와 번식 과정이 잠재적으로 분리되었는데, 이는 극히 최근의 일이다. 이제 일반적으로 인간은 고의로 또 효과적으로 번식을 피하면서 성관계를 갖는다. 의식적인 유전자라면 가톨릭교회보다 피임을 훨씬 더 반대할 것이다.

진화가 채택한 메커니즘은 완벽한 자연의 가능성을 무너뜨렸다. 자연 선택은 계획이 없고, 앞을 내다보지 않으며, 최종 목적지가 막다른 골목일지라도 유기체의 유전자에 즉각적인 이득만 안겨준다면(즉, 유전자를 불어나게만 해준다면) 해당 형질에 보상한다. 이것이 이 장의 교훈이다. 다른 장에서는 별 쓸모 없이 눈이 자루에 달린 파리에서부터 자신의 생식기를 잘라내는 수컷 거미에 이르기까지 진화의 방법이 온갖 종류의 역기능적이고 디스토피아적인 결과를 낳는 것을 확인했다. 이 책을 읽는 동안 종, 개체, 유전자 등 어느 관점에서 봐도 진화가 늘 좋은 방향으로만 이어지진

---

20 예외적으로 특정 민족이나 국가가 정치적 목적을 가지고 더 많은 인구를 원할 수도 있지만, 이러한 욕구는 국가 지도부의 명령에 의한 것이며, 각 커플에게 동기를 부여하기 위해 좀 다른 방식으로 장려된다. 그러한 행동이 유전자가 가장 직접적으로 이득을 가져다준다 해도, 순수하고 명확하게 자신의 유전자 사본을 더 많이 만들어내기 위해 자녀 양육의 비용과 더불어 자신을 난처하게 하기로 한 사람은 아무도 없을 것으로 생각한다.

않는다는 나의 기본적인 논지가 잘 전달되었기를 바란다. 이제 한 가지 질문만 남았다. 이러한 지식을 가지고 우리는 무엇을 할 수 있을까? 마지막 장에서는 몇 가지 제안을 해보도록 하겠다.

Flaws of Nature

인간이
향하는 곳

우리는 모두
자칭 '더 뛰어난' 종의 행동 때문에
멸망할 것이다.

자연 선택을 통한 진화는 표면적으로 보면 그리 이해하기 어려운 주제가 아니다. 생물은 진화하고 시간이 지남에 따라 변화한다. 생물의 구조를 결정하는 생물 내부의 자기 복제 화학 물질이 완벽하게 자기 복제를 하지 않기 때문이다. 이 불완전성이 형태와 행동에 유전적 변이를 일으키고, 이는 변종 간의 다른 번식 성공률로 이어지며, 그 결과 어느 시점이든 생존하는 개체군은 평균적으로 이전 세대의 개체군과 다른 특성을 갖게 된다.

그런데도 이 단순한 추론의 사슬은 모든 계통과 과정이 같은 식으로 동작하진 않는다는 면에서 이상하다. 또한 선택의 기계가 사업 전체에 모순되는 것처럼 보이는 결과를 일상적으로 초래한다는 면에서 역시 이상하다. 우리는 지금쯤 그중 많은 모순에 익숙해졌을 것이다. 점진적인 군비 경쟁으로 지구 생명체에 필수적인 유전 물질의 복제는 시간이 지나면서 꾸준히 효율이 떨어지게 되었고, 자연 선택이 선호하는 형질은 종 구성원의 평균 적응도 감소로 이어질 수 있으며, 개체의 노화는 부적응적인 것이 아닐지도 모르고, 이타주의의 발달은 노예화와 공격적 자살의 출현을 낳았으며, 유성 생식이라는 공동 사업에서의 성공은 때로 협력자 간의 폭력에 의해 촉진된다. 이러한 일은 계속해서 일어난다.

중요한 교훈이 하나 있다면, 진화가 어떤 방향으로도 진행되지 않는다는 것이다. 되려 진화는 목적이 없고, 수동적이며, 비도덕적이다. 이것은 자연 선택이 선호하는 것과 문명화된 인간으로 우리가 열망해야 할 것 사이에서 연관성을 도출하는 것이 불가능한 이유 중 하나다. 또 다른 이유는 진화적 변화의 가장 직접적인 주체가 개체가 아닌 유전자이기 때문이다. 따라서 생존, 번식, 죽음의 이 고된 강에서 우리가 '목적'을 발견할 수 있다 하더라도, 우리는 그 수혜자가 아니란 것을 확신할 수 있다. 나머지 개미 무리(해당 유전자의 사본으로 채워진)가 둥지 안에 안전하게 있을 수 있도록 매일 밤 자신의 유전자에 의해 희생되는 개미[1]를 예로 들어보자. 이 개미들의 이익은 일부 복제된 개미 무리의 이익 아래에 있다. 요컨대, 우리도 마찬가지일 것이다.

그러나 우리 중 많은 사람이 아직 이를 이해하지 못한다. 일반

---

1 포렐리우스 푸실루스, 6장 참조.

적으로 진화가 우리를 주변 세상에 가장 알맞게 적응시키는 길을
개척해온 것으로 여겨지며, 그 반대도 마찬가지이다. 하지만 사실
은 그렇지 않다.

자연에의 호소

인간에게 무엇이 최선인지 알고 싶다면, 여섯 살짜리 아이에게
한 번 물어보는 것도 괜찮다. 아이들은 아직 삶의 평범한 한계를
습득하지 못했기 때문에 자신의 야망을 그럴듯한 경계 내에서 통
제하지 못한다. 어른들은 오랫동안 실현되지 못한 꿈에 짓눌려 잊
어버렸지만, 아이는 우리가 날고, 물속에서 숨을 쉬고, 치타만큼
빨리 달릴 수 있다면 훨씬 좋을 것이란 걸 안다. 물론 많은 어른이
설명의 깊이는 다양하지만 왜 우리에게 이러한 능력들이 없는지
대답할 수 있다.

하지만 분명히 하자. 우리가 날고, 물속에서 숨을 쉬고, 바람처
럼 달릴 수 있다면 삶은 실제로 더 즐거울 것이며, 엄밀히 따지면
이 중 어느 것도 있을 수 없는 일은 아니다. 다만, 이러한 능력들
은 지구상의 생명체가 만들어지는 과정 중 우리 계통에서 선호되
지 않았을 뿐이다. 자연 선택의 필터는 개체의 삶을 더 즐겁게 하
는 방향으로 맞춰지지 않았으며, 단지 자기 복제를 일으키는 데

능한 화학 물질을 선호할 뿐이다. 이 두 가지 기준이 많이 겹칠 것이라고 가정할 만한 합당한 이유는 없다. 그러므로 인간(또는 다른 종)의 삶의 질이 가능한 만큼 높지 않다는 것은 당연하다. 우리는 팡글로스^{Pangloss} 박사[2]처럼 '모든 것이 가능한 이 최고의 세계에서 모든 것이 다 잘될 것'이라고 기대할 수는 없다.

우리는 지구상의 생명체가 얼마나 경이로운지, 그 빛깔과 다양성, 놀라운 광경을 생각할 때 비교를 위한 올바른 기준선을 거의 사용하지 않는다(의식적인 비교조차 전혀 하지 않는다). 많은 면에서 지금의 상황은 매우 좋지만 좀 아쉽기도 하다. 최초의 기록이 시작된 이후 인류를 괴롭혀온 아주 명확한 사회적, 경제적 문제처럼 적어도 우리 힘으로 바로잡을 수 있는 문제는 제쳐두고서라도, 가장 혜택받은 종의 삶은 어려움으로 가득 차 있다. 우리는 기생자에 시달리고, 악성 종양 진단을 받고, 사랑하는 사람을 잃고, 늙으면서 힘, 유연성, 체력, 시력, 청력, 기억을 잃는다. 이 모든 것은 분명히 자연스러운 현상이다. 이상한 것은 현대 사회에서 '자연스러운'이라는 단어가 너무 일반적으로 그리고 너무 당연하게 '좋은' 상태와 동일시된다는 점이다.

의심의 여지 없이 이러한 오해의 이면에는 진화생물학에 대한

---

2 팡글로스는 볼테르의 『캉디드(Candide)』에 등장하는 인물로, 그의 낙관적인 세계관은 실제로 작가와 거의 동시대에 살았던 독일의 박식가 고트프리트 라이프니츠(Gottfried Liebniz)의 세계관을 반영한다.

오해가 자리 잡고 있다. 어쨌든 지금까지 꽤 오랫동안 진행되어온 자연 선택이 더 나은 상태를 위한 섭리라고 생각한다면, 우리에게 가장 좋은 것은 우리가 함께 진화해온 것이어야 한다는 결론에 이를 수밖에 없다. 인간은 자연환경에서 진화했다. 그러므로 자연환경은 인간이 번영할 수 있는 가능한 최고의 환경이다.

더 나아가기 전에, 우리가 말하는 '자연스러운natural' 또는 '부자연스러운unnatural'의 의미에 대해 잠시 생각해보는 것이 좋겠다. 인간은 동물이고 자연 세계의 일부이므로 인간이 만들거나 행하는 것은 무엇이든 자연스러운 것이라고 주장할 수 있다.[3] 하지만 물론 많은 사람이 '인간만이 만들거나 행하는 것'처럼 부자연스러운 것으로 받아들인다. 이에 대한 더 자세한 내용은 곧 설명하겠다. 우선 삶의 곳곳에 스며든 자연스러운 것이 최고라는 가정에 대해 생각해보자. 실제로 어떤 제품의 실제 내용물에 덧붙여 자연스러움에는 특별한 이점이 있다는 환상(마케팅팀이 열심히 유지하려고 노력하는 환상)에 의존하는 산업들이 있다. 이를테면 매우 위험한 수많은 독성 물질이 완전히 자연 발생적인 물질이지만, 천연 성분만 함유된 세제는 제조된 화학 물질이 함유된 세제보다 환경(그리고 소비자)에 더 좋은 것으로 여겨진다.[4] 젊은 시절에 마다가스카르에서 생

---

3 사실 엄밀히 말해 정당하다고 인정되는 '자연스러운'의 유일한 정의는 '인간 세상에서 일어나지 않는'이 될 것이다. 우리는 이미 그에 대한 단어, 즉 '초자연적'이라는 단어를 갖고 있다.

태학자로 일할 때 이를 직접 경험했다. 현장 조사에 나갔다가 잠시 쉬는 동안, 현지 가이드 중 한 명이 숲속에 들어가더니 나뭇잎 한 줌을 들고 돌아왔다. 그러고는 그 나뭇잎들을 돌 두 개 사이에 넣고 으깨어 걸쭉해지게 만든 다음, 우리가 걷고 있던 마른 강바닥의 웅덩이에 떨어뜨렸다. 그러자 15분 후 죽은 물고기가 수면 위로 떠오르기 시작했다. 그날 저녁 우리는, 그러니까 가이드와 당황한 생태학자 모두 그 물고기를 먹었다. 물고기에게 그 나뭇잎의 화학 물질은 웅덩이를 어슬렁거리는 왜가리만큼 자연스러운 것이었지만, 그만큼 위험한 것이기도 했다.

　나는 새로운 이야기를 하는 것이 아니다. 자연적인 것이 좋은 것이라는 생각은 이미 '자연에의 호소^{appeal to nature, ATN}' 오류라는 이름을 갖고 있으며, 수십 년 동안 과학자, 엔지니어, 특히 의료 전문가들을 화나게 했다. 최근에는 백신 거부 운동의 핵심 논거로 내세워졌지만, '부자연스러운' 제품에 대한 두려움은 현대 의학의 부상과 함께 늘 존재해왔다. 대체 의학 산업은 매우 다양한 관행과 제품을 수용하지만 모든 것이 자연스러운 것은 우리에게 이롭고 부자연스러운 것은 해롭다는 근본적인 철학과 연결되어 있다. 이러한 입장은 '자연적인' 치료법이 실험을 통해 효과가 입증될 때마

4　중요 참고 사항: 일부 '천연' 세제는 거의 확실히 환경친화적이다. 그것이 환경친화적인 이유는 세제 자체가 자연적인 것이기 때문이 아니라, 그 성분 또한 독성 및(또는) 잔류성이 아주 적기 때문이다.

다 현대 의학의 영역에서 공개적으로 환영받는다는 사실에도 불구하고 널리 퍼져왔다. 지루한 현실은 대체 의학과 현대 의학의 차이가 출처에 있는 것이 아니라 단지 입증된 효과의 차이에 있다는 것이다. 대체 의학 종사자만이 가질 수 있는 유용한 무기는 주류 의사들이 윤리적인 이유로 직접 이용할 수 없는 위약 효과placebo effect뿐이다.[5]

자연에의 호소 오류는 이른바 '원시' 식품과 운동할 때 최소한의 신발을 신는 유행 등 보다 광범위한 건강 및 웰빙 분야의 많은 부분을 설명한다. 하지만 홍적세에 구할 수 있었을 법한 것만 먹으라고 주장하는 전문가라 할지라도 장내 기생자의 알을 일부러 섭취할 것을 권장하진 않는다. 마찬가지로 고무를 댄 양말만 신고 포장도로를 달리는 사람들도 자신의 운동복을 영양 가죽으로 바꾸진 않는다. 분명히 말하지만, 나는 현대의 생활 방식을 옹호하는 사람이 아니다. 오히려 나는 대부분 앉아서 이루어지는 생활

---

5 이 흥미로운 주제는 이 책의 범위를 훨씬 넘어서지만, 독자 여러분에게 한 번 살펴보기를 강력히 추천하는 바이다. 간단히 말해 위약 효과는 환자가 치료받고 있다는 생각만으로도 치료 효과를 얻는 것으로, 실제로 치료를 받고 있지 않아도 효과가 나타난다. 따라서 어떤 질환이 있는 환자들에게 아무 유효 성분이 없는 약을 주고 나을 거라고 말하면, 일정 수의 환자가 정말로 증상이 줄었다고 이야기한다(실제로 증상의 완화를 경험한다). 그러나 수천 건의 임상시험을 통해 위약 효과의 효능이 입증되어도, 환자가 임상시험에 등록해 어느 하나를 투여받을 수 있음을 알고 있는 경우가 아닌 한, 환자에게 유효 성분 대신 의도적으로 위약을 주는 것은 여전히 비윤리적인 행위로 여겨진다. 하지만 대체 의학 종사자에게는 이러한 방해물이 없다(물론 그들이 처방하는 것을 실제로 위약이라고 생각하진 않겠지만).

방식이 우리에게 매우 좋지 않으며, 우리가 아는 유일하게 거주 가능한 행성에도 분명히 좋지 않다고 확고하게 믿는다. 그렇지만 나는 또한 항생제에 진심으로 고마워하며, 항생제가 듣지 않는 새로운 유행병이 돌까 두렵기도 하다. 그렇다면 우리는 자연적인 것 중에는 야생 과일처럼 건강에 좋은 것과 비소처럼 건강에 나쁜 것, 자연적이지 않은 것 중에도 인공 심장박동기와 같이 건강에 좋은 것과 납이 함유된 휘발유가 내뿜는 매연(또는 종일 책상에 앉아 있는 것)처럼 건강에 나쁜 것이 있다는 데 동의해야 할 것이다. 요점은 제품이나 행동의 자연스러움과 거기에 내재하는 장점 사이에는 상관관계가 없으며, 우리에게 무엇이 좋은지 빠르게 결정하기 위한 방법으로 모든 것을 자연스러운 것과 자연스럽지 않은 것으로 나누는 행위는 그야말로 도움이 되지 않는다는 것이다. 때로는 개별적인 장점에 따라 상황을 살피도록 노력해야 한다.

자연스러운 제품과 자연스럽지 않은 제품의 문제는 좀처럼 자연스러운 행동과 자연스럽지 않은 행동의 문제만큼 논란이 되진 않는다. 이를 잘 보여주는 예로, 동성애에는 '부자연스러운', '자연을 거스르는'이라는 꼬리표가 반복적으로 따라다닌다. 물론 '자연스러운'이라는 단어의 거의 모든 정의에 따르면, 이러한 비방은 사실 잘못된 것이다. 실제로 현대의 많은 과학자가 동성애의 자연적 근거를 설명하기 위해 노력해왔으며, 단순히 그러한 행동을 보이는 다른 종을 강조하는 것을 넘어 동성애의 진화적 기원과 인간에게 적응적 이점이 있을 수 있다는 점을 활발히 연구하고 있다. 예를 들어, 2019년 과학 중심 웹사이트인 《컨버세이션The Conversation》에 '동성애를 선택이라 부르지 말라: 생물학적 요인이 동성애를 이끈다'라는 제목으로 올라온 한 기사를 보면, 유전자와 성적 취향 사이에 확고한 연결 고리가 있다는 사실이 냉철하고 정확하게 설명되어 있다. 그 첫 문단에는 생물학자들은 450종 이상에 달하는 생물의 동성애적 행동을 기록했으며, 동성애가 부자연스러운 선택이 아니라고 주장한다는 내용이 포함되어 있다. 이와 비슷하게 과학 뉴스 사이트 《라이브사이언스livescience》는 안드레아 캄페리오 치아니Andrea Camperio Ciani[6]의 말을 다음과 같이 인용했다.

> '나는 이것이 과학적 연구 결과가 중요한 사회적 영향을 미칠 수 있는 예라고 생각한다… 사람들은 동성애가 번식으로 이어지지 않고 따라서 자연을 거스르기 때문에 동성애에 대한 그 모든 적대감을 느낀다. 우리는 이것이 사실이 아니라는 것을 발견했다…'

이 모든 것은 온전한 과학적 성과이다. 그러나 나는 자연스럽

---

6 안드레아 캄페리오 치아니는 2008년 연구 논문에서 남성 동성애는 모계로 유전되는 동성애 유전자가 생식 능력을 크게 증가시키기 때문에 선택에 의해 선호될 수 있다고 밝힌 바 있다.

지 않다는 이유로 동성애를 반대하는 사람들에게 이런 식으로 대응하는 전술에 반대하며 의문을 제기하고 싶다. 진화론적으로 적응적인 동성애의 가치를 서둘러 전달하려는 것은 자연스러운 것으로 여겨지는 것은 무엇이든 받아들이고, 그렇지 않은 것은 거부하려는 사회의 의지를 반영하고 지지한다. 다시 말해, 앞서 인용한 것과 같은 발언은 자연스러움의 문제가 실제로 관련이 있음을 은연중에 인정하고 있는데, 이는 아직 전혀 분명치 않다. 사회 전반적으로 동성애가 '자연스러운' 것으로 받아들여지기까지 수십 년의 연구와 캠페인이 필요했다. 성별 불쾌감, 성전환, 무성, 다른 많은 낙인찍힌 상태와 행동 역시 '자연스러운' 것으로 받아들여지려면 비슷하게 길고 힘겨운 도전이 필요할 것이다. 그러니까 같은 깊이의 생물학적 증거가 필요하다면 말이다.

잘못된 몸으로 태어났다고 느끼는 합리적이고 책임감 있는 성인을 옹호한다는 이유로 과학이 얼마나 더 많은 유전자 연구를 수행해야 하는 것인가? 만약 연구 결과가 나오지 않는다면? 트랜스젠더 남성이 자신의 행동이 자연 선택에 의해 선호된 것이라는 증거를 찾지 못한다면? 그들은 괜히 코너에 몰리게 될 것이다.

동성애가 자연스러운 것임을 증명하기 위해 도전하는 사람들의 의도를 의심하는 것은 아니다. 그러나 그들의 접근 방식에는 의문이 든다. 특히 자연을 이용한 주장은 대개 다른 소리 없는 편견에 대한 편리한 방패막이에 불과하기 때문이다. 나는 우리가 과학을 내세워 돌진하는 식으로 편견에 일종의 정당성을 부여하는 동시에 다른 소수자를 받아들이는 길을 더 가파르게 만드는 것은 아닐까 두렵다. 우리는 방법을 간단하게 바꿔야 한다. 자연스러움은 애초에 도덕적 수용 가능성과는 아무런 관련이 없다고 주장함으로써 문제의 핵심을 찌르고 향후의 무수한 논쟁도 피해야 한다.

이런 주장은 어렵지 않다. 이 책은 자연계는 도덕적인 면에서 교훈적이라고 볼 수 없는 사건과 행동으로 가득 차 있다는 것을 보여준다. 지금까지 우리는 불필요하게 굶주리는 코끼리, 노예를 만드는 개미, 암컷의 생식기를 훼손하는 거미, 숙주를 자살로 내모는 병원체, 진화한 악의, 기만적인 파트너, 다양한 형태의 존속 살인, 자식 살해, 형제 살해에 관해 살펴봤다. 이외에 수달이 저지르는 새끼 잔점박이물범 강간(또는 물범이 저지르는 킹펭귄 강간), 싸우다 뿔이 서로 엉켜 죽은 사슴 한 쌍, 두개골 쪽으로 구부러져 자라는 바비루사(멧돼지)의 엄니, 먹잇감이 아직 분명히 살아있는데도 먹기를 계속하는 많은 포식자의 사례들을 추가할 수도 있었다. 만약 인간의 어떤 행동이 '자연스럽다'라는 꼬리표 아래 펼쳐지는 이 비참하고 부조리한 행렬에 속하지 않는다고 하여, 부도덕하다고 규정할 수 있을까? 그 답은 따로 설명할 필요가 없길 바란다.

우리는 어디를 향해 가는가?

진화가 특정한 방향으로 나아가고 있지 않다는 주장에는 논리적으로 한 가지 의문이 생길 수밖에 없다. 그렇다면 우리는 지금 어디를 향해 가는 것일까?

물론 나 역시 알지 못한다. 그러나 지금까지 우리가 어떻게 살아왔는지에 대한 평가부터 시작할 가치가 있다는 것은 안다. 흔한 격언처럼, 가장 쉬운 것부터 시작해보자.

우리는 아직 이곳에 존재한다. 이 사실은 종종 어이없게도 멸종했다는 이유로 조롱받는 공룡과 대비하여 많은 것을 말해준다. 실제로 '공룡'이라는 단어는 흔히 '뒷걸음질하는', '구식인', '한물간'과 같은 경멸적인 단어와 함께 쓰인다. 어떤 면에서 이러한 평가는 합당하기도 하다. 어쨌든 마지막 공룡은 시대와 치명적으로 동떨어진 존재였으니 말이다. 세 개의 뿔과 목 뒤의 프릴로 무장한 트리케라톱스, 꼬리 곤봉을 가진 안킬로사우루스, 무시무시한 포식성 수각류, 우뚝 선 거대 공룡 드레드노투스, 안키오르니스처럼 나무 위에 사는 수각류 등 이처럼 다양한 생물체를 자랑하는 계통에서 6600만 년 전 시작된 제삼기^{Tertiary period}를 맞이할 수 있었던 것은 오로지 작은 한 가닥, 조류뿐이었다. 나머지는 완전히 사라졌다.

잊어버리기 쉽지만, 소행성 때문에 막을 내린 이 시대는 믿기 어려울 정도로 번성한 시대였다. 가령 드레드노투스가 속했던 용각류는 현존했던 육상 척추동물 중 가장 성공적인 클레이드[7]로, 1억 년[8] 동안 생태계에서 가장 지배적인 초식 동물이었다. 1억 년은 두 발로 걷는 인류가 출현한 이후의 시간보다 25배 더 긴 시간이고, (지금까지) 호모 사피엔스의 수명보다 적어도 300배 더 긴 시간이다. 심지어 많은 조롱을 당하는 우리의 사촌 네안데르탈인조차도 우리보다 더 오래 지구에 살았다.

그렇다면 우리 종의 성공에 대해서는 무엇을 말할 수 있을까? '성공'이라는 단어를 어떻게 정의하느냐에 따라 많은 것이 달라진다. 한 예로 풍부한 개체 수가 있다. 이 기준으로 보면 인간은 지금 매우 훌륭하다. 인간과 엇비슷한 크기의 동물 중 인간만큼 흔한 동물은 어디에도 없다. 가축화되지 않은 동물 중 우리와 가장 경쟁 관계에 있다고 할 수 있는 동물은 1장에서 아주 잠깐 살펴봤던 계잡이물범[9]인데, 이들의 개체 수도 최대로 추정해봤자 7,500

---

7 클레이드는 공통 조상과 모든 직계 후손으로 구성되는 생물군을 설명하는 데 사용되는 분류학적 용어로, 개체군, 종, 속, 계 등 모든 단계에 적용될 수 있다. 예를 들어 '조류(새)'는 모든 새를 함께 묶으면 어떤 후손도 제외되지 않기 때문에 클레이드지만, 파충류는 그렇지 않다. 가계도를 그리고 파충류 주위에 원을 그리면 파충류의 일부 후손(모든 포유류와 조류)은 빠지게 된다. 용각류의 후손 중 용각류가 아닌 것은 없으므로 용각류도 하나의 클레이드다.

8 참고로 현대 유인원과 긴팔원숭이는 물론 오스트랄로피테쿠스, 파란트로푸스, 아르디피테쿠스와 같은 초기 인류 조상을 포함하는 인류는 약 2500만 년 동안 존재해왔다. 호모 사피엔스는 30만 년이 넘지 않는 것으로 보인다.

9 세계에서 인간 다음으로 개체 수가 많은 대형 포유류로 추정된다. ― 옮긴이

만 마리에 불과하다.[10] 호모 사피엔스가 100배는 더 많다.[11] 그러나 여기에서 '엇비슷한 크기'라는 수식어는 인간에게 유리하게 작용하고 있다. 인간보다 개체 수가 훨씬 더 많은 무척추동물이 아마도 수백만 종은 있을 것이기 때문이다. 게다가 우리는 문명이 시작된 이래 우리와 함께 살아온 두 종의 야생 척추동물(시궁쥐와 집쥐)에게 수적으로 추월당했을 수 있으며, 우리가 목적을 가지고 가축화해온 종에게는 확실히 추월당했다. 세계가축보호단체 Compassion in World Farming에 따르면, 매년 500억 마리 이상의 닭이 농장에서 사육되고 있다. 유전자(자연 선택과 진화가 진정으로 초점을 맞추는 것은 유전자라는 것을 기억하라)의 관점에서 보면, 인간보다 닭 안에 있는 것이 훨씬 더 나을 것이다(숫자로만 보면 감기 바이러스보다도 낫다).

개체 수에 관해서는 이쯤 하기로 하고, 종의 수명 면에서는 어떨까? 종으로서 아직 짧은 역사를 가진 인간은 종을 유지하는 데 필요한 조건을 갖추고 있을까? 우리에게 분명하게 유리한 두 가지 조건이 있다. (더 작은 많은 유기체에 의해 쉽게 가려지긴 하지만) 하나는 지구 역사상 우리와 견줄 만한 크기의 생물에게 전례가 없는 풍족한 개체 수이다. 풍족한 개체 수는 환경에 맞게 습성을 조정하는 능력에서 비롯되었는데, 더 중요한 것은 반대의 경우도 마찬

---

10 정확한 수치는 알 수 없지만, 하프물범은 이보다 더 많을 수 있다.

11 2021년 세계 인구는 79억 명을 넘어선 것으로 추정된다.

가지라는 것이다. 이러한 특징이 재앙에 대한 회복력을 만든다. 가뭄, 기근, 화산 폭발, 해수면 상승, 세계적인 유행병으로 70억 이상의 인류가 전멸할 수도 있겠지만, 여전히 종을 유지할 매우 많은 수의 인간이 남을 것이다. 그 모습이 멋지진 않아도, 생존은 가능할 것이다.

많은 개체 수는 좀 더 절묘한 방식으로 종의 지속을 돕기도 한다. 요컨대, 멸종하는 방법에는 두 가지가 있다. 하나는 드레드노투스나 스텔러바다소처럼 후손을 남기지 못하는 것이고, 다른 하나는 단순히 다른 무언가로 바뀌는 것이다. 후자는 때로 유사멸종 pseudoextinction [12]으로도 불리는데 꽤 자주 있었던 것으로 추측한다. 예를 들어 공룡의 주요 계통 중 적어도 한 계통은 새의 형태로 오늘날에도 지속되고 있다. 그러므로 일상적인 언어로는 공룡이 멸종했다고 말하지만, 엄격한 분류학상의 언어로는 공룡이 살아서 벚나무 열매를 먹는다고 말할 수도 있다. 마찬가지로 많은 현대인의 게놈에는 네안데르탈인의 DNA가 적게나마 존재한다(확인해보진 않았지만, 내게도 분명히 있을 것이다). 이는 적어도 그러한 사람들의 직계 조상 중에 이 석기 시대 종의 일원이 있음을 의미한다. 물론,

---

[12] 관련된 용어로 변화하는 외부 자극에 적응하는 동안 계통 내에서 발생하는 점진적 변화를 일컫는 계통 진화(phyletic evolution)가 있다. 어느 정도다소 임의적인 변화가 있고 난 뒤 원래의 종이 더는 존재하지 않고, 다른 종이 그 자리를 차지한 경우라고 말할 수 있다.

모든(또는 대부분) 네안데르탈인의 후손이 오늘날까지 살아있다는 것은 아니지만, 확실히 그중 일부는 살아있다. 그렇다면 완벽한 의미에서 큰 두뇌와 큰 뼈를 가진 우리의 사촌들은 결코 멸종한 것이 아니다.

다시 돌아와서, 어떤 종이 하나의 큰 밀집된 집단으로 존재할 경우 다른 종으로 변화할 가능성은 적다. 어떤 돌연변이든(유용한 돌연변이라도) 교배로 인해 쉽게 집어 삼켜질 수 있기 때문이다. 종 분화는 유전적 변화가 발생하면 하위 집단의 많은 부분으로 빠르게 확산될 정도로 어느 한 집단에서 작은 부분이 분리되었을 때 가장 빠르게 일어난다. 이러한 차이를 유지하려면 해당 집단은 조상 집단과 너무 달라져서 두 집단이 만나도 생식 능력이 있는 자손이 나올 수 없을 때까지 떨어진 상태로 있어야 한다. 그 전에 만나면 유전적 차이가 무시할 수 있는 수준으로 희석될 가능성이 크다. 그러므로 인간은 특히 단기간에 중요한 유전적 변화를 겪을 가능성이 작다. 게다가 우리는 다른 종의 경우 적응적 변화를 유도할 수 있는 외부 조건으로부터 유난히 안전하다. 그렇다고 우리가 그러한 압력(예를 들어 말라리아는 인간 집단에서 주목할 만한 유전적 변화를 계속 유도하고 있다)에 직면하지 않고 대응하지 않는다는 것은 아니지만, 그 영향은 우리 종의 출현 이후(특히 산업화와 세계적 연결의 시대가 도래한 이후) 크게 줄어들었다.

인류에게 유리한 두 가지 점 중 오래 지속될 가능성에 관해 이야기했으니, 이제 반대편에서 우리를 노려보는 나머지 하나를 살펴보자. 이 주장에 대한 대략적인 설명은 3장에서 그 성공이 양날의 검이 될 수 있는 병원체와 관련하여 설명한 바 있다. 바이러스, 박테리아, 기타 병원체는 숙주에 해를 끼치는 번식과 숙주가 일정 시간 동안 생존해야 하는 전염 사이에서 균형을 유지해야 한다. 어떤 계통과 어떤 환경에서도 자연 선택은 결국 가장 최적의 전략을 구사하는 병원체가 번성하도록 할 것이다. 독성이 강한 변종은 번식을 포기해가면서 해를 끼치는 것에 한계를 두는 변종과 마찬가지로 절멸할 것이다. 그러나(이것은 매우 중요한 '그러나'이다) 그러한 실패한 시도는 여전히 발생하고 있으며, 새로운 최적화를 위해 재조정이 필요한 상황의 변화가 있을 때마다 계속 발생할 것이다.

여기에서 중요한 교훈은 자멸적인 실수를 사전에 막을 수 있는 메커니즘은 없으며, 독성이 강한 병원체는 자연 선택에 의해 계속 그 독성에 대한 '보상'을 받다가 향후 생존의 유일한 수단을 완전히 파괴하게 된다는 것이다. 즉, 숙주가 죽어서 다른 숙주에게 병원체를 전달할 수 없다. 인간의 상황으로 이를 다시 해석하자면, 우리가 이기는 전략을 구사해 현재 성공했다는 결론을 내리는 것은 시기상조이다. 오히려 명백한 사실은 우리가 유일한 생명 유지 수단(지구)을 파괴하는 과정에 있고 그 결과 이미 고통받고 있다는 것이다. 3장에서 나는 특정 병원체의 두 경쟁하는 변종에 감염된 숙주의 예를 제시했는데, 하나는 독성이 지나치게 강하고 하나는 숙주 안에 홀로 있기만 하면 최적의 독성을 가할 변종이었다. 후자는 이론상으로 더 오래 생존할 가능성이 크지만, 둘 다 전자의 지속 불가능한 성장으로 인해 무너질 것이며, 어느 쪽도 숙주가 죽으면 미래는 없다. 내 추측대로라면, 침팬지, 고릴라, 오랑우탄은 인간보다 더 오래 지속될 가능성이 크지만, 우리는 모두 자칭 '더 뛰어난' 종의 행동 때문에 멸망할 것이다.

내가 틀리기를 진심으로 바란다.

10장

감사의 글

진화생물학자가 아닌 생태학자로서 사실관계 오류와 틀린 해석을 피하기 위해 친구와 이전 동료들의 힘을 빌렸지만, 아직 오류가 남아있다면 물론 그것은 전적으로 나의 탓이다. 뤽 뷔시에르는 성선택에 관한 장을 읽고 특히 춤파리의 행동과 생태의 세부 사항 등 여러 면에서 내 글을 바로 잡아주었다. 사라 랜돌프는 늘 그렇듯 날카로운 시각으로 초안 전체를 살펴봐 주었다. 이안 버튼, 케이트와 앤드루 캐논, 데이브 워렌, 키란 맥코넬, 앤드루 히스, 리사 솔린, 알렉사 로버트슨, 그리고 글에 관한 의견과 지지, 격려를 보내주신 나의 어머니, 다윈과 라마르크에 관한 그 모든 흥미로운(보통은 화가 나는) 이야기를 들려준 프랜시스 후톤에게 깊은 감사의 말을 전한다.

특히 이 책을 쓰는 코로나 봉쇄 기간 동안 나와 함께 지내야 했을 뿐만 아니라, 원고가 나오는 대로 각 장(그리고 그에 대한 여러 초안)에 대해 전문가 의견을 내놓도록 강요당한 헬렌 테일러에게 특히 감사하다.

나는 아직도 내가 어떻게 대리인인 앤드루 로우니와 출판사를 만나는 행운을 모두 얻게 된 건지 어리둥절하다. 부디 그들이 계속 정신을 놓고 있기를. 히스토리 프레스와 플린트 북스 편집팀은 원고를 전달하고 마무리하는 과정을 순조롭게 진행해주었으며, 깔끔하게 편집되고 아름답게 디자인된 책을 만들었다. 알렉스 볼튼, 마크 베이넌, 로라 페레히넥, 사이먼 라이트에게 특별한 감사의 마음을 전한다.

마지막으로 돌아가신 알라스데어 버로스 삼촌의 너그러움이 없었다면 나는 애초에 이 책을 쓸 엄두도 내지 못했을 것이다. 고마워요. 삼촌이 이 책을 읽을 수 있다면 좋았을 텐데요.

참고문헌

들어가며

Mehta, R.S. and Wainwright, P.C., 2007. Raptorial jaws in the throat help moray eels swallow large prey. Nature, 449(7158), pp.79-82.

Wainwright, P.C., 2005. Functional morphology of the pharyngeal jaw apparatus. Fish Physiology, 23, pp.77-101.

1장 죽거나 배고프거나

Bothma, J.D.P. and Coertze, R.J., 2004. Motherhood increases hunting success in southern Kalahari leopards. Journal of Mammalogy, 85(4), pp.756-760.

Cresswell, W. and Quinn, J.L., 2010. Attack frequency, attack success and choice of prey group size for two predators with contrasting hunting strategies. Animal Behaviour, 80(4), pp.643-648.

Dawkins, R. 1986. The Blind Watchmaker. Norton & Co., New York.

Dawkins, R. and Krebs, J.R., 1979. Arms races between and within species. Proceedings of the Royal Society of London. Series B. Biological Sciences, 205(1161), pp.489-511.

Gjertz, I. and Lydersen, C., 1986. Polar bear predation on ringed seals in the fast-ice of Hornsund, Svalbard. Polar Research, 4(1), pp. 65-68.

Hilborn, A. et al., 2012. Stalk and chase: how hunt stages affect hunting success in Serengeti cheetah. Animal Behaviour, 84(3), pp. 701-706.

Hocking, D.P. et al., 2013. Leopard seals (Hydrurga leptonyx) use suction and filter feeding when hunting small prey underwater. Polar Biology, 36(2), pp. 211-222.

Laurenson, M.K., 1994. High juvenile mortality in cheetahs (Acinonyx jubatus) and its consequences for maternal care. Journal of Zoology, 234(3), pp. 387-408.

MacDonald, H. 2006. Falcon. Reaktion Books, London.

Ridley, M. 1993. The Red Queen. Viking Books, London.

Rodda, G.H. et al., 1992. Origin and population growth of the brown tree snake, Boiga irregularis, on Guam. Pacific Science (46), pp. 46-57.

Savidge, J.A., 1987. Extinction of an island forest avifauna by an introduced snake. Ecology, 68(3), pp. 660-668.

Wiles, G.J. et al., 2003. Impacts of the brown tree snake: patterns of decline and species persistence in Guam's avifauna. Conservation Biology, 17(5), pp. 1350-1360.

2장 뻐꾸기 둥지에서 날아간 것

Davies, N.B., 2011. Cuckoo adaptations: trickery and tuning. Journal of Zoology, 284(1), pp. 1-14.

Davies, N.B. and Welbergen, J.A., 2008. Cuckoo-hawk mimicry? An experimental test. Proceedings of the Royal Society B: Biological Sciences, 275(1644), pp. 1817-1822.

Davies, N.B. and Welbergen, J.A., 2009. Social transmission of a host defense against cuckoo parasitism. Science, 324(5932), pp. 1318-1320.

Kilner, R.M. and Langmore, N.E., 2011. Cuckoos versus hosts in insects and birds: adaptations, counter-adaptations and outcomes. Biological Reviews, 86(4), pp. 836-

852.

Langmore, N.E. et al., 2003. Escalation of a coevolutionary arms race through host rejection of brood parasitic young. Nature, 422(6928), pp.157-160.

Lotem, A., 1993. Learning to recognize nestlings is maladaptive for cuckoo Cuculus canorus hosts. Nature, 362(6422), pp.743-745.

Spottiswoode, C.N. et al., 2016. Reciprocal signaling in honeyguidehuman mutualism. Science, 353(6297), pp.387-389.

Stoddard, M.C. and Stevens, M., 2010. Pattern mimicry of host eggs by the common cuckoo, as seen through a bird's eye. Proceedings of the Royal Society B: Biological Sciences, 277(1686), pp.1387-1393

Šulc, M. et al., 2020. Caught on camera: circumstantial evidence for fatal mobbing of an avian brood parasite by a host. Journal of Vertebrate Biology, 69(1), pp.1-6.

Welbergen, J.A. and Davies, N.B., 2008. Reed warblers discriminate cuckoos from sparrowhawks with graded alarm signals that attract mates and neighbours. Animal Behaviour, 76(3), pp.811-822.

Welbergen, J.A. and Davies, N.B., 2009. Strategic variation in mobbing as a front line of defense against brood parasitism. Current Biology, 19(3), pp.235-240.

Welbergen, J.A. and Davies, N.B., 2011. A parasite in wolf's clothing: hawk mimicry reduces mobbing of cuckoos by hosts. Behavioral Ecology, 22(3), pp.574-579.

3장 무임승차자

Auld, S.K. et al., 2016. Sex as a strategy against rapidly evolving parasites. Proceedings of the Royal Society B: Biological Sciences, 283(1845), p.20162226.

Coyne, J.A., 2009. Why Evolution is True. Oxford University Press, Oxford.

Desmettre, T., 2020. Toxoplasmosis and behavioural changes. Journal francais d'ophtalmologie, 43(3), pp.e89-e93.

Herrmann, C. and Gern, L., 2015. Search for blood or water is influenced by

Borrelia burgdorferi in Ixodes ricinus. Parasites & Vectors, 8(1), pp.1-8.

Jiménez-Martínez, E. S. et al., 2004. Volatile cues influence the response of Rhopalosiphum padi (Homoptera: Aphididae) to Barley yellow dwarf virus-infected transgenic and untransformed wheat. Environmental Entomology, 33(5), pp.1207-1216.

Koella, J.C. et al., 1998. The malaria parasite, Plasmodium falciparum, increases the frequency of multiple feeding of its mosquito vector, Anopheles gambiae. Proceedings of the Royal Society of London. Series B: Biological Sciences, 265(1398), pp.763-768.

Musante, A.R. et al., 2007. Metabolic impacts of winter tick infestations on calf moose. Alces, 43, pp.101-110.

Poirotte, C. et al., 2016. Morbid attraction to leopard urine in Toxoplasmainfected chimpanzees. Current Biology, 26(3), pp.R98-R99.

Rupprecht, C.E. et al., 2002. Rabies re-examined. The Lancet Infectious Diseases, 2(6), pp.327-343.

Smit, N.J. et al., 2014. Global diversity of fish parasitic isopod crustaceans of the family Cymothoidae. International Journal for Parasitology: Parasites and Wildlife, 3(2), pp.188-197.

Weinersmith, K.L., 2019. What's gotten into you? A review of recent research on parasitoid manipulation of host behavior. Current Opinion in Insect Science, 33, pp.37-42.

4장 아름답고도 저주받은 자

Basolo, A.L., 1990. Female preference predates the evolution of the sword in swordtail fish. Science, 250(4982), pp.808-810.

Basolo, A.L., 1995. Phylogenetic evidence for the role of a pre-existing bias in sexual selection. Proceedings of the Royal Society of London. Series B: Biological Sciences, 259(1356), pp.307-311.

Basolo, A.L., 1995. A further examination of a pre-existing bias favouring a sword in the genus Xiphophorus. Animal Behaviour, 50(2), pp. 365-375.

Basolo, A.L. and Alcaraz, G., 2003. The turn of the sword: length increases male swimming costs in swordtails. Proceedings of the Royal Society of London. Series B: Biological Sciences, 270(1524), pp. 1631-1636.

Berglund, A., 2000. Sex role reversal in a pipefish: female ornaments as amplifying handicaps. Annales Zoologici Fennici, 37, pp. 1-13.

Boyce, M.S., 1990. The red queen visits sage grouse leks. American Zoologist, 30(2), pp. 263-270.

Brooks, R., 2000. Negative genetic correlation between male sexual attractiveness and survival. Nature, 406(6791), pp. 67-70.

Bussière, L.F. et al., 2008. Contrasting sexual selection on males and females in a role-reversed swarming dance fly, Rhamphomyia longicauda Loew (Diptera: Empididae). Journal of Evolutionary Biology, 21(6), pp. 1683-1691.

Condit, R. et al., 2014. Lifetime survival rates and senescence in northern elephant seals. Marine Mammal Science, 30(1), pp. 122-138.

Cotton, S. et al., 2004. Condition dependence of sexual ornament size and variation in the stalk-eyed fly Cyrtodiopsis dalmanni (Diptera: Diopsidae). Evolution, 58(5), pp. 1038-1046.

Funk, D.H. and Tallamy, D.W., 2000. Courtship role reversal and deceptive signals in the long-tailed dance fly, Rhamphomyia longicauda. Animal Behaviour, 59(2), pp. 411-421.

Gibson, R.M. and Bradbury, J.W., 2014. 17. Male and female mating strategies on sage grouse leks. In Ecological Aspects of Social Evolution (pp. 379-398). Princeton University Press, Princeton, NJ.

Gwynne, D.T. et al., 2007. Female ornaments hinder escape from spider webs in a role-reversed swarming dance fly. Animal Behaviour, 73(6), pp. 1077-1082.

Hernandez-Jimenez, A. and Rios-Cardenas, O., 2012. Natural versus sexual selection: predation risk in relation to body size and sexual ornaments in the green swordtail. Animal Behaviour, 84(4), pp. 1051-1059.

Hingle, A., Fowler, K., and Pomiankowski, A., 2001. Size-dependent mate preference in the stalk-eyed fly Cyrtodiopsis dalmanni. Animal Behaviour, 61(3), pp.589-595.

Husak, J.F. et al., 2011. Compensation for exaggerated eye stalks in stalk-eyed flies (Diopsidae). Functional Ecology, 25(3), pp.608-616.

Johnson, J.B. and Basolo, A.L., 2003. Predator exposure alters female mate choice in the green swordtail. Behavioral Ecology, 14(5), pp.619-625.

Kruesi, K. and Alcaraz, G., 2007. Does a sexually selected trait represent a burden in locomotion? Journal of Fish Biology, 70(4), pp.1161-1170.

Lloyd, K.J. et al., 2020. Trade-offs between age-related breeding improvement and survival senescence in highly polygynous elephant seals: dominant males always do better. Journal of Animal Ecology, 89(3), pp.897-909.

Murray, R.L. et al., 2018. Sexual selection on multiple female ornaments in dance flies. Proceedings of the Royal Society B: Biological Sciences, 285(1887), p.20181525.

Rogers, D.W., Grant, C.A., Chapman, T., Pomiankowski, A., and Fowler, K., 2006. The influence of male and female eye span on fertility in the stalk-eyed fly, Cyrtodiopsis dalmanni. Animal Behaviour, 72(6), pp.1363-1369

Swallow, J.G. et al., 2000. Aerial performance of stalk-eyed flies that differ in eye span. Journal of Comparative Physiology B, 170(7), pp.481-487.

Schamel, D. et al., 2004. Mate guarding, copulation strategies and paternity in the sex-role reversed, socially polyandrous red-necked phalarope Phalaropus lobatus. Behavioral Ecology and Sociobiology, 57(2), pp.110-118.

Wheeler, J. et al., 2012. Stabilizing sexual selection for female ornaments in a dance fly. Journal of Evolutionary Biology, 25(7), pp.1233-1242.

Wilkinson, G.S., Amitin, E.G., and Johns, P.M., 2005. Sex-linked correlated responses in female reproductive traits to selection on male eye span in stalk-eyed flies. Integrative and Comparative Biology, 45(3), pp.500-510.

Wilkinson, G.S. and Reillo, P.R., 1994. Female choice response to artificial selection on an exaggerated male trait in a stalk-eyed fly. Proceedings of the Royal Society of London. Series B: Biological Sciences, 255(1342), pp.1-6.

Worthington, A.M. and Swallow, J.G., 2010. Gender differences in survival and antipredatory behavior in stalk-eyed flies. Behavioral Ecology, 21(4), pp.759-766.

5장 일곱 번째 이빨의 행방

Austad, S.N. and Hoffman, J.M., 2018. Is antagonistic pleiotropy ubiquitous in aging biology? Evolution, Medicine, and Public Health, 2018(1), pp.287-294.

Chen, J. et al., 2007. A demographic analysis of the fitness cost of extended longevity in Caenorhabditis elegans. The Journals of Gerontology Series A: Biological Sciences and Medical Sciences, 62(2), pp.126-135.

Dańko, M.J. et al., 2015. Unraveling the non-senescence phenomenon in Hydra. Journal of Theoretical Biology, 382, pp.137-149.

Garsin, D.A. et al., 2003. Long-lived C. elegans daf-2 mutants are resistant to bacterial pathogens. Science, 300(5627), pp.1921-1921.

Henning, J. et al., 2015. The causes and prognoses of different types of fractures in wild koalas submitted to wildlife hospitals. Preventive Veterinary Medicine, 122(3), pp.371-378.

Janssen, V., 2012. Indirect tracking of drop bears using GNSS technology. Australian Geographer, 43(4), pp.445-452.

Jones, O.R. et al., 2014. Diversity of ageing across the tree of life. Nature, 505(7482), pp.169-173.

Jones, O.R. and Vaupel, J.W., 2017. Senescence is not inevitable. Biogerontology, 18(6), pp.965-971.

Kenyon, C. et al., 1993. A C. elegans mutant that lives twice as long as wild type. Nature, 366(6454), pp.461-464.

Kirkwood, T.B. and Rose, M.R., 1991. Evolution of senescence: late survival sacrificed for reproduction. Philosophical Transactions of the Royal Society of London. Series B: Biological Sciences, 332(1262), pp.15-24.

Lanyon, J.M. and Sanson, G.D., 1986. Koala (Phascolarctos cinereus) dentition and nutrition. II. Implications of tooth wear in nutrition. Journal of Zoology, 209(2), pp.169-181.

Livingston, C. et al., 2017. Man-eating teddy bears of the scrub: exploring the Australian drop bear urban legend. eTropic: Electronic Journal of Studies in the Tropics, 16(1).

Logan, M. and Sanson, G.D., 2002. The effect of tooth wear on the feeding behaviour of free-ranging koalas (Phascolarctos cinereus, Goldfuss). Journal of Zoology, 256(1), pp.63-69.

Luebke, A. et al., 2019. Optimized biological tools: ultrastructure of rodent and bat teeth compared to human teeth. Bioinspired, Biomimetic and Nanobiomaterials, 8(4), pp.247-253.

McComb, K. et al., 2001. Matriarchs as repositories of social knowledge in African elephants. Science, 292(5516), pp.491-494.

McComb, K. et al., 2011. Leadership in elephants: the adaptive value of age. Proceedings of the Royal Society B: Biological Sciences, 278(1722), pp.3270-3276.

Martinez, D.E., 1998. Mortality patterns suggest lack of senescence in hydra. Experimental Gerontology, 33(3), pp.217-225.

Medawar, P.B., 1952. An Unsolved Problem of Biology. Lewis, London.

Nussey, D.H. et al., 2013. Senescence in natural populations of animals: Widespread evidence and its implications for bio-gerontology. Ageing Research Reviews, 12(1), pp.214-225.

Obendorf, D.L., 1983. Causes of mortality and morbidity of wild koalas, Phascolarctos cinereus (Goldfuss), in Victoria, Australia. Journal of Wildlife Diseases, 19(2), pp.123-131.

Schaible, R. et al., 2014. Aging and potential for self-renewal: hydra living in the age of aging - a mini-review. Gerontology, 60(6), pp.548-556.

Schaible, R. et al., 2015. Constant mortality and fertility over age in Hydra. PNAS, 112(51), pp.15701-15706.

da Silva, J., 2019. Plastic senescence in the honey bee and the disposable soma theory. The American Naturalist, 194(3), pp.367-380.

Sun, S. et al., 2020. Inducible aging in Hydra oligactis implicates sexual reproduction, loss of stem cells, and genome maintenance as major pathways. GeroScience, 42(4), pp.1119-1132.

Williams, G.C., 1957. Pleiotropy, natural selection, and the evolution of senescence. Evolution, 11, pp.398-411.

Woyciechowski, M. and Kozłowski, J., 1998. Division of labor by division of risk according to worker life expectancy in the honey bee (Apismellifera L.). Apidologie, 29(1-2), pp.191-205.

6장 극단적 이타주의

Baratte, S. et al., 2006. Reproductive conflicts and mutilation in queenless Diacamma ants. Animal Behaviour, 72(2), pp.305-311.

Camerer, C.F., 2003. Behavioral Game Theory: Experiments in Strategic Interaction. Princeton University Press, Princeton, NJ.

Dawkins, R. 1976. The Selfish Gene. Oxford University Press, Oxford.

Dawkins, R. 1986. The Blind Watchmaker. Norton & Co., New York.

D'Ettorre, P. et al., 2000. Sneak in or repel your enemy: Dufour's gland repellent as a strategy for successful usurpation in the slave-maker Polyergus rufescens. Chemoecology, 10(3), pp.135-142.

De Roode, J.C. et al., 2005. Virulence and competitive ability in genetically diverse malaria infections. PNAS, 102(21), pp.7624-7628.

Griffin, A.S. and West, S.A., 2002. Kin selection: fact and fiction. Trends in Ecology & Evolution, 17(1), pp.15-21.

Flower, T., 2011. Fork-tailed drongos use deceptive mimicked alarm calls to steal food. Proceedings of the Royal Society B: Biological Sciences, 278(1711), pp.1548-1555.

Flower, T.P. and Gribble, M., 2012. Kleptoparasitism by attacks versus false alarm calls in fork-tailed drongos. Animal Behaviour, 83(2), pp.403-410.

Flower, T.P. et al., 2014. Deception by flexible alarm mimicry in an African bird. Science, 344(6183), pp.513-516.

Gardner, A. et al., 2004. Bacteriocins, spite and virulence. Proceedings of the Royal Society of London. Series B: Biological Sciences, 271(1547), pp.1529-1535.

Gardner, A. et al., 2007. Spiteful soldiers and sex ratio conflict in polyembryonic parasitoid wasps. The American Naturalist, 169, pp. 519-534.

Giron, D. et al., 2004. Aggression by polyembryonic wasp soldiers correlates with kinship but not resource competition. Nature, 430(7000), pp. 676-679.

Giron, D. et al., 2007. Male soldier caste larvae are non-aggressive in the polyembryonic wasp Copidosoma floridanum. Biology Letters, 3(4), pp. 431-434.

Giron, D. and Strand, M. R., 2004. Host resistance and the evolution of kin recognition in polyembryonic wasps. Proceedings of the Royal Society of London. Series B: Biological Sciences, 271(suppl_6), pp. S395-S398.

Gleichsner, A. M. and Minchella, D. J., 2014. Can host ecology and kin selection predict parasite virulence? Parasitology, 141(8), pp. 1018-1030.

Grüter, C. et al., 2016. Warfare in stingless bees. Insectes Sociaux, 63(2), pp. 223-236.

Hamilton, W. D., 1964. The genetical evolution of social behaviour. I. Journal of Theoretical Biology, 7(1), pp. 1-17.

Hamilton, W. D., 1964. The genetical evolution of social behaviour. II. Journal of Theoretical Biology, 7(1), pp. 17-52.

Hodgson, D. J. et al., 2004. Host ecology determines the relative fitness of virus genotypes in mixed-genotype nucleopolyhedrovirus infections. Journal of Evolutionary Biology, 17(5), pp. 1018-1025.

Mori, A. et al., 2000. Colony founding in Polyergus rufescens: the role of the Dufour's gland. Insectes Sociaux, 47(1), pp. 7-10.

Mori, A. et al., 2001. Comparison of reproductive strategies and raiding behaviour in facultative and obligatory slave-making ants: the case of Formica sanguinea and Polyergus rufescens. Insectes Sociaux, 48(4), pp. 302-314.

Nash, D. R. et al., 2008. A mosaic of chemical coevolution in a large blue butterfly. Science, 319(5859), pp. 88-90.

Ridley, M. 1993. The Red Queen. Viking Books, London.

Shackleton, K. et al., 2015. Appetite for self-destruction: suicidal biting as a nest defense strategy in Trigona stingless bees. Behavioral Ecology and Sociobiology,

69(2), pp. 273-281.

Straub, P.G. and Murnighan, J.K., 1995. An experimental investigation of ultimatum games: information, fairness, expectations, and lowest acceptable offers. Journal of Economic Behavior & Organization, 27(3), pp. 345-364.

Thomas, J.A. et al., 2002. Parasitoid secretions provoke ant warfare. Nature, 417(6888), pp. 505-506.

Tofilski, A. et al., 2008. Preemptive defensive self-sacrifice by ant workers. The American Naturalist, 172(5), pp. E239-E243.

West, S.A. and Buckling, A., 2003. Cooperation, virulence and siderophore production in bacterial parasites. Proceedings of the Royal Society of London. Series B: Biological Sciences, 270(1510), pp. 37-44.

West, S.A. et al., 2007. Evolutionary explanations for cooperation. Current Biology, 17(16), pp. R661-R672.

West, S.A. and Gardner, A., 2010. Altruism, spite, and greenbeards. Science, 327(5971), pp. 1341-1344.

7장 잔인한 타협

Anderson, D.J., 1990. Evolution of obligate siblicide in boobies. 1. A test of the insurance-egg hypothesis. The American Naturalist, 135(3), pp. 334-350.

Anderson, D.J., 1990. Evolution of obligate siblicide in boobies. 2: Food limitation and parent-offspring conflict. Evolution, 44(8), pp. 2069-2082.

Arnqvist, G. and Rowe, L., 1995. Sexual conflict and arms races between the sexes: a morphological adaptation for control of mating in a female insect. Proceedings of the Royal Society of London. Series B: Biological Sciences, 261(1360), pp. 123-127.

Brennan, P.L. et al., 2007. Coevolution of male and female genital morphology in waterfowl. PLoS One, 2(5), p. e418.

Brennan, P.L. et al., 2010. Explosive eversion and functional morphology of the duck penis supports sexual conflict in waterfowl genitalia. Proceedings of the Royal

Society B: Biological Sciences, 277(1686), pp. 1309-1314.

Bruce, H. M., 1959. An exteroceptive block to pregnancy in the mouse. Nature, 184(4680), pp. 105-105.

Cheng, Y. R. et al., 2019. Nest predation predicts infanticide in a cooperatively breeding bird. Biology Letters, 15(8), p. 20190314.

Clifford, L. D. and Anderson, D. J., 2001. Experimental demonstration of the insurance value of extra eggs in an obligately siblicidal seabird. Behavioral Ecology, 12(3), pp. 340-347.

Chapman, T. et al., 1995. Cost of mating in Drosophila melanogaster females is mediated by male accessory gland products. Nature, 373(6511), pp. 241-244.

Chapman, T. et al., 2003. Sexual conflict. Trends in Ecology & Evolution, 18(1), pp. 41-47.

Crudgington, H. S. and Siva-Jothy, M. T., 2000. Genital damage, kicking and early death. Nature, 407(6806), pp. 855-856.

Gage, M., 2004. Evolution: sexual arms races. Current Biology, 14(10), pp. R378-R380.

Garcia-Vazquez, E. et al., 2001. Alternative mating strategies in Atlantic salmon and brown trout. Journal of Heredity, 92(2), pp. 146-149.

Godfray, H. C. J., 1991. Signalling of need by offspring to their parents. Nature, 352(6333), pp. 328-330.

Harano, T. and Kutsukake, N., 2018. The evolution of male infanticide in relation to sexual selection in mammalian carnivores. Evolutionary Ecology, 32(1), pp. 1-8.

Kennedy, P. and Radford, A. N., 2021. Kin blackmail as a coercive route to altruism. The American Naturalist, 197(2), pp. 266-273.

Kramer, J. et al., 2017. When earwig mothers do not care to share: parent-offspring competition and the evolution of family life. Functional Ecology, 31(11), pp. 2098-2107.

Morandini, V. and Ferrer, M., 2015. Sibling aggression and brood reduction: a review. Ethology Ecology & Evolution, 27(1), pp. 2-16.

Mouginot, P. et al., 2017. Evolution of external female genital mutilation: why do males harm their mates? Royal Society Open Science, 4(11), p. 171195.

Parker, G. A., 2020. Conceptual developments in sperm competition: a very brief synopsis. Philosophical Transactions of the Royal Society B, 375(1813), p. 20200061.

Roberts, E. K. et al., 2012. A Bruce effect in wild geladas. Science, 335(6073), pp. 1222-1225.

Royle, N. J. et al., 2002. Begging for control: when are offspring solicitation behaviours honest? Trends in Ecology & Evolution, 17(9), pp. 434-440.

Stutt, A. D. and Siva-Jothy, M. T., 2001. Traumatic insemination and sexual conflict in the bed bug Cimex lectularius. PNAS, 98(10), pp. 5683-5687.

Tatarnic, N. J. et al., 2014. Traumatic insemination in terrestrial arthropods. Annual Review of Entomology, 59, pp. 245-261.

Tregenza, T. et al., 2006. Introduction. Sexual conflict: a new paradigm? Philosophical Transactions of the Royal Society B: Biological Sciences, 361(1466), pp. 229-234.

Zahavi, A., 1977. Reliability in communication systems and the evolution of altruism. In Evolutionary Ecology (pp. 253-259). Palgrave, London.

8장 함정에 빠진 진화

Boal, C. W., 1997. An urban environment as an ecological trap for Cooper's hawks (Doctoral dissertation, The University of Arizona).

Boal, C. W. and Mannan, R. W., 1999. Comparative breeding ecology of Cooper's hawks in urban and exurban areas of southeastern Arizona. The Journal of Wildlife Management, pp. 77-84.

Crerar, L. D. et al., 2014. Rewriting the history of an extinction—was a population of Steller's sea cows (Hydrodamalis gigas) at St Lawrence Island also driven to extinction? Biology letters, 10(11), p. 20140878.

Estes, J. A. et al., 2016. Sea otters, kelp forests, and the extinction of Steller's sea cow. PNAS, 113(4), pp. 880-885.

Frost, O.W., 1994. Vitus Bering and Georg Steller: their tragic conflict during the American expedition. The Pacific Northwest Quarterly, 86(1), pp.3-16.

Gill, F.L. et al., 2018. Diets of giants: the nutritional value of sauropod diet during the Mesozoic. Palaeontology, 61(5), pp.647-658.

Kriska, G. et al., 1998. Why do mayflies lay their eggs en masse on dry asphalt roads? Water-imitating polarized light reflected from asphalt attracts Ephemeroptera. The Journal of Experimental Biology, 201(15), pp.2273-2286.

Lacovara, K.J. et al., 2014. A gigantic, exceptionally complete titanosaurian sauropod dinosaur from southern Patagonia, Argentina. Scientific Reports, 4(1), pp.1-9.

Mannan, R.W. et al., 2008. Identifying habitat sinks: a case study of Cooper's hawks in an urban environment. Urban Ecosystems, 11(2), pp.141-148.

Sander, P.M. and Clauss, M., 2008. Sauropod gigantism. Science, 322(5899), pp.200-201.

Sander, P.M. et al., 2011. Biology of the sauropod dinosaurs: the evolution of gigantism. Biological Reviews, 86(1), pp.117-155.

Schulte, P. et al., 2010. The Chicxulub asteroid impact and mass extinction at the Cretaceous-Paleogene boundary. Science, 327(5970), pp.1214-1218.

Stejneger, L., 1887. How the great northern sea-cow (Rytina) became exterminated. The American Naturalist, 21(12), pp.1047-1054.

Wedel, M.J., 2003. Vertebral pneumaticity, air sacs, and the physiology of sauropod dinosaurs. Paleobiology, 29(2), pp.243-255.

9장 썩 괜찮은 약점

Aars, J. et al., 2015. White-beaked dolphins trapped in the ice and eaten by polar bears. Polar Research, 34(1), p.26612.

Amano, M. et al., 2011. Age determination and reproductive traits of killer whales entrapped in ice off Aidomari, Hokkaido, Japan. Journal of Mammalogy, 92(2), pp.275-282.

Coyne, J.A., 2009. Why Evolution is True. Oxford University Press, Oxford.

Darwin, C., 1859. On the Origin of Species. John Murray, London.

González, F. and Pabón-Mora, N., 2015. Trickery flowers: the extraordinary chemical mimicry of Aristolochia to accomplish deception to its pollinators. New Phytologist, 206(1), pp.10-13.

More, H., 1653. An Antidote to Athesm. Roger Daniel, London.

Oelschlägel, B. et al., 2015. The betrayed thief - the extraordinary strategy of Aristolochia rotunda to deceive its pollinators. New Phytologist, 206(1), pp.342-351.

Rowe, E.W., 2018. Arctic international relations: new stories on rafted ice. In Arctic Governance. Manchester University Press, Manchester.

10장 인간이 향하는 곳

Camperio Ciani, A. et al., 2008. Sexually antagonistic selection in human male homosexuality. PLoS One, 3(6), p.e2282.

Haddad, W.A. et al., 2015. Multiple occurrences of king penguin (Aptenodytes patagonicus) sexual harassment by Antarctic fur seals (Arctocephalus gazella). Polar Biology, 38(5), pp.741-746.

Harris, H.S. et al., 2010. Lesions and behavior associated with forced copulation of juvenile Pacific harbor seals (Phoca vitulina richardsi) by southern sea otters (Enhydra lutris nereis). Aquatic Mammals, 36(4), p.331.

Meier, B.P. et al., 2019. Naturally better? A review of the natural-is-better bias. Social and Personality Psychology Compass, 13(8), p.e12494.

Moskowitz, C. 2008. Why Gays Don't Go Extinct. LiveScience, www. livescience. com/2623-gays-dont-extinct.html [accessed 20/12/2021].

Sullivan, B. 2019. Stop calling it a choice: Biological factors drive homosexuality. The Conversation, https://theconversation. com/stop-calling-it-a-choice-biological-factors-drivehomosexuality-122764 [accessed 20/12/2021].

Flaws of Nature

옮긴이 정미진

한국외국어대학교에서 컴퓨터공학과 영어학을 전공했다. 휴대폰을 만드는 기업에서 십여 년간 일하다가 좋은 외서를 국내에 소개하는 일에 매료되어 번역을 시작했다. 현재 바른번역 소속 전문 번역가로 활동 중이며, 옮긴 책으로 『손 안에 갇힌 사람들』 『일인분의 안락함』 『코인 좀 아는 사람』 『뇌가 행복해지는 습관』 『볼륨을 낮춰라』 『진화가 뭐예요?』 『더 히스토리 오브 더 퓨처』 『원 디바이스』 『내일은 못 먹을지도 몰라』 등이 있다.

고래는 물에서 숨 쉬지 않는다

초판 1쇄 발행 2024년 5월 16일
초판 4쇄 발행 2024년 9월 25일

지은이 앤디 돕슨 옮긴이 정미진
펴낸이 김선준

편집이사 서선행
기획편집 이주영 편집1팀 임나리 디자인 엄재선
마케팅팀 권두리, 이진규, 신동빈
홍보팀 조아란, 장태수, 이은정, 권희, 유준상, 박미정, 이건희, 박지훈
경영관리팀 송현주, 권송이, 정수연

펴낸곳 ㈜콘텐츠그룹 포레스트 출판등록 2021년 4월 16일 제2021-000079호
주소 서울시 영등포구 여의대로 108 파크원타워1 28층
전화 02) 332-5855 팩스 070) 4170-4865
홈페이지 www.forestbooks.co.kr
종이 ㈜월드페이퍼 출력·인쇄·후가공·제본 한영문화사

ISBN 979-11-93506-53-0 (03470)

㈜콘텐츠그룹 포레스트는 독자 여러분의 책에 관한 아이디어와 원고 투고를 기다리고 있습니다. 책 출간을 원하시는 분은 이메일 writer@forestbooks.co.kr로 간단한 개요와 취지, 연락처 등을 보내주세요. '독자의 꿈이 이뤄지는 숲, 포레스트'에서 작가의 꿈을 이루세요.